머리말

비즈니스 세계에서는 '매출액', '원가율', '청구서', '제조연월일' 등과 같이 다종 다양한 숫자와 마주합니다. 일상생활을 하면서도 달력, 영수증, 예금통장 등 숫자를 접할 기회가 많습니다.

IT화가 진행되면서 한층 인에게 수학적 감각은 예전보다 중요해지고 있습

하지만 '수학'이라는 말만 생활에는 도움이 되지 않는 학문이라는 이유로 싫어하는 사람이 많습니다. 이렇게 수학을 싫어하는 사람들이 많은 원인은 수학교육에서 찾을 수 있습니다. 시험 결과를 중시할 뿐 수학적 사고를 길러주지 못하는 수업은 수학을 더욱 기피하게 만듭니다.

그런데 잠깐만 생각해보세요. '산수, 수학은 이미 졸업했다'거나 '수학 지식을 쓸 일이 없다'라고 생각하는 사람들에게도 수학적 감각을 높이는 일은 결코 헛되지 않습니다. 오히려 앞으로의 생활에 많은 도움이 될 것입니다.

이 책은 학교에서 배웠지만 어느새 잊어버린 수학을 다시 한 번 복습할 수 있게 해줍니다. 수학을 싫어하는 사람이라면 반드시 읽어봐야 할 기본 수학의 가이드북입니다.

수학에 재미를 붙이고 싶거나 수학과 친해지고 싶은 분들에게 이 책이 쓸모 있는 벗이 된다면 저자로서 더 이상의 기쁨은 없을 것입니다.

2017년 4월
일 수학능력개발연구회

이 책의 특징과 사용법 6

제1장   수와 식 9

수 10

덧셈 14

뺄셈 16

곱셈 18

나눗셈 22

측정의 단위 26

넓이의 단위 28

부피의 단위 29

공배수 30

공약수 32

분수 34

소수 40

비와 비례 44

백분율 48

양의 정수와 음의 정수 50

제곱근 52

지수와 로그 56

수열 62

칼럼 ① 10진수와 2진수 66

제2장   도형 67

도형 68

직선과 각 70

자, 삼각자, 컴퍼스, 각도기 72

작도 76

삼각형 80

사각형 86

선대칭과 점대칭 92

다각형 94

피타고라스의 정리 96

그림으로 설명하는 개념 쏙쏙

수학

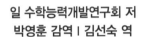

일 수학능력개발연구회 저
박영훈 감역 | 김선숙 역

BM (주)도서출판 성안당

삼각형의 합동 ·· 98

삼각형의 닮음 ·· 102

원 ··· 106

입체 ·· 114

입체의 부피 ·· 116

입체의 겉넓이 ··· 118

삼각비 ·· 120

벡터 ·· 126

칼럼 ② 도형과 수열 ······························· 130

제3장 방정식과 함수 ························· 131

문자식 ·· 132

일차방정식 ··· 136

연립방정식 ··· 138

이차방정식 ··· 140

함수 ·· 142

일차함수와 그래프 ································· 144

이차함수와 그래프 ································· 148

부등식 ·· 154

복소수와 복소수 평면 ···························· 158

미분 ·· 162

적분 ·· 166

칼럼 ③ 오일러의 공식 ···························· 170

제4장 확률·자료의 활용 ··············· 171

확률 ·· 172

자료의 활용 ·· 178

칼럼 ④ 황금비 ······································· 182

칼럼 ⑤ 피보나치 수열 ···························· 183

칼럼 ⑥ 페르마의 마지막 정리 ················· 184

색인 ·· 186

이 책의 특징과 사용법

이 책은 그림을 보면서 산수와 수학의 기초를 배울 수 있습니다. 초등학교에서 배우는 덧셈, 뺄셈, 분수, 소수 등은 숫자와 식에 색상을 넣거나 그림을 사용해 재미있게 공부할 수 있도록 했습니다. 그리고 중학교와 고등학교에서 배우는 방정식, 함수, 확률 등은 단순한 그림과 의미 있는 색상을 사용해 수식을 나타냈습니다.

주제
각 페이지에서 배우는 제목입니다. 제목은 내용을 간단히 정리해 한 문장으로 나타냈습니다.

각 제목을 몇 학년에서 배우는지 다음 페이지에 정리해 놓았어요.

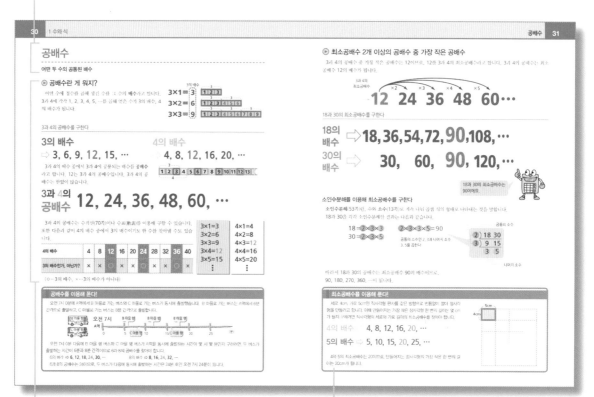

설명
기초적인 산수에서부터 고등학교 수학에 이르기까지 알기 쉽게 설명했습니다.

칼럼
설명에서 언급하지 못한 내용과 발전적인 문제, 해결법 등을 칼럼 형식으로 소개했습니다.

각 학년에서 배우는 내용과 이 책의 해당 페이지

이 책은 산수와 수학을 보다 쉽게 이해할 수 있도록 하기 위해 네 영역으로 구성했습니다. 각 내용을 배우는 학년은 다음 표를 참조하기 바랍니다.

학년	수와 계산	양과 측정	도형	수량 관계
초등학교 1학년	●수(p.10~11) ●덧셈(p.14) ●뺄셈(p.16)	●측정의 단위(p.26~27)	●도형(p.68~69)	
초등학교 2학년	●수(p.10~11) ●덧셈(p.15) ●뺄셈(p.17) ●곱셈(p.18~19)	●측정의 단위(p.26~27)	●삼각형(p.80) ●사각형(p.86)	
초등학교 3학년	●곱셈(p.20~21) ●나눗셈(p.22~23) ●분수(p.34)	●측정의 단위(p.26~27)	●자, 삼각자, 컴퍼스, 각도기 (p.72, 74) ●삼각형(p.81) ●원(p.106)	
초등학교 4학년	●나눗셈(p.24~25) ●분수(p.35~36) ●소수(p.40~41)	●넓이의 단위(p.28) ●다각형의 넓이(p.90)	●자, 삼각자, 컴퍼스, 각도기 (p.73, 75) ●사각형(p.86~87)	
초등학교 5학년	●수(p.12~13) ●공배수(p.30~31) ●공약수(p.32~33) ●분수(p.37~38) ●소수(p.42~43)	●부피의 단위(p.29) ●삼각형의 넓이(p.84~85) ●사각형의 넓이(p.90~91) ●입체의 부피(p.116)	●직선과 각(p.70~71) ●다각형(p.94~95) ●삼각형의 합동(p.98~99) ●원(p.106~107, 112) ●입체(p.114~115)	●백분율(p.48~49)
초등학교 6학년	●분수(p.39)	●측정의 단위(p.26~27) ●넓이의 단위(p.28) ●부피의 단위(p.29) ●입체의 부피(p.116~117)	●선대칭과 점대칭(p.92~93)	●비와 비례(p.44~45)
중학교 1학년	●양의 정수와 음의 정수 (p.50~51) ●문자식(p.132~134) ●일차방정식(p.136~137)		●작도(p.76~79) ●원(p.113) ●입체(p.114~115) ●입체의 겉넓이(p.118~119)	●비와 비례(p.46~47) ●함수(p.142~143) ●자료의 활용(p.178~179)
중학교 2학년	●문자식(p.132~134) ●연립방정식(p.138~139)		●삼각형(p.82~83) ●사각형(p.88~89) ●다각형(p.94~95) ●삼각형의 합동(p.98~101)	●이차함수와 그래프 (p.144~147) ●확률(p.172~177)
중학교 3학년	●제곱근(p.52~55) ●문자식(p.135) ●이차방정식(p.140~141)		●피타고라스의 정리 (p.96~97) ●삼각형의 닮음(p.102~105) ●원(p.108~109)	●이차함수와 그래프(p.148)
고등학교	●지수와 로그(p.56~61) ●수열(p.62~65) ●부등식(p.154~157) ●복소수와 복소수 평면 (p.158~161) ●미분(p.162~165) ●적분(p.166~169)		●삼각비(p.120~125) ●벡터(p.126~129)	●이차함수와 그래프 (p.149~153) ●자료의 활용(p.178~181)

●1 수와 식　●2 도형　●3 방정식과 함수　●4 확률·자료의 활용

저술_일 수학능력개발연구회

수학에 정통한 편집자와 집필자 집단. '즐기면서 수학적인 감각을 개발한다'는 모토 하에 초등학교 저학년을 위한 입문 수학 교재부터 고등학생을 위한 수험서적까지 폭넓은 편집과 집필 활동을 하고 있다.

감역_박영훈

서울대학교 사범대학 수학교육과를 졸업하고, 지난 2000년까지 약 20여 년간 신천중학교, 반포고 등학교, 여의도고등학교 등에서 수학을 가르쳤다. 서울대학교 교육학과 박사과정을 수료하고 미국 몬태나 주립대학에서 수학과 석사를 취득했다. 수학능력시험 검토위원, 교육개발원 학교교육평가위원을 지냈으며, 7차 교육과정 중고등학교 교과서를 집필하기도 했다. 홍익대학교 사범대학 수학교육과 겸임교수를 역임했고 사단법인 나온교육의 대표를 맡고 있다.

저서로는 최근작으로 『당신의 아이가 수학을 못하는 진짜 이유』, 『잃어버린 수학을 찾아서』, 『초등학교 1학년 수학, 어떻게 가르칠까』 등이 있으며, 이밖에도 『수학은 논리다』, 『원리를 찾아라』, 『아무도 풀지 못한 숙제』, 『기호와 공식이 없는 수학 카페』, 『멜론수학』이 있고, 옮긴 책으로 『파이의 역사』, 『화성에서 온 수학자』, 『인간적인, 너무나 인간적인 수학』, 『수학, 문명을 지배하다』 등이 있다. 1992년 교육부장관으로부터 수학영재 지도교사상을, 2001년 과학기술부장관으로부터 과학도서번역상을 받았다.

번역_김선숙

전문번역가. 대학에서 일문학을, 대학원에서 경제학을 공부한 후 출판사에서 오랫동안 편집자로 일했다. 옮긴 책으로는 『그림으로 설명하는 개념 쏙쏙 통계학』, 『HTML5 & CSS3 웹 표준 디자인 강좌』, 『대화의 심리학』, 『삼류 사장이 일류가 되는 40가지 비법』, 『어릴 때부터 철학자』, 『만화로 쉽게 배우는 기술영어』, 『만화로 쉽게 배우는 면역학』, 『손정의 비록』, 『90세 작가의 유쾌한 인생 탐구』 등이 있다.

1 수와 식

'숫자'는 수학에서 사용되는 문자이고, '식'은 숫자나 기호(+, − 등)를 사용해 나타낼 수 있는 편리한 글입니다. 식을 이용하면 긴 문장도 아주 짧게 표현할 수 있습니다. 이 장에서는 수학에서 빼놓을 수 없는 '수와 식'에 대해 정리했습니다.

수

수는 개수나 순서, 길이, 무게, 위치 등을 나타냅니다.

▶ 숫자가 뭐지?

수를 나타낼 때 사용하는 문자를 말합니다. 0부터 1, 2, 3, 4, 5, 6, 7, 8, 9까지 10개의 숫자를 사용하면 어떤 크기의 수도 나타낼 수 있고, 계산할 수도 있습니다.

여러 가지 수　어떤 수로 표현돼 있는지 생각해볼까요?

전철 시간표

자동차 번호판

엽서

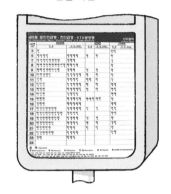

계량컵

9						2017
日	月	火	水	木	金	土
1	2	3	4	5	6	7
8	9	10	11	12	13	14
15	16	17	18	19	20	21
22	23	24	25	26	27	28
29	30					

달력

도로 표지판

지폐

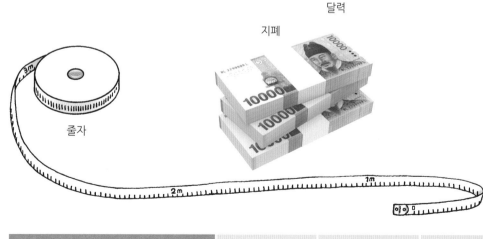

줄자

숫자(아라비아 숫자)	1	2	3	4
한글(한자)	일(一)	이(二)	삼(三)	사(四)

수를 계산할 때 사용하는 도구

주판

5
(하나가 5를 나타낸다.)

주판알이 숫자를 나타낸다.

1
(하나가 1을 나타낸다.)

전자계산기

(전자식 탁상 계산기)

저울

도로 표시

원일로 33

엘리베이터 버튼

각도기

이 밖에도
어떤 게 있을까?

시계

어떤 숫자가 있지?

엽서 ⇒ 우편번호
달력 ⇒ 연, 월, 일 표시
전철 안내판 ⇒ 출발 시각
계량컵 ⇒ 눈금의 숫자

135.7m

남산 서울타워

5	6	7	8	9	10
오(五)	육(六)	칠(七)	팔(八)	구(九)	십(十)

▶ 정수, 자연수

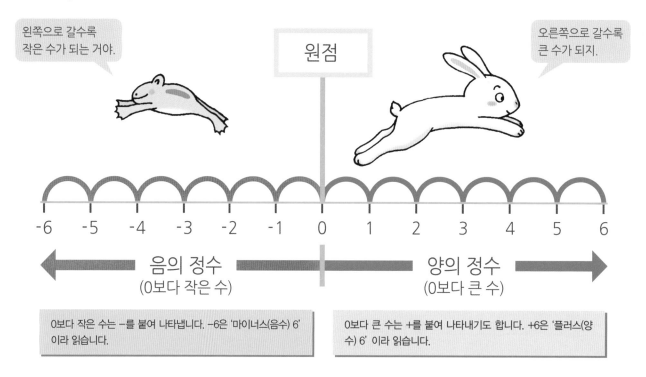

정수는 음의 정수(…, −3, −2, −1), 0, 양의 정수(1, 2, 3,…)를 합한 수입니다. 자연수는 1, 2, 3, 4,…와 같은 양의 정수를 말합니다. 0은 음의 정수도 아니고, 양의 정수도 아닙니다.

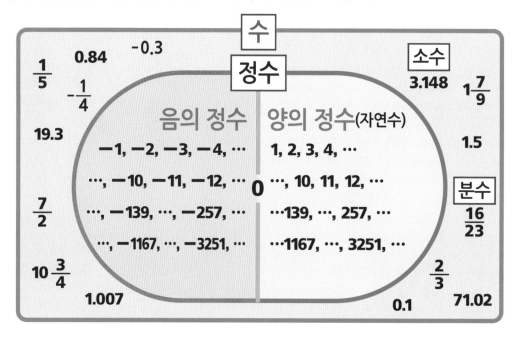

정수 외에도 분수, 소수가 있어요. $\frac{1}{5}$, $\frac{2}{3}$, $1\frac{7}{9}$ 등은 분수이고, 0.1, 0.84, 71.02 등은 소수예요.

▶ 짝수, 홀수

2로 나누어떨어진다. ⟶   ⟵ 2로 나누어떨어지지 않는다.

정수를 2로 나누었을 때 나누어떨어지는 수를 '짝수'라 하고, 나머지가 1인 수를 '홀수'라고 합니다. 0은 짝수입니다.

▶ 소수(素數)

1과 자기 자신 이외에 다른 수로 나누었을 때 나누어떨어지지 않는 소수입니다. 1은 소수에 포함되지 않습니다.

2 1과 2로 나누었을 때만 나누어떨어집니다.

6 1, 2, 3, 6으로 나누어떨어집니다.

> 1부터 20까지의 정수 중에는 ■ 안의 숫자가 소수예요.

▶ 0이란 수는 뭐지?

아무것도 없는 것을 나타내는 수입니다.

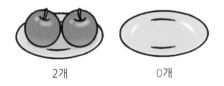

2개   0개

측정을 할 때 기준을 나타냅니다.

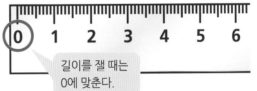

> 길이를 잴 때는 0에 맞춘다.

위치기수법에서 해당 자리의 수가 없음을 나타냅니다.

천의 자리	백의 자리	십의 자리	일의 자리
1	**5**	**0**	**7**

> 천이 1개, 백이 5개, 1이 7개 있다는 것을 나타낸 거예요. 십은 없으니까 십의 자리에는 0을 쓴 거지요.

0	0	0	0
천	백	십	일

수를 세는 단위

1	0000	0000	0000	0000	0000	0000	0000	0000	0000	0000	0000	0000	0000	0000	0000	0000
무량대수	불가사의	나유타	아승기	항하사	극	재	정	간	구	양	자	해	경	조	억	만

↑ '1(일)무량대수'라고 읽습니다.

덧셈

수를 더해 합을 구하는 계산입니다. 덧셈을 '합산' 또는 '가법(加法)'이라 하고, 덧셈의 결과를 '합'이라고 합니다.

▶ 덧셈 식

합해 몇 개인지 나타내는 식입니다.

식은 기호 '+'나 '='를 사용해 나타냅니다.

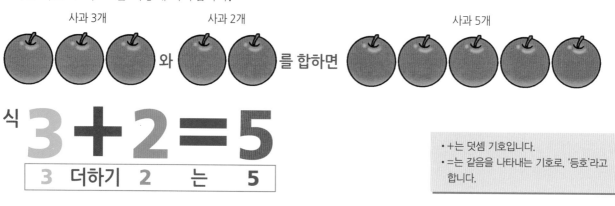

사과 3개 와 사과 2개 를 합하면 사과 5개

식 **3 + 2 = 5**

| 3 | 더하기 | 2 | 는 | 5 |

- +는 덧셈 기호입니다.
- =는 같음을 나타내는 기호로, '등호'라고 합니다.

▶ 받아올림이 있는 덧셈

(한 자릿수) + (한 자릿수) = (11 이상의 수)가 되는, 받아올림이 있는 덧셈입니다.

9 + 3을 계산하는 법

10을 만들어 생각합니다.
9는 하나만 더 있으면 10이 되므로
① 3을 1과 2로 가르기를 합니다.
② 9에 1을 더해 10
③ 10과 2는 12

9 + 3 = 12

| 더해지는 수 | 더하는 수 | 답(합) |

9를 둘로 가르는 경우는 어떻게 해야 할까요?

더하는 수나 더해지는 수중에서 가르기해 10을 만든 후, 나머지 수를 더하는 계산법입니다. 10을 만들기 위해 더하는 수와 더해지는 수 중 어느 쪽을 나눠야 계산하기 쉬운지 생각해보세요.

▶ 덧셈을 세로 식으로 계산하기

더해지는 수와 더하는 수를 같은 자릿값끼리 세로로 맞춰 일의 자리부터 순서대로 계산합니다.
각 자리의 합을 세로 열 밑에 쓰고, 두 자릿수가 됐을 때는 받아올림합니다.

받아올림이 없는 덧셈

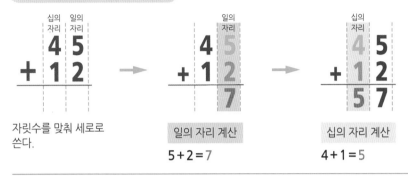

각 자릿수끼리 더하면 돼요.

자릿수를 맞춰 세로로 쓴다.

일의 자리 계산
$5 + 2 = 7$

십의 자리 계산
$4 + 1 = 5$

받아올림이 한 번 있는 덧셈

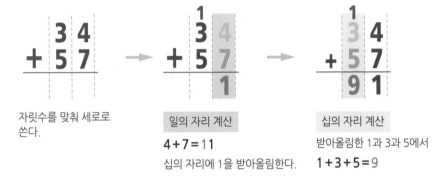

일의 자리가 두 자릿수가 되면 십의 자리에 받아올림해요.

자릿수를 맞춰 세로로 쓴다.

일의 자리 계산
$4 + 7 = 11$
십의 자리에 1을 받아올림한다.

십의 자리 계산
받아올림한 1과 3과 5에서
$1 + 3 + 5 = 9$

받아올림이 두 번 있는 덧셈

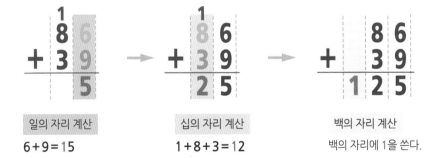

백의 자리에 받아올림해서 세 자릿수가 됐어요.

일의 자리 계산
$6 + 9 = 15$
십의 자리에 1을 받아올림한다.
자릿수를 맞춰 세로로 쓴다.

십의 자리 계산
$1 + 8 + 3 = 12$
백의 자리에 1을 받아올림한다.

백의 자리 계산
백의 자리에 1을 쓴다.

덧셈의 규칙

더해지는 수와 더하는 수를 바꿔 더해도 답은 같습니다.

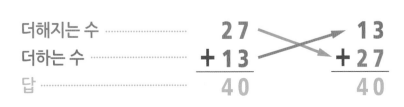

더해지는 수 ·············· 27 → 13
더하는 수 ·············· +13 ＋27
답 ·············· 40　40

뺄셈

어떤 수에서 다른 수를 빼 나머지 수를 구하는 계산을 말합니다. 뺄셈을 '감산', 또는 '감법(減法)', 뺄셈의 결과를 '차'라고 합니다.

▶ 뺄셈 식

제외하고 남은 것이나 차이가 몇 개인지 알고자 할 때 뺄셈을 합니다.
식은 기호 '−'와 '='를 사용해 나타냅니다.

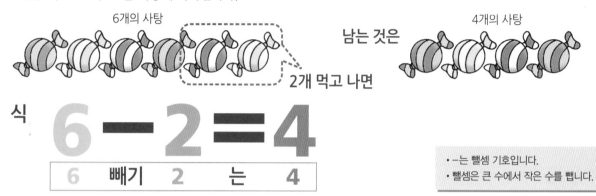

6개의 사탕

남는 것은

4개의 사탕

2개 먹고 나면

식 **6 − 2 = 4**

| 6 | 빼기 | 2 | 는 | 4 |

> • −는 뺄셈 기호입니다.
> • 뺄셈은 큰 수에서 작은 수를 뺍니다.

▶ 받아내림이 있는 뺄셈

(10과 몇) − (한 자릿수) = (한 자릿수)가 되는, 받아내림이 있는 뺄셈입니다.

12 − 9를 계산하는 법

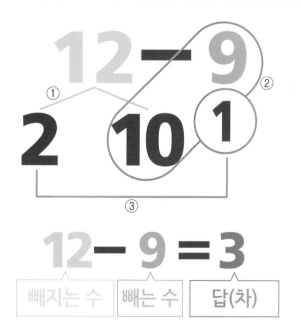

> 10에서 빼는 것을 생각합니다.
> 2에서 9는 뺄 수 없으므로
> ① 12를 10과 2로 가르기를 합니다.
> ② 10에서 9를 뺀 나머지 1
> ③ 2와 1을 더해서 3

2에서 9를 뺄 수 없으므로 십의 자리에서 빌려 오는 거예요.

12 − 9 = 3

| 빼지는 수 | 빼는 수 | 답(차) |

빼지는 수를 '10과 몇'으로 나누고, 10에서 빼는 수를 뺀 차에 나머지 수를 더하는 방법입니다. 빼는 수를 나눠 빼지는 수에서 두번 빼는 방법도 있습니다.

▶ 빼셈을 세로 식으로 계산하기

빼지는 수와 빼는 수의 자릿수를 세로로 맞춰 쓰고, 일의 자리부터 순서대로 계산합니다.
각 자리의 답은 세로 열의 아래에 쓰고, 뺄 수 없을 때는 위의 자리에서 받아내림합니다.

받아내림이 없는 빼셈

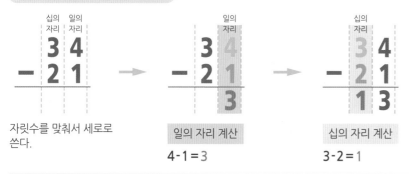

자릿수를 맞춰서 세로로 쓴다.

일의 자리 계산
4-1=3

십의 자리 계산
3-2=1

일의 자리, 십의 자리 모두 빼지는 수가 크네요.

받아내림이 한 번 있는 빼셈

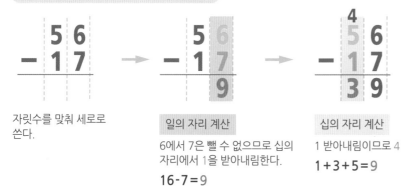

자릿수를 맞춰 세로로 쓴다.

일의 자리 계산
6에서 7은 뺄 수 없으므로 십의 자리에서 1을 받아내림한다.
16-7=9

십의 자리 계산
1 받아내림이므로 4
1+3+5=9

위의 자리에서 아랫자리에 1을 옮기는 거예요.

받아내림이 두 번 있는 빼셈

십의 자리 계산
2에서 3은 뺄 수 없으므로 십의 자리에서 1을 받아내림해서
12-3=9

십의 자리 계산
1 받아내림이므로 6. 6에서 9를 뺄 수 없으므로 백의 자리에서 1을 받아내림한다.
16-9=7

백의 자리에는 아무 것도 쓰지 않아요.

빼셈과 덧셈의 관계

빼셈 답과 빼는 수를 더하면 '빼지는 수'가 됩니다. 빼셈 답은 덧셈으로 확인할 수 있습니다.

빼지는 수 ……… 8 1

빼셈 ……… - 4 5

답 ……… 3 6

3 6

+ 4 5

8 1

곱셈

같은 수의 묶음을 몇 개가 있는지 세어 전체 개수를 구하는 계산입니다. 곱셈을 '승산' 또는 '승법(乘法)', 답을 '곱'이라고 합니다.

▶ 곱셈의 식

곱셈의 기호 '×', '='를 써서 (1인분의 수)×(몇 사람분) = (전체 개수)를 나타냅니다.

2개의 조각 케이크가 담긴 접시가 5개

5개의 접시에 있는 케이크의 전체 개수는

한 접시에 | 2개씩 | 5접시 | 로 | 10개 | 입니다.

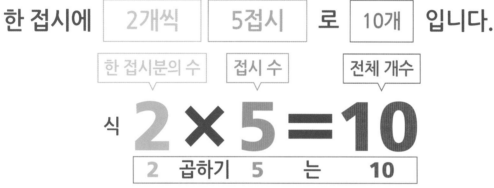

2×5의 답은 덧셈으로도 구할 수 있습니다.

$$2 \times 5 = 2 + 2 + 2 + 2 + 2 = 10$$

2를 다섯 번 더하면 되는 거죠.

몇 개와 몇 배

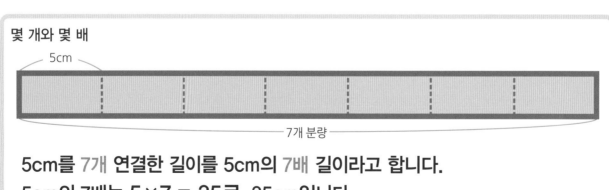

5cm

7개 분량

5cm를 7개 연결한 길이를 5cm의 7배 길이라고 합니다.

5cm의 7배는 5×7 = 35로, 35cm입니다.

▷ 1개, 2개 연결, 3개 연결, …했을 때 길이를 1배, 2배, 3배, …라고 합니다.

▶ 곱셈구구표

1단에서 9단까지 구구를 정리한 표입니다. 곱셈구구에서 몇 가지 규칙을 찾아볼 수 있습니다.

곱하는 수

	1	2	3	4	5	6	7	8	9
1	④1	2	3	4	5	6	7	8	9
2	2	④4	6	8	10	12	14	16	18
3	3	6	④9	12	15	18	21	24	27
4	4	8	12	16	20	24	28	32	36
5	5	10	15	20	25	30	35	40	45
6	6	12	18	24	30	36	42	48	54
7	7	14	21	28	35	42	49	56	63
8	8	16	24	32	40	48	56	64	72
9	9	18	27	36	45	54	63	72	81

1단　2단　3단　4단　5단　6단　7단　8단　9단

곱해지는 수

① ② ③ ④ ⑤

8단의 답은 8씩 늘어간다.

곱셈 구구의 법칙

① 곱해지는 수와 곱하는 수를 바꿔도 답은 같습니다.

곱해지는 수　　곱하는 수　　　곱해지는 수　　곱하는 수

$$3 \times 7 = 7 \times 3$$

② 곱하는 수가 1 늘어나면, 답은 곱해지는 수만큼 늘어납니다.

8×4는, 8×3보다 8이 크다.

③ 2단의 답과 4단의 답을 더하면 6단의 답이 됩니다.

④ 1×1, 2×2, 3×3, …처럼 같은 수끼리 곱한 답은 대각선에 놓입니다.

⑤ 9단의 답은, 일의 자릿수와 십의 자릿수를 더하면 모두 9가 됩니다.

이것 말고도 여러 규칙이 있어요.

▶ 구구를 사용한 곱셈

구구의 규칙을 사용해 0이나 10의 곱셈, 몇십, 몇백의 곱셈을 생각할 수 있습니다.

0의 곱셈

어떤 수에 0을 곱해도 답은 0이 됩니다.

$4×0=0$ ← 4×0의 답은 4×1=4보다 4가 작다.

0에 어떤 수를 곱해도 답은 0이 됩니다.

$0×9=0$ $0×0=0$

어떤 수에 0을 곱해도 0이 돼요.

10의 곱셈

$6×10=60$ ← 6×10의 답은 6×9의 답보다 6이 크다.

$10×6=6×10$ ← 곱해지는 수와 곱하는 수를 바꿔도 답은 같다.

몇십, 몇백의 곱셈

$20×4=80$ ←10이 (2×4)개 있다.

$300×2=600$ ←100이 (3×2)개 있다.

12×5와 같은 계산을 생각하는 법

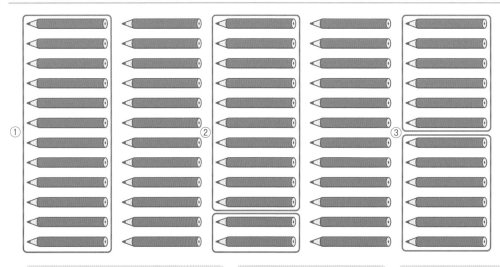

① 12가 5개 있다고 생각한다.

$12×5=12+12+12+12+12$
$=60$

② 12를 10과 2로 가르기를 한다.

$12×5 < \begin{matrix} 10×5=50 \\ 2×5=10 \end{matrix}$

$50+10=60$

③ 12를 6과 6으로 가르기를 한다.

$12×5= < \begin{matrix} 6×5=30 \\ 6×5=30 \end{matrix}$

$30+30=60$

①~③ 중 어떤 방법으로 계산해도

12×5의 답은 60입니다.

▶ 세로 식 곱셈

자리를 세로로 맞춰 쓴 다음, 일의 자리부터 순서대로 계산해 나갑니다.
각 자리의 답은 세로 열 아래에 쓰고, 두 자릿수가 됐을 때는 윗자리에 받아올림합니다.

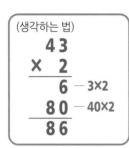

(생각하는 법)
```
    43
  ×  2
     6  — 3×2
    80  — 40×2
    86
```

자리를 세로로 맞춰 쓴다.

일의 자리 계산
'이 삼은 6' 일의 자리에 6을 쓴다.

십의 자리 계산
'이 사 8' 십의 자리에 8을 쓴다.

(생각하는 법)
```
    19
  ×  5
    45  — 9×5
    50  — 10×5
    95
```

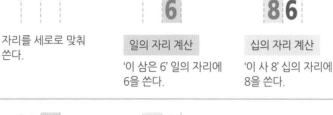

일의 자리 계산
'오 구 45' 일의 자리에 5를 쓰고, 십의 자리에 4를 받아올림한다.

십의 자리 계산
'오 일은 5' 5에 받아올림한 4를 더해 9.
십의 자리에 9를 쓴다.

일의 자리에서 십의 자리로 받아올림하는 것은 덧셈과 같아요.

(생각하는 법)
```
    62
  ×  7
    14  — 2×7
   420  — 60×7
   434
```

일의 자리 계산
'칠 이는 14' 일의 자리에 4를 쓰고, 십의 자리에 1을 받아올림한다.

십의 자리 계산
'칠 육은 42' 42에 받아올림한 1을 더해 43. 십의 자리에 3, 백의 자리에 4를 쓴다.

십의 자리에서 백의 자리에 받아올림하는 거예요.

(생각하는 법)
```
   431
  ×  3
     3  — 1×3
    90  — 30×3
  1200  — 400×3
  1293
```

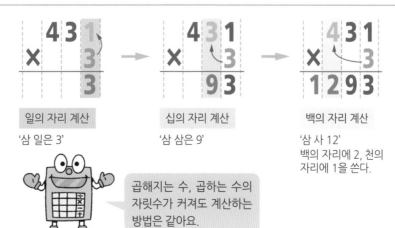

일의 자리 계산
'삼 일은 3'

십의 자리 계산
'삼 삼은 9'

백의 자리 계산
'삼 사 12'
백의 자리에 2, 천의 자리에 1을 쓴다.

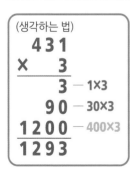

곱해지는 수, 곱하는 수의 자릿수가 커져도 계산하는 방법은 같아요.

나눗셈

어떤 수를 다른 수로 똑같이 나누어 가는, 나눗셈을 '제법(除法)', 나눗셈의 결과를 '몫'이라고 합니다.

▶ 나눗셈을 생각하는 법과 식

나눗셈은 두 가지로 생각해볼 수 있습니다. 똑같은 개수로 여러 묶음을 나누었을 때 몇 묶음으로 나눌수 있는지를 구하는 경우와 여러 명에게 똑같이 나누어줄 때 한 묶음의 개수를 구하는 경우입니다.

두 경우 모두, 식은 나눗셈 기호 '÷', '='를 사용해 나타냅니다.

똑같이 나누려면?

1인분의 수를 구한다.	몇 사람에게 나누어줄 수 있을지 구한다.
12장의 색종이를 3명이 똑같이 나누면 한 사람이 4장을 가질 수 있습니다.	12장의 색종이를 한 사람에게 3장씩 나누면 4명이 똑같이 나눌 수 있습니다.

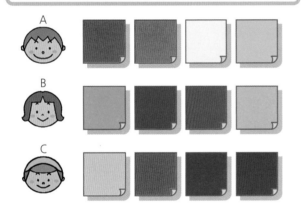

전체 수 　 인원 　 1인분의 수

식 **12 ÷ 3 = 4**

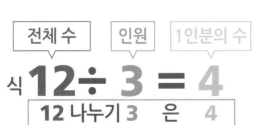

12 나누기 3 은 4

전체 수 　 1인분의 수 　 인원

식 **12 ÷ 3 = 4**

곱셈에서는, 1인분의 수 × 인원 = 전체 수 예요.

답은 □×3=12의 □에 해당하는 수입니다. 　　　 답은 3×□=12의 □에 해당하는 수입니다.

↘ **답은 3단의 구구를 사용해 구할 수 있습니다.** ↙

▶ 나머지가 있는 나눗셈

나눗셈에서 나머지가 없을 때는 '나누어떨어진다'라 하고, 나머지가 있을 때는 '나누어떨어지지 않는다'라고 합니다. 나머지는 나누는 수보다 작습니다.

어린이가 23명 있습니다. 한 대의 카트에 4명씩 타기로 했습니다.
모든 어린이가 카트에 타려면 카트는 몇 대 필요한지 생각해보겠습니다.

어린이 23명

4명씩 타는 카트

어린이 '23'명을 카트에 탈 수 있는 인원 '4'로 나눕니다.

23 ÷ 4 = 5 나머지 3

나머지 3명에게도 카트가 필요하므로

5 + 1 = 6

따라서 모든 어린이가 타려면 카트는 6대 필요합니다.

5대의 카트에 타도 아직 탈 수 없는 어린이가 3명 있으므로 카트는 또 한 대가 있어야 하는 거예요.

나머지를 생각해 푼다!

16명이 나란히 줄을 지어 앞에서부터 순서대로 의자에 앉습니다. 의자는 3명씩 앉는 의자로 첫 번째(오른쪽)부터 순서대로 앉습니다. 서연이는 14번째에 서 있습니다. 서연이가 몇 번째 의자(어디)에 앉을지 생각해볼까요?

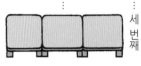
세 번째

두 번째

첫 번째

왼쪽 가운데 오른쪽

1번부터 14번째까지의 인원은 14명입니다.

14 ÷ 3 = 4 나머지 2 ◀─── 2명 남아 있다.

4열까지는 앉아 있다.

나머지 2명은 5번째 의자에 오른쪽부터 순서대로 앉으므로 서연이는 다섯 번째 의자(가운데)에 앉게 됩니다.

⊙ 세로 식 나눗셈

나눗셈의 기호를 사용해 큰 자리부터 순서대로 나눗셈을 해 나갑니다.
각 자리의 답은 세로 열 위에 쓰고, 계산 과정은 모두 세로 열 아래에 씁니다.

한 자릿수로 나누는 계산

(두 자릿수)÷(한 자릿수)의 나눗셈

십의 자리 계산

8 ÷ 3 = 2 나머지 2

십의 자리에 2를 세운다 .
3과 2를 곱한다 .
8에서 6을 뺀다 .

일의 자리 계산

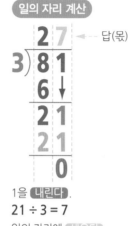

답(몫)

1을 내린다 .
21 ÷ 3 = 7

일의 자리에 세운다 .
3과 7을 곱한다 .
21에서 21을 뺀다 .

나눗셈의 순서

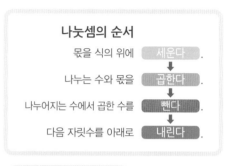

몫을 식의 위에 세운다 .
↓
나누는 수와 몫을 곱한다 .
↓
나누어지는 수에서 곱한 수를 뺀다 .
↓
다음 자릿수를 아래로 내린다 .

나눗셈을 세로 식으로
계산할 때는 위와 같은
순서로 하는 거예요.

4와 1을 곱한다 .
4 ÷ 4 = 1

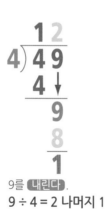

9를 내린다 .
9 ÷ 4 = 2 나머지 1

나눗셈과 곱셈의 관계

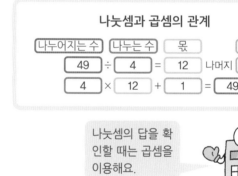

나누어지는 수	나누는 수	몫	나머지
49	÷ 4	= 12	나머지 1
4	× 12	+ 1	= 49

나눗셈의 답을 확
인할 때는 곱셈을
이용해요.

(세 자릿수)÷(한 자릿수)의 나눗셈

백의 자리 5는 7보다 작아 5÷7이
돼버린다. 백의 자리 몫이 없는 것
이다. 이때는 십의 자리까지 넣어
52÷7을 한다.

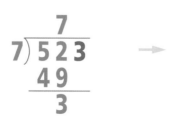

7과 7을 곱한다 .
52 ÷ 7 = 7 나머지 3

3을 내린다 .
33 ÷ 7 = 4 나머지 5

두 자릿수로 나누는 세로식

(두 자릿수)÷(두 자릿수)의 나눗셈

$$\begin{array}{r} 3 \\ 31\overline{)93} \end{array}$$

→

$$\begin{array}{r} 3 \\ 31\overline{)93} \\ 93 \end{array}$$

→

$$\begin{array}{r} 3 \\ 31\overline{)93} \\ 93 \\ \hline 0 \end{array}$$

9 ÷ 31이므로
십의 자리에 몫은 없다.
31을 30으로 보고 93÷30에서
3을 일의 자리에 세운다.

31과 3을 곱한다.
31 × 3 = 93

93에서 93을 뺀다.
93 − 93 = 0

(세 자릿수)÷(두 자릿수)의 나눗셈

$$\begin{array}{r} 2 \\ 24\overline{)518} \\ 48 \\ \hline 3 \end{array}$$

→

$$\begin{array}{r} 21 \\ 24\overline{)518} \\ 48\downarrow \\ \hline 38 \\ 24 \\ \hline 14 \end{array}$$

5 ÷ 24이므로
백의 자리에 몫은 없다.
24를 20으로 보고 51÷20에서
2를 십의 자리에 세운다.
24와 2를 곱한다. 24 × 2 = 48
51에서 48을 뺀다. 51 − 48 = 3
48 ÷ 24 = 2 나머지 3

8을 내린다.
38 ÷ 24 = 1 나머지 14
24에 1을 곱한다. 24 × 1 = 24
38에서 24를 뺀다. 38 − 24 = 14
38 ÷ 24 = 1 나머지 14

$$\begin{array}{r} 8 \\ 42\overline{)357} \end{array}$$

→

$$\begin{array}{r} 8 \\ 42\overline{)357} \\ 336 \\ \hline 21 \end{array}$$

35 ÷ 42이므로
십의 자리에 몫은 없다.
42를 40으로 보고 357 ÷ 40에서
8을 일의 자리에 세운다.

42와 8을 곱한다.
42 × 8 = 336
357에서 336을 뺀다.
357 − 336 = 21
357 ÷ 42 = 8 나머지 21

일의 자리가 둘 다 0인 나누기를 간단히 하려면
나누는 수와 나누어지는 수의 일의 자리 0은
지우고 계산한다.

$$60\overline{)180}$$

↓ 0을 하나씩 지운다.

$$\begin{array}{r} 3 \\ 6\cancel{0}\overline{)18\cancel{0}} \\ 18 \\ \hline 0 \end{array}$$

$$360\overline{)27000}$$

↓ 0을 하나씩 지운다.

$$\begin{array}{r} 75 \\ 36\cancel{0}\overline{)2700\cancel{0}} \\ 252 \\ \hline 180 \\ 180 \\ \hline 0 \end{array}$$

나머지는 반드시 나누는 수보
다 작아야 해요. 만약 나누는 수
보다 크면 나머지가 아닙니다.
더 나눌 수 있으니까요.

측정 단위

측정 단위는 시간이나 무게, 길이를 잴 때 기준이 되는 크기입니다. 단위를 기준으로 하면 수량을 정확하게 측정할 수 있습니다.

▶ 여러 가지 단위

시간	초, 분, 시, 일, 주, 월, 연도 등
무게	g(그램), kg(킬로그램), t(톤) 등
길이	cm(센티미터), m(미터), km(킬로미터) 등
넓이	cm²(제곱센티미터), m²(제곱미터), km²(제곱킬로미터)
부피, 들이	cm³(세제곱센티미터), m³(세제곱미터), ml(밀리리터), dl(데시리터), L(리터), kL(킬로리터) 등

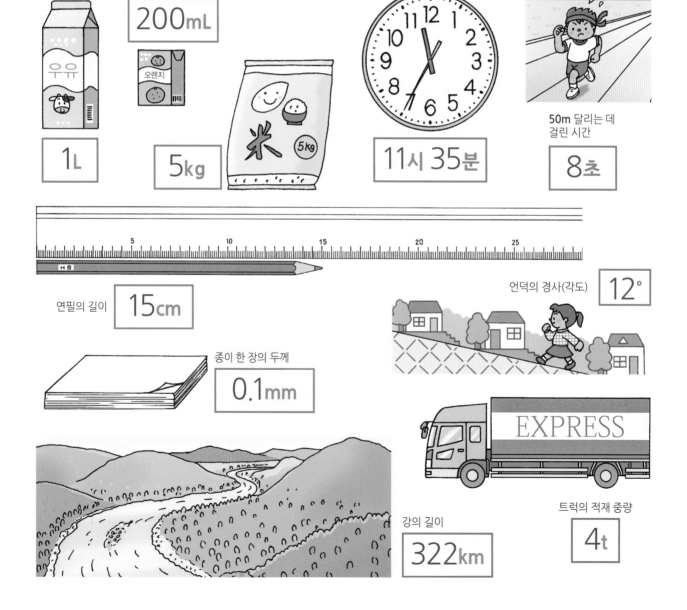

200mL

1L

5kg

11시 35분

50m 달리는 데 걸린 시간
8초

연필의 길이 15cm

종이 한 장의 두께
0.1mm

언덕의 경사(각도) 12°

강의 길이
322km

트럭의 적재 중량
4t

▶ 속도, 시간, 거리

속도는 어떤 단위를 사용하느냐에 따라 다음과 같이 나타낼 수 있습니다.

시속	1시간을 단위로 한 속도. 1시간 동안 진행한 거리로 나타낸다. 시속 60km, 매시 60km, 60km/시 등
분속	1분을 단위로 한 속도. 1분 동안 진행한 거리로 나타낸다. 분속 150m, 매분 150m, 150m/분 등
초속	1초를 단위로 한 속도. 1초 동안 진행한 거리로 나타낸다. 초속 20m, 매초 20m, 20m/초 등

속도 = 거리 ÷ 시간

4시간에 288km를 달린 자동차의 속도

$$288 ÷ 4 = 72$$ 이므로 **시속 72km**
(72km/시)

분속으로 나타내면

1시간 = 60분, 72km = 72000m

$$72,000 ÷ 60 = 1,200$$ 이므로 **분속 1,200m**
(12,000m/분)

초속으로 나타내면

1분 = 60초

$$1,200 ÷ 60 = 20$$ 이므로 **초속 20m**
(20m/초)

* km 단위로 분속 1.2km라고 나타내는 경우도 있다.

어느 자동차가 15분에 20km 달렸을 때의 속도

$$15분 = \frac{15}{60}시간 → \frac{1}{4}시간$$

$$20 ÷ \frac{1}{4} = 80$$ 이므로 **시속 80km**
(80km/시)

1시간 = 60분이므로 15분을 분수로 바꿔 $\frac{15}{60}$로 나타낸 거예요.

속도와 시간, 거리의 관계에서 시간과 거리를 구하는 식은 다음과 같이 나타냅니다.

시간 = 거리 ÷ 속도

1,500m를 분속 60m로 걷는 데 걸리는 시간

$$1,500 ÷ 60 = 25$$ 이므로 **25분**

거리 = 속도 × 시간

자전거를 초속 3m로 10분 달렸을 때의 거리

초속 3m = 분속 180m ◀ 60을 곱해 분속으로 바꾼다.

$$180 × 10 = 1,800$$ 이므로 **1,800m**

넓이 단위

넓이 단위는 길이 단위인 cm, m, km를 기본으로 해서 각각 cm², m², km²와 같습니다.

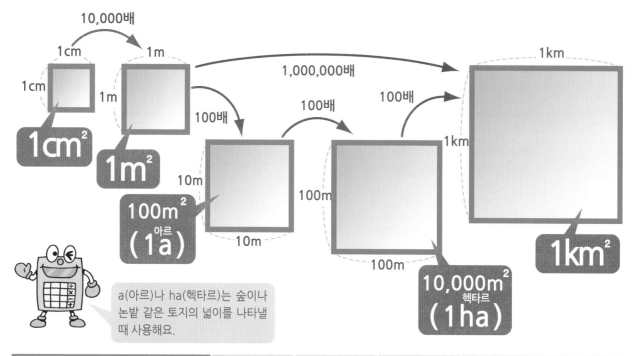

a(아르)나 ha(헥타르)는 숲이나 논밭 같은 토지의 넓이를 나타낼 때 사용해요.

정사각형 한 변의 길이	1cm	1m	10m	100m	1km
정사각형의 넓이	1cm²	1m²	100m² (1a)	10,000m² (1ha)	1km²

세로 300m, 가로 500m인 직사각형 토지의 넓이는 몇 ha인지 구하려면,

직사각형 넓이 = 세로 × 가로

$$300 \times 500 = 150,000 \,(\text{m}^2)$$

10,000m² = 1ha이므로,

$$150,000 \,\text{m}^2 = 15 \,(\text{ha})$$

토지 넓이는 15ha입니다.

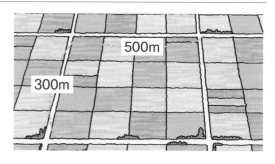

길이, 무게의 단위 구조

크기를 나타내는 말	밀리(m)	센티(c)	데시(d)		데카(da)	헥트(h)	킬로(k)
의미	$\frac{1}{1,000}$배	$\frac{1}{100}$배	$\frac{1}{10}$배	1	10배	100배	1,000배
길이 단위	mm	cm	(dm)	m	(dam)	(hm)	km
무게 단위	mg	(cg)	(dg)	g	(dag)	(hg)	kg

( )의 길이와 무게 단위는 거의 사용하지 않습니다.

부피 단위

부피와 들이의 단위도 넓이와 마찬가지로 길이 단위를 기본으로 해서 cm³, m³, L와 같은 단위가 있습니다.

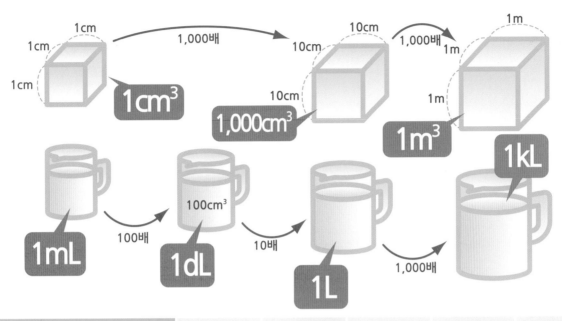

정사각형 한 변의 길이	1cm	–	–	10cm	1m
정육면체 부피	1cm³ (1mL)	–	100cm³ (1dL)	1,000cm³ (1L)	1m³ (1kL)

＊정육면체(114쪽)

오른쪽과 같은 치즈의 부피를 구하면,

원기둥의 부피 = 밑넓이 × 높이

이 치즈 같은 모양을 원기둥(69쪽)이라고 합니다.

밑넓이는 $3 \times 3 \times 3.14 = 28.26(cm^2)$

따라서 부피는

$$28.26 \times 2 = 56.52(cm^3)$$

이 치즈의 부피는 대략 56.5cm³입니다.

＊원주율은 3.14로 해서 계산했습니다.

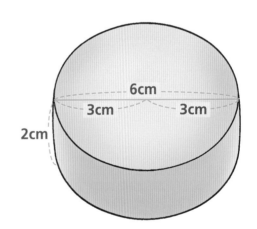

▶ 무게의 단위와 부피의 단위 관계

물 1L(1,000cm³)의 무게는 1kg입니다. 같은 부피에 해당하는 물의 무게는 다음과 같습니다.

부피	1cm³ (1mL)	100cm³ (1dL)	1,000cm³ (1L)	1m³ (1kL)
같은 부피의 물 무게	1g	100g	1kg	1,000kg (1t)

공배수
공통인 배수

▶ 공배수란?

어떤 수에 정수를 곱한 수를 그 수의 **배수**라고 합니다. 3과 4에 각각 1, 2, 3, 4, 5, …를 곱해 얻은 수가 3의 배수와 4의 배수입니다.

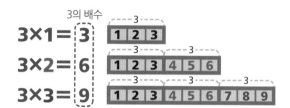

3과 4의 공배수를 구한다

3의 배수
⇨ 3, 6, 9, 12, 15, …

4의 배수
⇨ 4, 8, 12, 16, 20, …

3과 4의 배수 중에서 3과 4에 공통인 배수를 **공배수**라 합니다. 12는 3과 4의 공배수입니다. 3과 4의 공배수는 한없이 많습니다.

3과 4의 공배수 12, 24, 36, 48, 60, …

3과 4의 공배수는 수직선(70쪽)이나 수표(數表)를 이용해 구할 수 있습니다. 또한 다음과 같이 4의 배수 중에서 3의 배수이기도 한 수를 찾아낼 수도 있습니다.

4의 배수	4	8	12	16	20	24	28	32	36	40
3의 배수인가?	×	×	○	×	×	○	×	×	○	×

$3 \times 1 = 3$	$4 \times 1 = 4$
$3 \times 2 = 6$	$4 \times 2 = 8$
$3 \times 3 = 9$	$4 \times 3 = 12$
$3 \times 4 = 12$	$4 \times 4 = 16$
$3 \times 5 = 15$	$4 \times 5 = 20$
⋮	⋮

(○…3의 배수이다, ×…3의 배수가 아니다.)

공배수를 이용해 푼다!

오전 7시 0분에 A 역에서 B 마을로 가는 버스와 C 마을로 가는 버스가 동시에 출발했습니다. B 마을로 가는 버스는 A 역에서 6분 간격으로 출발하고, C 마을로 가는 버스는 8분 간격으로 출발합니다.

오전 7시 0분 다음에 B 마을 행 버스와 C 마을 행 버스가 A 역을 동시에 출발하는 시간이 몇 시 몇 분인지 구하려면, 두 버스가 출발하는 시간이 **6분과 8분 간격**이므로 6과 8의 공배수를 찾아야 합니다.

6의 배수 ⇨ 6, 12, 18, **24**, 30, …   8의 배수 ⇨ 8, 16, **24**, 32, …

6과 8의 공배수는 24이므로, 두 버스가 다음에 동시에 출발하는 시간은 24분 후인 **오전 7시 24분**이 됩니다.

▶ 최소공배수　2개 이상의 공배수 중 가장 작은 공배수

　3과 4의 공배수 중 가장 작은 공배수는 12이므로, 12를 3과 4의 최소공배수라고 합니다. 3과 4의 공배수는 최소공배수 12의 배수가 됩니다.

3과 4의
최소공배수

×2　　×3　　×4　　×5

12　24　36　48　60···

18과 30의 최소공배수를 구한다

**18의
배수** ⇨ **18, 36, 54, 72, 90, 108, ···**

**30의
배수** ⇨ **30,　　60,　　90, 120, ···**

18과 30의 최소공배수는
90이에요.

소인수분해를 이용해 최소공배수를 구한다

소인수분해(53쪽)란, **소수**(13쪽)의 곱셈 식으로 나타내는 것을 말합니다.
18과 30을 각각 소인수분해한 결과는 다음과 같습니다.

$18 = 2 \times 3 \times 3$
$30 = 2 \times 3 \times 5$

$2 \times 3 \times 3 \times 5 = 90$

공통의 소수인 2, 3과 나머지 소수
3, 5를 곱한다.

공통의 소수

```
2 ) 18 30
3 )  9 15
     3  5
```

나머지 소수

따라서 18과 30의 공배수는 최소공배수 90의 배수이므로,
90, 180, 270, 360, ···이 됩니다.

최소공배수를 이용해 푼다!

　세로 4cm, 가로 5cm인 직사각형 판자를 같은 방향으로 빈틈없이 깔아 정사각형을 만들려고 합니다. 이때 만들어지는 가장 작은 정사각형 한 변의 길이는 몇 cm가 될지 구하려면 직사각형의 세로와 가로 길이의 최소공배수를 찾아야 합니다.

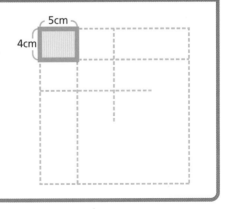

5cm

4cm

4의 배수 ⇨ **4, 8, 12, 16, 20, ···**

5의 배수 ⇨ **5, 10, 15, 20, 25, ···**

　4와 5의 최소공배수는 20이므로, 만들어지는 정사각형의 가장 작은 한 변의 길이는 20cm가 됩니다.

공약수

공통인 약수

▶ 공약수란?

어떤 수를 나누었을 때 나누어떨어지게 하는 수를 **약수**라고 합니다. 예를 들어 12와 18을 나누어떨어지게 하는 수는 각각 다음과 같습니다.

12의 약수 ⇨ **1, 2, 3, 4, 6, 12**

18의 약수 ⇨ **1, 2, 3, 6, 9, 18**

12÷ 1 = 12	18÷ 1 = 18
12÷ 2 = 6	18÷ 2 = 9
12÷ 3 = 4	18÷ 3 = 6
12÷ 4 = 3	18÷ 6 = 3
12÷ 6 = 2	18÷ 9 = 2
12÷12 = 1	18÷18 = 1

12와 18의 약수를 놓고 생각하면, 12는 1, 2, 3, 4, 6, 12의 배수이고, 18은 1, 2, 3, 6, 9, 18의 배수입니다.

12와 18의 각 약수 중 공통되는 약수를 12와 18의 **공약수**라고 합니다.

12와 18의 공약수 ⇨ **1, 2, 3, 6**

12와 18의 공약수는 수직선(70쪽)이나 수표(數表)를 써서 나타낼 수 있습니다. 또한 다음과 같이 12의 약수 중 18의 약수이기도 한 수를 찾을 수도 있습니다.

12의 약수	1	2	3	4	6	12
18의 약수인가?	○	○	○	×	○	×

(○…18의 약수이다. ×…18의 약수가 아니다.)

공약수는 두 수에 공통되는 약수이므로 작은 쪽 수의 약수에서 찾으면 돼요.

공약수를 이용해 푼다!

36송이의 노란색 꽃과 54송이의 분홍색 꽃을 섞어 두 다발 이상의 꽃다발을 만들려고 합니다. 어느 꽃다발에도 노란색 꽃과 분홍색 꽃을 각각 같은 송이씩 들어가게 해서 남는 꽃이 없도록 하고 싶습니다. 몇 개의 꽃다발을 만들 수 있을까요?

노란색 꽃과 분홍색 꽃을 남김없이 같은 송이씩 나누려면, 각각 약수를 이용해야 합니다. 즉, 가능한 꽃다발 수는 36과 54의 공약수가 됩니다. 36과 54의 공약수는 1, 2, 3, 6, 9, 18이므로 꽃다발 수가 2다발, 3다발, 6다발, 9다발, 18다발일 때입니다.

▶ 최대공약수   2개 이상의 공약수 중 가장 큰 공약수

12와 18의 공약수 중 가장 큰 공약수는 6입니다. 이 6을 12와 18의 **최대공약수**라고 합니다.

12와 18의 공약수는 최대공약수 6의 약수입니다.

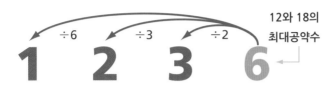

12와 18의
최대공약수

> 5의 약수는 1과 5
> 7의 약수는 1과 7
> 5, 7처럼 1과 그 수 자체밖에 공약수가 없는 수를 소수(13쪽)라고 합니다.

28과 42의 최대공약수를 구한다

28의 배수 ⇨ 1, 2,   4,   7, 14,   28

42의 배수 ⇨ 1, 2, 3,   6, 7, 14, 21, 42

28과 42의 공약수   ⟶   28과 42의 최대공약수는 14

소인수분해로 최대공약수를 구한다.

28과 42를 각각 소인수분해한 결과는 다음과 같습니다.

$28 = 2 \times 2 \times 7$
$42 = 2 \times 3 \times 7$ ⎫ ⇨ **28과 42의 최대공약수**
                 $2 \times 7 = 14$

공통이 되는 소인수의 곱을 구한다.

$$2\,)\!\underline{\;28\quad42\;}$$
$$7\,)\!\underline{\;14\quad21\;}$$
$$\quad\;\,2\quad\;\,3$$

28과 42의 공약수는 최대공약수 14의 약수이므로 1, 2, 7, 14가 됩니다.

최대공약수를 이용해 푼다!

오른쪽과 같은 용지를 나머지가 나오지 않게 같은 크기의 정사각형으로 오리려고 합니다.

오릴 수 있는 가장 큰 정사각형 한 변은 몇 cm가 될지 구하려면, 직사각형의 가로와 세로 길이의 최대공약수를 찾아야 합니다.

30의 약수 ⇨ 1, 2, 3, 4, ⑥, 10, 15, 30

48의 약수 ⇨ 1, 2, 3, 4, ⑥, 8, 12, 16, 24, 48

30과 48의 최대공약수는 6이므로, 가장 큰 정사각형 한 변의 길이는 6cm입니다.

48cm

30cm

분수

분수는 전체에 대한 부분을 나타내는 수입니다.

　전체를 등분한 경우, 이 중 몇 개인지를 나타낸 수를 **분수**라고 합니다.
　분수 아래에 있는 숫자를 **분모**라 하고, 전체를 몇 등분했는지를 나타냅니다. 분수 위에 있는 숫자를 **분자**라 하고, 부분이 몇개인지를 나타냅니다.

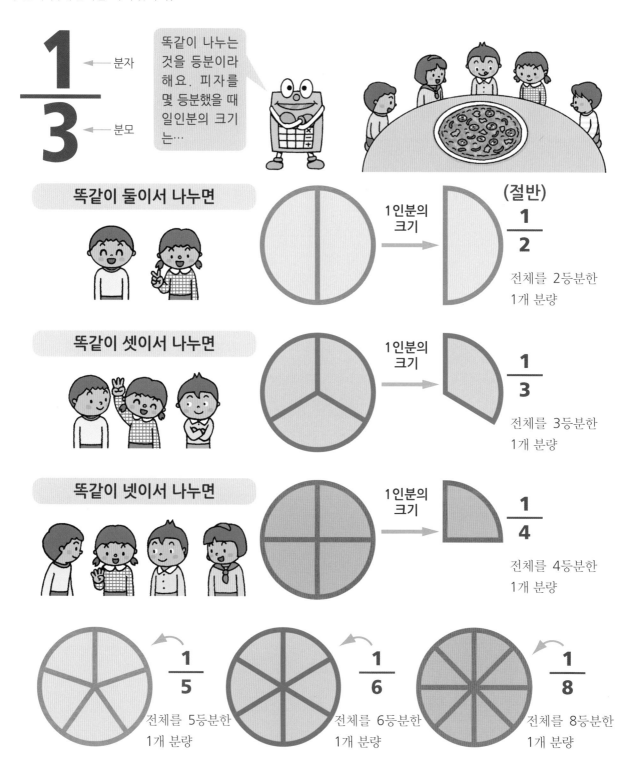

▶ 여러가지 분수

진분수

$\frac{2}{3}$ 나 $\frac{3}{4}$, $\frac{4}{5}$처럼 분자가 분모보다 작은 분수를 말합니다.

가분수

$\frac{3}{3}$, $\frac{5}{4}$, $\frac{12}{5}$처럼 분자와 분모가 같거나 분자가 분모보다 큰 분수를 말합니다.

대분수

$1\frac{2}{3}$나 $2\frac{1}{4}$처럼 자연수와 진분수의 합으로 나타낸 분수를 말합니다.

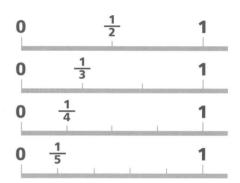

$\frac{3}{4}$ 분자 < 분모로 1보다 작다.

$\frac{5}{4}$ 분자 = 분모 또는 분자 > 분모로 1과 같거나 1보다 크다.

$1\frac{2}{5}$ 1 자연수와 + 진분수로 1보다 크다.

▶ 분수의 크기를 나타내는 법

$\frac{2}{3}$는 $\frac{1}{3}$의 2배, $\frac{5}{4}$는 $\frac{1}{4}$의 5배, $1\frac{2}{5}$는 1과 $\frac{1}{5}$의 2배(1= $\frac{5}{5}$이므로 $1\frac{2}{5}$는 $\frac{1}{5}$의 7배)를 나타냅니다.

$\frac{5}{3}$, $\frac{5}{4}$, $1\frac{2}{5}$는 각각 $\frac{1}{3}$, $\frac{1}{4}$, $\frac{1}{5}$를 기준으로 각각 몇 배인지 크기를 나타내는 셈입니다.

분자가 1인 분수를 **단위분수**라 하고, 분모 숫자가 클수록 분수 자체는 작아집니다.

$$\frac{1}{2} > \frac{1}{3} > \frac{1}{4} > \frac{1}{5} > \frac{1}{6} > \frac{1}{7} > \frac{1}{8} > \frac{1}{9}$$

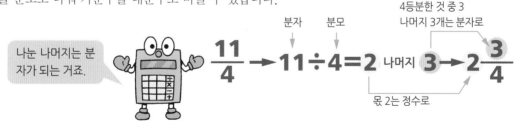

▶ 가분수 ⇄ 대분수 바꾸는 법

가분수를 대분수로 바꾼다

분자를 분모로 나눠 가분수를 대분수로 바꿀 수 있습니다.

나눈 나머지는 분자가 되는 거죠.

분자   분모

4등분한 것 중 3
나머지 3개는 분자로

$$\frac{11}{4} \rightarrow 11 \div 4 = 2 \;\; \text{나머지} \; 3 \rightarrow 2\frac{3}{4}$$

몫 2는 정수로

대분수를 가분수로 바꾼다

분모와 대분수의 정수 부분을 곱한 수에 분자를 더하면 대분수를 가분수로 바꿀 수 있습니다.

분자는
5×3+2=17이라고
계산할 수 있어요.

3은 $\frac{5}{5}$의 3배 이므로 $\frac{15}{5}$

$$3\frac{2}{5} \rightarrow \frac{5 \times 3 + 2}{5} \rightarrow \frac{17}{5}$$

$3\frac{2}{5}$는 $\frac{15}{5}$와 $\frac{2}{5}$를 합친 수

▶ 같은 분수

분모와 분자에 같은 수를 곱하거나 분모와 분자를 같은 수로 나눠도 분수의 값은 변하지 않습니다. 이 성질을 이용하면 같은 값의 분수를 얼마든지 만들 수 있습니다.

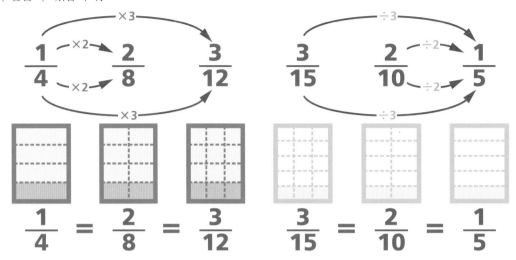

$$\frac{1}{4} = \frac{2}{8} = \frac{3}{12} \qquad \frac{3}{15} = \frac{2}{10} = \frac{1}{5}$$

▶ 약분

분모와 분자를 공약수로 나눠 분모가 작은 분수로 만드는 것을 **약분**한다고 합니다. 분모와 분자가 큰 분수는 값을 알기 어려우므로 가능하면 약분해야 합니다.

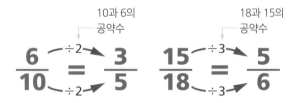

분모와 분자의 최대공약수를 이용해 약분한다

다음 분수는 처음에 2로 나누고, 다시 3으로 나눠 약분했습니다.

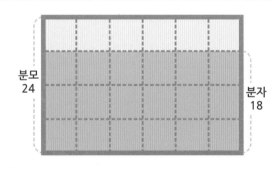

18의 약수 ⇨ 1, 2, 3, 6, 9, 18
24의 약수 ⇨ 1, 2, 3, 4, 6, 8, 12, 24
18과 24의 공약수 ⇨ 2, 3, 6

2도, 3도, 6도 24의 공약수이지만, 공약수 중 최대공약수를 이용하면 한 번에 약분할 수 있습니다.

$$\frac{18}{24} \xrightarrow{\div 6} \frac{3}{4}$$

18과 24의 최대공약수인 6으로 나눠 약분한다.

약분할 때는 분모를 가능한 한 작게 만들어야 해요.

▶ 통분

분모가 다른 분수를 분모가 같도록 바꾸는 것을 **통분**이라고 합니다. 공통분모로 통분하면 분자의 크기로 분수의 크기를 비교할 수 있습니다.

$\frac{3}{4}$과 $\frac{5}{6}$의 크기를 비교한다

각각 크기가 같은 분수를 만들고, 그 속에서 분모가 같은 분수를 찾습니다.

$\frac{3}{4}$과 같은 분수는 $\frac{6}{8}$, $\frac{9}{12}$, $\frac{12}{16}$, $\frac{15}{20}$, $\frac{18}{24}$, $\frac{21}{28}$, $\frac{24}{32}$, $\frac{27}{36}$, ... ← 분모는 4의 배수

$\frac{5}{6}$와 같은 분수는 $\frac{10}{12}$, $\frac{15}{18}$, $\frac{20}{24}$, $\frac{25}{30}$, $\frac{30}{36}$, $\frac{35}{42}$, ... ← 분모는 6의 배수

$\frac{3}{4}$과 $\frac{5}{6}$의 크기를 통분해 비교하면,

$$\frac{3}{4} < \frac{5}{6}$$

$$\frac{9}{12} < \frac{10}{12}$$

$$\frac{18}{24} < \frac{20}{24}$$

$$\frac{27}{36} < \frac{30}{36}$$

오른쪽에서 공통분모인 12, 24, 36은 분수 각각의 분모인 4와 6의 공배수

분모는 4와 6의 공배수잖아요. 분모를 같게 만들면 분자만으로 크기를 비교할 수 있죠. 공통분모도 작으면 알기 쉽고요.

따라서 $\frac{3}{4}$과 $\frac{5}{6}$의 크기를 비교하면 $\frac{3}{4} < \frac{5}{6}$임을 알 수 있습니다.

분수를 통분하려면 분모의 공배수를 찾아 그것을 공통분모로 하는 분수로 바꾼다.

▶ 통분할 때는 보통 분모의 최소공배수를 공통분모로 한다.

$\frac{3}{4}$과 $\frac{3}{5}$과 $\frac{7}{10}$을 통분해 크기를 비교한다

4의 배수 ⇨ **4, 8, 12, 16, 20, 24, 28, 32, 36, 40,** ...

5의 배수 ⇨ **5, 10, 15, 20, 25, 30, 35, 40, 45,** ...

10의 배수 ⇨ **10, 20, 30, 40, 50, 60, 70, 80,** ...

분모라면 4와 5와 10의 공배수는 **20, 40,** ...

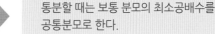

$$\frac{3}{4} \overset{\times 5}{\underset{\times 5}{=}} \frac{15}{20} \qquad \frac{3}{5} \overset{\times 4}{\underset{\times 4}{=}} \frac{12}{20} \qquad \frac{7}{10} \overset{\times 2}{\underset{\times 2}{=}} \frac{14}{20}$$

따라서 $\dfrac{12}{20} < \dfrac{14}{20} < \dfrac{15}{20}$, 즉 $\dfrac{3}{5} < \dfrac{7}{10} < \dfrac{3}{4}$

최소공배수 20을 공통분모로 해서 통분하면 되는 거예요.

▶ 분수의 계산

분수도 정수처럼 더하거나 뺄 수 있고, 곱하거나 나눌 수 있습니다.

분수의 덧셈

● 분모가 같은 분수의 덧셈

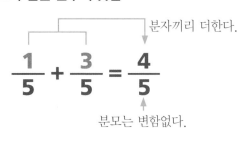

분자끼리 더한다.

$$\frac{1}{5} + \frac{3}{5} = \frac{4}{5}$$

분모는 변함없다.

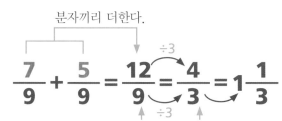

분자끼리 더한다.

$$\frac{7}{9} + \frac{5}{9} = \frac{12}{9} \overset{\div 3}{\underset{\div 3}{=}} \frac{4}{3} = 1\frac{1}{3}$$

약분할 수 있는 것은 약분해서 답을 낸다.　가분수는 대분수로 바꿔두는 것이 좋다.

● 분모가 다른 분수의 덧셈

분자끼리 더한다.

$$\frac{3}{8} + \frac{1}{4} = \frac{3}{8} + \frac{2}{8} = \frac{5}{8}$$

통분한다.

> 분모가 다른 분수는 그대로 더하지 못하므로 통분해서 계산한다. 8과 4의 최소공배수는 8이므로 공통분모를 8로 한다. $\dfrac{1 \times 2}{4 \times 2} = \dfrac{2}{8}$

$$2\frac{1}{3} + \frac{2}{5} = \frac{7}{3} + \frac{2}{5} = \frac{35}{15} + \frac{6}{15} = \frac{41}{15} = 2\frac{11}{15}$$

대분수를 가분수로 바꾼다.　통분한다.　가분수를 대분수로 바꾼다.

$2\frac{1}{3}$ 을 $2\frac{5}{15}$ 로 해서 계산해도 되지요.

분수의 뺄셈

● 분모가 같은 분수의 뺄셈

분자끼리 뺀다.

$$\frac{6}{7} - \frac{2}{7} = \frac{4}{7}$$

분모는 변함없다.

분자끼리 뺀다.

$$1\frac{4}{9} - \frac{8}{9} = \frac{13}{9} - \frac{8}{9} = \frac{5}{9}$$

가분수로 바꾼다.

$2\frac{2}{5}$ 를 $1\frac{7}{5}$, 이것을 통분해서 $1\frac{28}{20}$ 로 해서 계산해도 돼요.

● 분모가 다른 분수의 뺄셈

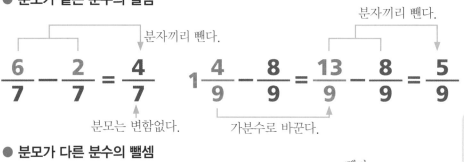

뺀다.

$$2\frac{2}{5} - \frac{3}{4} = \frac{12}{5} - \frac{3}{4} = \frac{48}{20} - \frac{15}{20} = \frac{33}{20} = 1\frac{13}{20}$$

가분수로 바꾼다.　통분한다.　대분수로 바꾼다.

분수의 곱셈

● 분수에 정수를 곱하는 계산

분자에 정수를 곱한다.

$$\frac{2}{7} \times 3 = \frac{2 \times 3}{7} = \frac{6}{7}$$

(분모는 그대로)

$\frac{2}{7} + \frac{2}{7} + \frac{2}{7} = \frac{6}{7}$ 이라고 생각할 수도 있다.

$$\frac{3}{8} \times 2 = \frac{3 \times \overset{1}{\cancel{2}}}{\underset{4}{\cancel{8}}} = \frac{3}{4}$$

계산 도중에 약분할 수 있는 것은
약분하고 나서 계산해야 간단해진다.

● 분수에 분수를 곱하는 계산

분자끼리 곱한다.

$$\frac{4}{5} \times \frac{2}{3} = \frac{4 \times 2}{5 \times 3} = \frac{8}{15}$$

분모끼리 곱한다.

$$\frac{10}{9} \times \frac{3}{5} = \frac{\overset{2}{\cancel{10}} \times \overset{1}{\cancel{3}}}{\underset{3}{\cancel{9}} \times \underset{1}{\cancel{5}}} = \frac{2}{3}$$

9와 3, 5와 10을 각각 약분한다.

● 대분수가 있는 곱셈

$$2\frac{1}{4} \times \frac{5}{6} = \frac{9}{4} \times \frac{5}{6} = \frac{9 \times 5}{4 \times \underset{2}{\cancel{6}}} = \frac{15}{8} = 1\frac{7}{8}$$

대분수를 가분수로 바꿔 분수×분수처럼 계산한다.

분수의 나눗셈

● 분수를 정수로 나누는 계산

$$\frac{6}{7} \div 3 = \frac{\overset{2}{\cancel{6}}}{7 \times \underset{1}{\cancel{3}}} = \frac{2}{7}$$

분모에 정수를 곱한다.

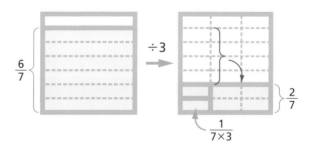

$\div 3$

$\frac{6}{7}$ $\frac{2}{7}$

$\frac{1}{7 \times 3}$

● 분수를 분수로 나누는 계산

$$\frac{5}{9} \div \frac{2}{3} = \frac{5}{9} \times \frac{3}{2} = \frac{5 \times \overset{1}{\cancel{3}}}{\underset{3}{\cancel{9}} \times 2} = \frac{5}{6}$$

분수로 나눌 때는 나누는 수의 분자와 분모를 바꾼 역수를 곱한다.

● 대분수가 있는 나눗셈

대분수를 가분수로 바꿔 분수÷분수로 계산한다.

나누는 수를 1로 만들기 위해
$\frac{2}{3}$의 역수 $\frac{3}{2}$을 $\frac{5}{9}$와 $\frac{2}{3}$에 곱하
면 나눗셈이 곱셈이 돼요.

$$\left(\frac{5}{9} \times \frac{3}{2}\right) \div \left(\frac{2}{3} \times \frac{3}{2}\right)$$
$$= \frac{5}{9} \times \frac{3}{2} \div 1 = \frac{5}{9} \times \frac{3}{2}$$

소수

십진법으로 나타낸 수 중에서 1보다 작고, 0보다 큰 자릿값을 가진 수를 '소수'라고 합니다.

▶ 소수

소수는 1보다 큰 부분과 작은 부분을 구별하는 소수점을 찍어 나타냅니다. 소수점의 왼쪽 자리가 정수 부분, 오른쪽 자리가 소수 부분입니다. 소수점으로부터 오른쪽 첫 번째 자리가 $\frac{1}{10}$의 자리, 두 번째 자리가 $\frac{1}{100}$의 자리, 세 번째 자리가 $\frac{1}{1000}$의 자리입니다.

마라톤에서
달리는 거리

＊ $\frac{1}{10}$의 자리는 소수 첫째 자리

$\frac{1}{100}$은 소수 둘째 자리

$\frac{1}{1000}$은 소수 셋째 자리입니다.

소수의 구조

각 자리가 오른쪽으로 한 자리 옮겨질 때마다 $\frac{1}{10}$로 줄어듭니다. 오른쪽으로 두 자리 옮겨지면 $\frac{1}{100}$로 줄어듭니다.

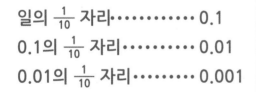

일의 $\frac{1}{10}$ 자리 ········· 0.1

0.1의 $\frac{1}{10}$ 자리 ········ 0.01

0.01의 $\frac{1}{10}$ 자리 ······· 0.001

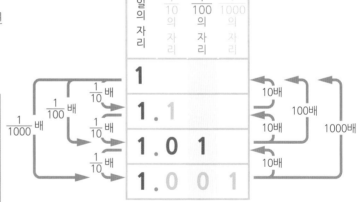

유한소수와 무한소수

$\frac{3}{8}$을 소수로 나타내면 $3 \div 8 = 0.375$이므로 나누어떨어져 $\frac{1}{1000}$의 자리까지 소수로 정확하게 나타낼 수 있습니다. 이와 같은 소수를 **유한소수**라 합니다. $\frac{4}{7}$를 소수로 나누면 $\frac{4}{7} = 0.57142857\cdots$처럼 나누어떨어지지 않고 한없이 계속되는 소수가 됩니다. 이와 같은 소수를 **무한소수**라고 합니다. 무한소수 중에서 소수점 아래의 숫자가 일정한 규칙으로 반복되는 소수를 **순환소수**라고 합니다. $\frac{2}{3} = 0.6666\cdots$은 $0.\dot{6}$, $\frac{6}{11} = 0.5454\cdots$는 $0.\dot{5}\dot{4}$처럼 반복되는 소수 부분 양끝의 숫자 위에 점(·)을 찍어 나타냅니다.

$\sqrt{2}$나 $\sqrt{5}$는 정수나 분수로 나타낼 수 없는 수로, **무리수**(53쪽)라고 합니다. 무리수를 소수로 나타내면 순환하지 않는 무한소수가 됩니다. 예를 들면 $\sqrt{2} = 1.4142135\cdots$가 됩니다.

＊ 원주율도 순환하지 않는 무한소수입니다. 원주율(π) = 3.14159265358979323846264338327950288 4…

▶ 소수 계산하는 법

소수도 정수와 똑같은 방법으로 계산할 수 있습니다. 그러나 계산 결과인 합이나 차, 곱이나 몫의 소수점 위치에 주의해야 합니다.

소수의 덧셈

● 소수 둘째 자리까지 더하는 덧셈

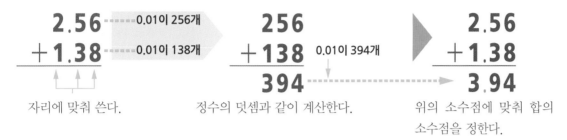

자리에 맞춰 쓴다.   정수의 덧셈과 같이 계산한다.   위의 소수점에 맞춰 합의 소수점을 정한다.

● 소수 셋째 자리까지 소수가 있고, 답이 일의 자리보다 작아지는 덧셈

자리에 맞춰 쓴다.   정수의 덧셈과 같이 계산한다.   위의 소수점에 맞춰 합의 소수점을 정하고, 합의 일의 자리에 0을 쓴다.

소수의 뺄셈

● 소수 둘째 자리까지 있는 뺄셈

자리에 맞춰 쓴다.   정수의 덧셈과 같이 계산한다.   위의 소수점에 맞춰 차의 소수점을 정한다.

● 정수와 소수의 뺄셈

자리에 맞춰 쓴다.   정수의 뺄셈과 같이 계산한다.   위의 소수점에 맞춰 차의 소수점을 정한다.

소수 곱셈

소수의 곱셈은 소수점을 생각하지 않고 정수의 곱셈과 같이 계산한 후, 곱해지는 수와 곱하는 수의 소수점 아랫자리 수를 합해 소수점을 정하면 됩니다.

● 소수 첫째 자리까지 곱하는 경우

$$
\begin{array}{r}
2.8 \\
\times\,0.7
\end{array}
$$

⋯ 10배 →

오른쪽에 맞춰 쓴다.

$$
\begin{array}{r}
2\,8 \\
\times\quad 7 \\
\hline
1\,9\,6
\end{array}
$$

1.96이 100배 돼 있다.
$\frac{1}{100}$ →

소수점을 생각하지 않고 정수의 곱셈을 한다.

소수점 아랫자리 수

$$
\begin{array}{r}
2.8 \\
\times\,0.7 \\
\hline
1.9\,6
\end{array}
$$

⋯ 첫째 자리 + 첫째 자리

← 둘째 자리에 소수점

소수점은 곱해지는 수와 곱하는 수의 소수점 아랫자리 수를 합한 후, 오른쪽에서 세어 정한다.

● 소수 둘째 자리까지 곱하는 경우 ①

$$
\begin{array}{r}
2.16 \\
\times\quad 3.4
\end{array}
$$

⋯ 100배 →
⋯ 10배 →

소수점을 생각하지 않고 곱한다.

$$
\begin{array}{r}
2\,1\,6 \\
\times\quad 3\,4 \\
\hline
8\,6\,4 \\
6\,4\,8 \\
\hline
7\,3\,4\,4
\end{array}
$$

7,344가 1,000배 돼 있다.
$\frac{1}{1000}$ →

$$
\begin{array}{r}
2.16 \\
\times\quad 3.4 \\
\hline
8\,6\,4 \\
6\,4\,8 \\
\hline
7.3\,4\,4
\end{array}
$$

⋯ 둘째 자리 + 첫째 자리

셋째 자리에 소수점

● 소수 둘째 자리까지 곱하는 경우 ②

$$
\begin{array}{r}
4.92 \\
\times\quad 7.5
\end{array}
$$

⋯ 100배 →
⋯ 10배 →

소수점을 생각하지 않고 곱한다.

$$
\begin{array}{r}
4\,9\,2 \\
\times\quad 7\,5 \\
\hline
2\,4\,6\,0 \\
3\,4\,4\,4 \\
\hline
3\,6\,9\,0\,0
\end{array}
$$

36,900은 1,000배 돼 있다.
$\frac{1}{1000}$ →

$$
\begin{array}{r}
4.92 \\
\times\quad 7.5 \\
\hline
2\,4\,6\,0 \\
3\,4\,4\,4 \\
\hline
3\,6.9\,0\,0
\end{array}
$$

⋯ 둘째 자리 + 첫째 자리

셋째 자리에 소수점

끝의 0을 없앤다.

● 답이 1 미만이 되는 소수의 곱셈

$$
\begin{array}{r}
0.15 \\
\times\quad 3.2
\end{array}
$$

⋯ 100배 →
⋯ 10배 →

소수점을 생각하지 않고 곱한다.

$$
\begin{array}{r}
1\,5 \\
\times\,3\,2 \\
\hline
3\,0 \\
4\,5 \\
\hline
4\,8\,0
\end{array}
$$

480은 1,000배 돼 있다.
$\frac{1}{1000}$ →

$$
\begin{array}{r}
0.15 \\
\times\quad 3.2 \\
\hline
3\,0 \\
4\,5 \\
\hline
0.4\,8\,0
\end{array}
$$

⋯ 둘째 자리 + 첫째 자리

셋째 자리에 소수점

소수점을 찍고 일의 자리에 0을 쓰고, 끝의 0을 없앤다.

소수 나눗셈

나눗셈의 몫은 나누는 수와 나누어지는 수에 같은 수를 곱해도 변함없습니다. 이 성질을 이용하면 소수의 나눗셈을 정수로 바꿔 계산할 수 있습니다.

● 소수 둘째 자리까지 나누는 경우

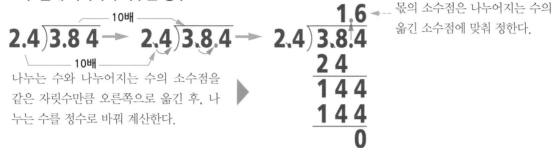

나누는 수와 나누어지는 수의 소수점을 같은 자릿수만큼 오른쪽으로 옮긴 후, 나누는 수를 정수로 바꿔 계산한다.

몫의 소수점은 나누어지는 수의 옮긴 소수점에 맞춰 정한다.

● 답이 1 미만이 되는 소수의 나눗셈

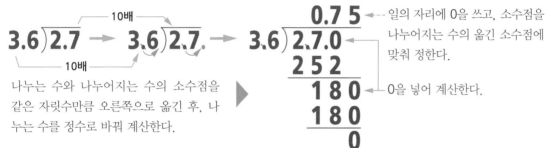

나누는 수와 나누어지는 수의 소수점을 같은 자릿수만큼 오른쪽으로 옮긴 후, 나누는 수를 정수로 바꿔 계산한다.

일의 자리에 0을 쓰고, 소수점을 나누어지는 수의 옮긴 소수점에 맞춰 정한다.

0을 넣어 계산한다.

● 나머지를 내는 소수의 나눗셈

몫은 소수 첫째 자리까지 구하고 나머지도 낸다.

나누는 수와 나누어지는 수의 소수점을 같은 자릿수만큼 오른쪽으로 옮긴 후, 나누는 수를 정수로 바꿔 계산한다.

몫의 소수점을, 나누어지는 수를 옮긴 소수점에 맞춰 정한다.

0을 넣어 계산한다.

나머지의 소수점은 나누어지는 수의 소수점에 맞춰 정한다.

몫과 나머지가 바른지 검산한다.

0.7×6.5+0.05=4.6

나누는 수　몫　　나머지　나누어지는 수

몫을 반올림해서 위에서 둘째 자리의 어림수로 구한다

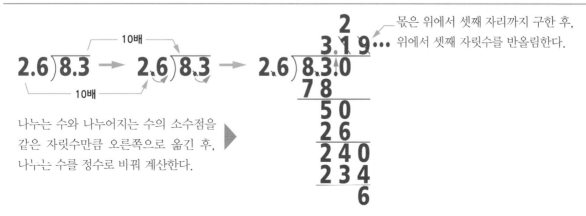

나누는 수와 나누어지는 수의 소수점을 같은 자릿수만큼 오른쪽으로 옮긴 후, 나누는 수를 정수로 비꿔 계산한다.

몫은 위에서 셋째 자리까지 구한 후, 위에서 셋째 자릿수를 반올림한다.

비와 비례

2개 이상의 수량을 비교할 때 그 비율을 나타내는 방법입니다.

▶ 비란?

비(比)는 2개 이상의 수 사이에 기호 ':'를 사용해 나타내며, 기호 :의 앞뒤에 있는 수를 **항**이라고 합니다. 비로 나타내면 1개의 양이 다른 양에 비해 어느 정도 크기인지 알 수 있습니다.

드레싱에 들어가는 식초와 샐러드유 양의 비

한 반의 남자와 여자 비

직사각형의 세로와 가로 길이 비

▶ 동일한 비

각 항에 0이 아닌 같은 수를 곱해도 그 비는 같다.

a : *b* 양쪽 수에 같은 수를 곱하거나 양쪽 수를 같은 수로 나눠도 그 비는 *a* : *b*와 같습니다. 이 비의 성질을 이용해 가능한 한 작은 정수의 비로 바꾸는 것을 '비를 간단히 한다.'라고 합니다.

$$×5$$
$$2 : 3 = 10 : 15$$
$$×5$$

$$÷4$$
$$20 : 32 = 5 : 8$$
$$÷4$$

12 : 18 = 2 : 3

양쪽을 6으로 나눈다.

$$\frac{2}{3} : \frac{1}{2} = 4 : 3$$

양쪽에 분모의 최소공배수 6을 곱한다.

▶ 비의 값

식초의 양과 샐러드유 양의 비가 30 : 50일 때 식초의 양은 샐러드유 양의 몇 배가 되는지는 30÷50(0.6배), 즉 (0.6)배로 구할 수 있습니다. 이를 30 : 50의 비의 값이라고 합니다.

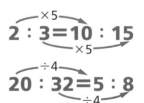

a : *b*의 비 값
$$a ÷ b = \frac{a}{b}$$

▶ 비의 이용

카드나 공책, TV 화면의 가로와 세로 길이 비율, 지도나 축소도, 확대도 등의 비율을 나타내는 데 이용됩니다.

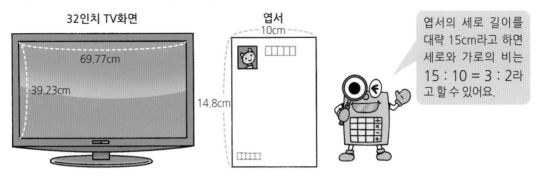

32인치 TV화면
69.77cm
39.23cm

엽서
10cm
14.8cm

엽서의 세로 길이를 대략 15cm라고 하면 세로와 가로의 비는 15 : 10 = 3 : 2라고 할 수 있어요.

축도

축척 1 : 5,000인 지도에서는 실제 길이가 $\frac{1}{5000}$로 축소돼 표시됩니다. 지도상에 1.8cm의 길이로 표시된 A, B의 실제 길이는 다음과 같이 구하면 됩니다.

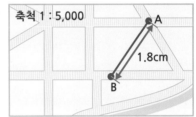

축척 1 : 5,000
A
1.8cm
B

$$1.8 \div \frac{1}{5,000} = 1.8 \times 5,000 = 9,000(cm)$$
$$= 90(m)$$

축척(비의 값) ↑

실제 길이 ←

▶ 비의 계산

$2 : \frac{3}{4} = 8 : 3$처럼 비의 값이 같은 두 비를 등식으로 나타낸 식을 비례식이라고 합니다.

비례식 2 : x = 12 : 30에서 x의 값을 구하는 비례식의 성질로부터

$$2 \times 30 = x \times 12$$
$$x = \frac{2 \times 30}{12}$$
$$x = 5$$

$a : b = m : n$
⇓
$an = bm$

비례식에 포함된 문자의 값을 구하는 것을 '비례식을 푼다'라고 합니다.

비례식의 성질

$a : b = m : n$이라면 $an = bm$

증명

$a : b = m : n$에서 좌우 비의 값은 같으므로,

$$\frac{a}{b} = \frac{m}{n}$$

이 양변에 분모의 b와 n을 곱하면

$$\frac{a}{b} \times bn = \frac{m}{n} \times bn$$
$$an = bm$$

비례식을 이용해 푼다!

어떤 과자는 버터 60g에 밀가루 140g의 비율로 섞어 만듭니다. 이와 같은 과자를 만들기 위해 밀가루 350g을 준비했을 때 버터는 몇 g 준비하는 것이 좋을까요?

준비할 버터의 무게를 xg이라고 하면,

60 : 140 = x : 350 비례식의 성질로부터 **60 × 350 = 140 × x**

$$x = \frac{60 \times 350}{140}, \quad x = 150$$ 따라서 준비할 버터는 **150g**입니다.

▶ 비례

함께 변화하는 두 양 또는 수에서, 한쪽이 2배, 3배…가 되면 다른 한쪽도 2배, 3배…가 될 때 '두 양이나 수는 비례한다.'라고 합니다.

1개에 50g 하는 공이 x개 있을 때, 전체 무게 yg은

$$y = 50x$$

라는 식으로 나타낼 수 있습니다.

이 경우, x는 자연수이고 $x \neq 0$일 때, $\frac{y}{x} = 50$인 값이 됩니다. 이 값 50을 '비례상수'라고 합니다.

x, y처럼 여러 가지 값으로 변할 수 있는 수를 **변수**, 일정한 수나 그것을 나타내는 말을 **상수**(常數)라고 합니다.

x값에 대응하는 y값을 구해 그래프를 그리면 오른쪽처럼 됩니다.

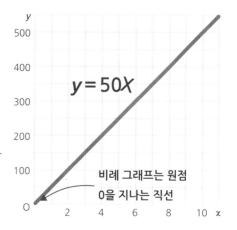

비례 그래프는 원점 0을 지나는 직선

공의 수 x(개)	1	2	3	4	5	6
전체의 무게 y(g)	50	100	150	200	250	300

x와 y의 관계가 $y = ax$(a는 상수)가 될 때, 'y는 x에 비례한다'라고 합니다. x값을 정하면 그에 따라 y값이 1개 정해지므로 y는 x의 함수라고도 합니다.

$$y = ax$$ ← 상수
$x \neq 0$일 때 $\frac{y}{x}$ 값은 일정한 값 a와 같다.

$y = ax$의 그래프

변수 x값에 따라 비례(비례상수 a가 음의 정수인 경우도 포함)하는 그래프는 다음과 같이 나타낼 수 있습니다.

① $a > 0$일 때

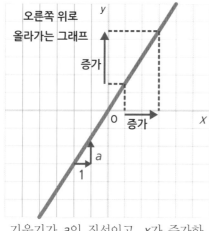

기울기가 a인 직선이고, x가 증가하면 y도 증가한다.

② $a < 0$일 때

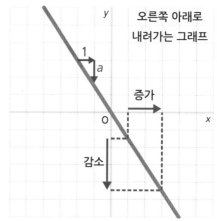

기울기가 a(음의 정수)인 직선이고, x가 증가하면 y는 감소한다.

▶ 반비례

함께 변화하는 두 양에서 한쪽의 양이 2배 3배…가 되면 그 양에 대응하는 다른 쪽 양이 $\frac{1}{2}$배, $\frac{1}{3}$배,…가 될 때 '이 두 양은 반비례한다.'라고 합니다.

넓이가 12cm²인 직사각형의 세로 길이를 $x$cm, 가로 길이를 $y$cm 라고 할 때, 가로 길이 $y$cm는

$$y = \frac{12}{x}$$

가 됩니다.

이 경우는 $x > 0$이고, 넓이를 나타내는 수는 12, 즉 $xy = 12$로 일정한 값이 됩니다. 이때 12를 '비례상수'라고 합니다.

x값에 대응하는 y의 값을 구해 그 그래프를 그리면 오른쪽과 같습니다. 반비례 함수에서는 $x = 0$일 때를 생각하지 않습니다.

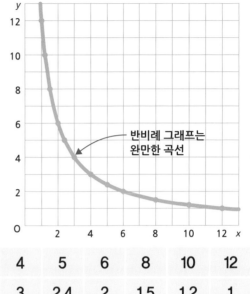

반비례 그래프는 완만한 곡선

세로 x(cm)	1	1.2	1.5	2	2.4	3	4	5	6	8	10	12
가로 y(cm)	12	10	8	6	5	4	3	2.4	2	1.5	1.2	1

$x \times y$는 항상 일정

x와 y의 관계가 $y = $ 이 될 때 y는 x에 반비례한다고 합니다. 이때 x와 y의 곱 xy 값은 일정하므로 상수 a와 같게 됩니다.

$$y = \frac{a}{x}$$ ← 상수 xy와 같다.

$y = \frac{a}{x}$의 그래프

변수 x값에 따라 반비례(비례상수 a가 음의 정수일 경우도 포함)하는 그래프는 다음과 같이 나타낼 수 있습니다.

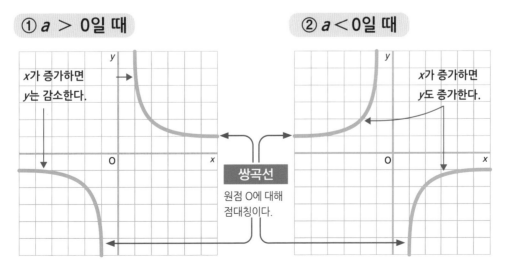

① $a > 0$일 때

x가 증가하면 y는 감소한다.

② $a < 0$일 때

x가 증가하면 y도 증가한다.

쌍곡선
원점 O에 대해 점대칭이다.

$y = \frac{a}{x}$ 그래프는 완만한 두 곡선(쌍곡선이라고 합니다)이 되며, 이 그래프는 x축, y축과 만나지 않습니다.

백분율

전체 중 일부가 차지하는 비율로, 전체를 100으로 봤을 때의 양입니다.

▶ 백분율이란?

퍼센트(%)로 나타낸 비율을 **백분율**이라 하고, 소수로 나타낸 비율 0.01을 1%로 나타냅니다. 백분율은 띠그래프나 원그래프에 이용되며, 통계 자료로도 이용됩니다.

전체 중 일부가 차지하는 비율로, 전체를 100으로 둘 때의 양입니다.

기준량을 100으로 볼 때의 비율인 백분율은 '%'로 나타내고, '퍼센트'라고 읽습니다.

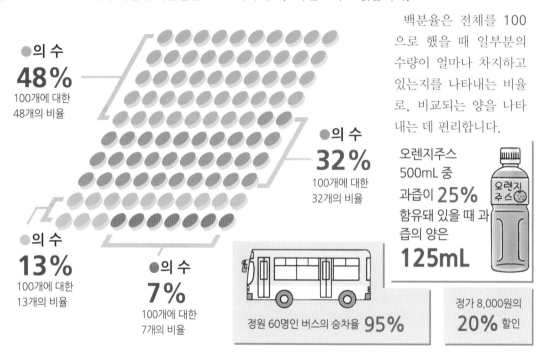

백분율은 전체를 100으로 했을 때 일부분의 수량이 얼마나 차지하고 있는지를 나타내는 비율로, 비교되는 양을 나타내는 데 편리합니다.

●의 수
48%
100개에 대한 48개의 비율

●의 수
32%
100개에 대한 32개의 비율

●의 수
13%
100개에 대한 13개의 비율

●의 수
7%
100개에 대한 7개의 비율

오렌지주스 500mL 중 과즙이 **25%** 함유돼 있을 때 과즙의 양은 **125mL**

정원 60명인 버스의 승차율 **95%**

정가 8,000원의 **20%** 할인

백분율과 소수, 분수의 변환

비율은 소수나 분수, 백분율 등으로 나타냅니다. 백분율을 소수 또는 분수로 고치거나 소수나 분수를 백분율로 고칠 수 있습니다.

소수와 백분율
$$0.87 \overset{\times 100}{\underset{\div 100}{\longleftrightarrow}} 87\%$$

분수와 백분율
$$\frac{2}{5} = \frac{40}{100} \longleftrightarrow 40\%$$

소수와 분수
$$0.25 \longleftrightarrow \frac{25}{100} = \frac{1}{4}$$

할푼리

야구에서 타수에 대한 안타의 비율을 '타율'이라고 합니다. 500타수 중 안타 수가 164개인 타자의 타율은 0.328입니다. 이 0.328을 3할 2푼 8리로 나타내는 비율을 '할푼리'라고 합니다. 이는 일상생활에서도 종종 사용됩니다.

· 올해 남자 학생 수는 작년의 1할 증가
· 정가 20,000원의 2할 5푼이 이익
· 100만 원의 이자가 연 4푼

비율을 나타내는 수	1	0.1	0.01	0.001
백 분 율	100%	10%	1%	0.1%
할 푼 리	10할	1할	1푼	1리

▶ 백분율 계산

비율은 비교되는 양(부분의 양)이 기준량(전체의 양)의 어느 정도에 해당하는지를 나타낸 수입니다. 비율은 다음과 같은 식으로 구합니다.

$$비율 = 비교되는 양 ÷ 기준이 되는 양$$

이 식을 이용하면 비교되는 양이나 기준이 되는 양을 구할 수 있습니다.

● 비교되는 양의 비율을 구한다

A반 인원은 30명이고, 그중 여자는 18명일 때 여자는 A반의 몇 퍼센트인가?

$$18 ÷ 30 = 0.6 \quad 0.6 × 100 ➡ 60\%$$

비율을 나타내는 소수   소수×100=백분율

* 백분율을 구할 경우, 식은
18÷30＝60(%)으로 해도 된다.

● 기준량과 비율로 비교되는 양을 구한다

A반 30명 중 운동부에 가입한 학생의 비율이 40%일 때, 운동부에 가입한 인원은 몇 명인가?

$$40 ÷ 100 = 0.4 \quad 30 × 0.4 = 12(명)$$

백분율÷100=소수   기준이 되는 양 × 비율 = 비교되는 양

* 식을 $30 × \frac{40}{100} = 12$(명)라고 해도 된다.

● 비교되는 양과 그 비율로 기준량을 구한다

B반에서 자전거를 타고 통학하는 학생은 8명이고, B반의 25%일 때 B반 인원은 몇 명인가?

$$25 ÷ 100 = 0.25 \quad 8 ÷ 0.25 = 32(명)$$

백분율÷100=소수   비교되는 양 × 비율 = 기준이 되는 양

* 식을 $8 ÷ \frac{25}{100} = 32$(명)라고 해도 된다.

● 증가의 양과 그 비율로 증가 전의 양을 구한다

어떤 과자 무게가 20% 증가해서 150g이 됐다. 증가 전의 무게는 몇 g이었을까?

증가 후의 무게 150g은 증가 전의 무게 (100+20)%이므로 증가 전의 무게는

$$120 ÷ 100 = 1.2 \quad 150 ÷ 1.2 = 125(g)$$

● 감소한 양과 그 비율로 감소한 후의 양을 구한다

C 중학교의 전년도 1학년 학생 수는 160명이었고, 금년도는 전년도 학생 수보다 5% 감소했다고 한다. 금년도 1학년 학생 수는 몇 명인가?

금년도 학생 수는 작년도 학생 수의 (100-5)%이므로

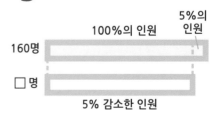

$$95 ÷ 100 = 0.95 \quad 160 × 0.95 = 152(명)$$

양의 정수와 음의 정수

0보다 큰 정수, 즉 자연수를 '양의 정수'라 하고, 0보다 작은 수를 '음의 정수'라고 합니다.

▶ 양의 정수, 음의 정수

+3이나 +6.5와 같은 수를 '양의 정수'라 하고, −2나 −4.5와 같은 수를 '음의 정수'라고 합니다. 이때 +(플러스)를 **양의 부호**, −(마이너스)를 **음의 부호**라고 합니다. 0은 양도 음도 아닌 수입니다. +3, +6.5와 같은 양의 정수는 + 부호를 붙이지 않고 3, 6.5라고 나타냅니다.

반대의 성질을 가진 값을 양의 정수와 음의 정수를 써서 나타낸다.

기온이 5도 높아진다 … $+5\,^\circ\text{C}$　➡ 기온이 2도 낮아진다 … $-2\,^\circ\text{C}$

8,000원의 수입 … $+8,000$원　➡ 3,000원의 지출 … $-3,000$원

A 지점으로부터 동쪽으로 50m 진행 … $+50\text{m}$　➡ A 지점으로부터 서쪽으로 70m 진행 … -70m

수직선과 절댓값

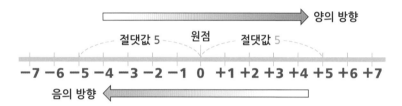

절댓값

수직선 위에서 수를 나타내는 점과 원점 사이의 거리를 '절댓값'이라고 합니다. 음의 정수는 절댓값이 클수록 작아집니다.

▶ 양의 정수와 음의 정수의 덧셈과 뺄셈

양의 정수와 음의 정수를 계산할 때, 동쪽으로 하는 이동을 양의 정수, 서쪽으로 하는 이동을 음의 정수로 나타내는 수직선 위의 이동을 생각하면 알기 쉽습니다.

● **양의 정수끼리 빼는 뺄셈**

$5-2=3$

➡ $5+(-2)$
　$=+(5-2)=3$

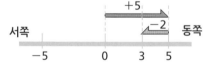

● **양의 정수와 음의 정수의 덧셈**

$-6+4=-2$

➡ $-(6-4)=-2$

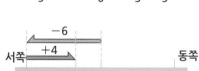

● **양의 정수 음의 정수의 뺄셈**

$3-(-2)=5$

➡ $3+(+2)=5$

● **음의 정수끼리 빼는 뺄셈**

$-2-4=-6$

➡ $-2+(-4)=-6$

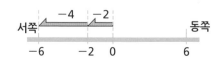

덧셈의 합과 그 부호

① 같은 부호인 두 수의 합…절댓값의 합에 공통 부호를 붙인다.
② 다른 부호인 두 수의 합…절댓값이 큰 쪽에서 작은 쪽을 빼고, 절댓값이 큰 쪽의 부호를 붙인다.

뺄셈은 덧셈으로 바꾼다

양의 정수, 음의 정수를 뺀다는 것은 그 수의 부호를 바꿔 더하는 것과 같습니다.

□ + (−3) = 2
⇩
□ = 2 − (−3)
□ = 2 + (+3)
□는 5입니다.

▶ 양의 정수와 음의 정수의 곱셈과 나눗셈

곱셈도 동서 이동을 이용해 생각할 수 있습니다. 동쪽으로 걷는 속도를 시속 3km, 서쪽으로 걷는 속도를 시속 −3km라고 하고, 현재보다 나중 시간을 양의 정수, 현재보다 이전 시간을 음의 정수를 이용해 나타내보겠습니다.

● 양의 정수끼리 곱하는 곱셈
$3 \times 2 = 6$

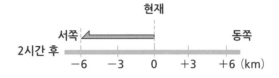

거리
= 속도 × 시간
= 3 × 2
= 6(km)

● 양의 정수와 음의 정수의 곱셈
$-3 \times 2 = -6$
➡ −3이 2개이므로 −6
$-3 \times 2 = (-1) \times (3 \times 2)$
$\qquad = -(3 \times 2)$

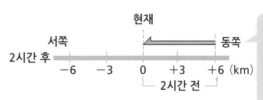

● 음의 정수끼리 곱하는 곱셈
$-3 \times (-2) = 6$
➡ $-3 \times (-2)$
$= (-1) \times 3 \times (-2)$
$= -\{3 \times (-2)\}$

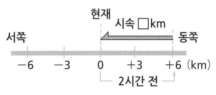

현재 지점 0km에서 2시간 전에 서쪽을 향해 걸었으므로, 2시간 전의 지점이 된다.

곱셈의 곱과 그 부호
① 같은 부호의 두 수에서는 절댓값의 곱에 양의 부호를 붙인다. ➕ ✖ ➕ ⇨ ➕ , ➖ ✖ ➖ ⇨ ➕
② 다른 부호의 두 수에서는 절댓값의 곱에 음의 부호를 붙인다. ➕ ✖ ➖ ⇨ ➖ , ➖ ✖ ➕ ⇨ ➖

양의 정수와 음의 정수의 나눗셈은 곱셈과 반대 관계에 있습니다.

● 양의 정수와 음의 정수의 나눗셈
$6 \div (-2) = -3$
➡ $(-3) \times (-2) = 6$

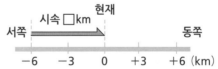

2시간 전에 서쪽으로 6km를 걸은 속도는 시속 −3km

● 음의 정수끼리 나누는 나눗셈
$(-6) \div (-2) = 3$
➡ $3 \times (-2) = -6$

2시간 전에 −6km 지점에서 걸은 속도는 시속 3km

나눗셈을 곱셈으로 바꾼다

양의 정수와 음의 정수로 나누는 것은그 역수를 곱하는 것과 같습니다.

$6 \div (-2) = 6 \times \left(-\dfrac{1}{2}\right)$

세 수 이상의 곱과 그 부호

음의 정수가 홀수 개라면 절댓값의 곱에 +를 붙인다.
음의 정수가 짝수 개라면 절댓값의 곱에 −를 붙인다.

▶ 거듭제곱

같은 수를 반복해 곱한 것을 그 수의 **거듭제곱**이라 하고, 오른쪽 어깨에 작게 쓴 수를 **지수**라고 합니다. 거듭제곱의 지수는 반복해 곱한 수의 개수를 나타냅니다.
제곱은 **평방**(平方)이라 하고 세제곱을 **입방**(立方)이라 하기도 합니다.

3×3 ➡ 3^2 (3의 제곱이라 한다).
지수
$(-2) \times (-2) \times (-2)$ ➡ $(-2)^3$
(−2의 세제곱이라 한다).

제곱근

제곱해서 a가 되는 수를 'a의 제곱근'이라고 합니다.

▶ 제곱근이란?

어떤 수 x를 제곱해서 $x^2=a$가 될 때 x를 a의 **제곱근(평방근)**이라고 합니다. 예를 들어 제곱하면 4가 되는 수는 $2^2=4$, $(-2)^2=4$이므로 4의 제곱근은 2와 -2입니다.

제곱근은 기호(근호라 하고, **루트**라 읽는다.)를 사용해 나타냅니다. 4의 제곱근의 양의 정수를 $\sqrt{4}$, 음의 정수를 $-\sqrt{4}$로 나타냅니다. $\sqrt{4}=2$, $-\sqrt{4}=-2$

양의 정수 a의 제곱근은 양의 정수와 음의 정수 두 종류고, 그 절댓값(50쪽)은 같다. a의 두 제곱근 중 양의 정수를 $\sqrt{a}$, 음의 정수를 $-\sqrt{a}$라 쓴다.

$\sqrt{a}$와 $-\sqrt{a}$를 합쳐 $\pm\sqrt{a}$라 쓰고, '플러스 마이너스 루트 a'라고 읽어요.

- **0.36의 제곱근**은 **0.6**과 **-0.6** ⇨ $\sqrt{0.36}=0.6$, $-\sqrt{0.36}=-0.6$
- **$\frac{9}{16}$의 제곱근**은 $\frac{3}{4}$과 $-\frac{3}{4}$ ⇨ $\sqrt{\frac{9}{16}}=\frac{3}{4}$, $-\sqrt{\frac{9}{16}}=-\frac{3}{4}$
- **3의 제곱근을 제곱한 값**… $(\sqrt{3})^2=3$, $(-\sqrt{3})^2=3$
- **a를 양의 정수라 할 때,** $(\sqrt{a})^2=a$, $(-\sqrt{a})^2=a$

제곱근의 값

제곱근의 근삿 값은 어림한 수를 제곱해서 각 자릿수를 찾습니다. 예를 들어

$\sqrt{5}$의 값은 다음과 같이 찾습니다.

(1) $2^2=4$, $3^2=9$이므로 **$2<\sqrt{5}<3$** ⇨ $\sqrt{5}$의 정수 부분은 **2**

(2) $2.2^2=4.84$, $2.3^2=5.29$이므로 **$2.2<\sqrt{5}<2.3$** ⇨ $\sqrt{5}$의 소수 첫째 자리는 **2**

(3) $2.21^2=4.8841$, $2.22^2=4.9284$ $2.23^2=4.9729$, $2.24^2=5.0176$ ⎫이므로 **$2.23<\sqrt{5}<2.24$** ⇨ $\sqrt{5}$의 소수 둘째 자리는 **3**

(4) $2.235^2=4.995225$, $2.236^2=4.999696$ $2.237^2=5.004169$ ⎫이므로 **$2.236<\sqrt{5}<2.237$** ⇨ $\sqrt{5}$의 소수 셋째 자리는 **6**

그리고 자릿수가 많은 소수 제곱과 5를 계속 비교해 나가면 얼마든지 $\sqrt{5}$에 가까운 값을 구할 수 있습니다.

$\sqrt{5}=2.2360679\cdots$ ← 한없이 계속되는 소수

실제 계산은 소수 셋째 자리까지의 근삿값을 사용합니다.

$\sqrt{5}=2.236$ ← 소수 셋째 자리까지의 계수
↑
근삿값

전자계산기를 사용해 근삿값을 구한다

$\sqrt{5}$의 근삿값을 전자계산기로 구하려면 전자계산기의 키를 **5**, **√** 순으로 누르고, 구하는 자리까지의 어림수로 한다.

제곱근의 대소

넓이가 2cm²와 5cm²인 정사각형의 한 변 길이는 각각 $\sqrt{2}$ cm, $\sqrt{5}$ cm입니다. 정사각형에서는 한 변의 길이가 커지면 넓이도 커집니다. 이와 반대로 넓이가 커지면 한 변의 길이도 커지고 $\sqrt{2} < \sqrt{5}$ 이므로 <라고 할 수 있습니다.

3과 $\sqrt{10}$의 대소 3 = $\sqrt{9}$, 9 < 10

따라서 3 < $\sqrt{10}$

> 양의 정수 a, b에 대해 $a < b$라면 $\sqrt{a} < \sqrt{b}$

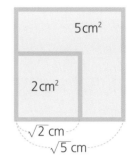

5cm²

2cm²

$\sqrt{2}$ cm

$\sqrt{5}$ cm

▶ 유리수와 무리수

$0.3 = \frac{3}{10}$, $\sqrt{4} = 2 = \frac{2}{1}$ 와 같이 m을 정수, n을 0이 아닌 정수로 했을 때, $\frac{m}{n}$이라는 분수로 나타낼 수 있는 수를 **유리수**라고 합니다. 한편 $\sqrt{5}$처럼 정수가 아닌, 분수의 형태로 나타낼 수 없는 수를 **무리수**라고 합니다.

수 {
정수…양의 정수(자연수), 0, 음의 정수
분수
소수 {
유한소수
무한소수 {
순환소수
순환하지 않는 소수 … 무리수
}
}
}

유리수 ← $\cdots, -2, -1, 0, 1, 2, \cdots$

$\frac{3}{8}, -\frac{1}{4}, \frac{23}{5}, \frac{123}{100}, \cdots$

$\frac{5}{8} = 0.625, \frac{5}{11} = 0.\overset{\bullet\bullet}{45}, \cdots$

무리수 ← $\sqrt{3}, \sqrt{5}, -\sqrt{2}, \pi, \cdots$

유리수와 무리수는 수직선 위에 나타낼 수 있습니다.

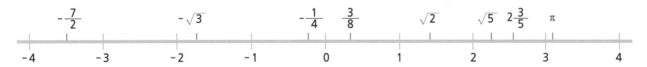

$-\frac{7}{2}$ $-\sqrt{3}$ $-\frac{1}{4}$ $\frac{3}{8}$ $\sqrt{2}$ $\sqrt{5}$ $2\frac{3}{5}$ π

-4 -3 -2 -1 0 1 2 3 4

▶ 소인수분해

$\sqrt{36} = 6$이므로 $\sqrt{36}$은 유리수입니다. $36 = 2 \times 18 = 2 \times 2 \times 9 = 2 \times 2 \times 3 \times 3$이므로 $36 = (2 \times 3)^2 = 6^2$, 따라서 $\sqrt{36} = 6$이 됩니다.

자연수를 몇 개의 자연수 곱으로 나타낼 때, 그 하나하나의 수를 본래 것의 **인수**라 하고, 소수인 인수를 **소인수**라고 합니다. 자연수를 소인수의 곱으로 분해하는 것을 **소인수분해**라고 합니다.

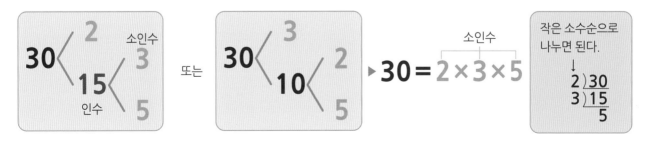

▶ 근호를 포함한 식의 계산

곱셈

$(\sqrt{3} \times \sqrt{5})^2 = (\sqrt{3} \times \sqrt{5}) \times (\sqrt{3} \times \sqrt{5})$
$= (\sqrt{3})^2 \times (\sqrt{5})^2 = 3 \times 5$
이므로 $\sqrt{3} \times \sqrt{5}$ 는 3×5의 제곱근입니다.
* $\sqrt{3} \times \sqrt{5}$ 는 기호 $\times$를 생략하고 $\sqrt{3}\sqrt{5}$ 라고 쓰기도 합니다.

$\cdot \sqrt{3} \times \sqrt{5} = \sqrt{3 \times 5}$
$\qquad\qquad = \sqrt{15}$

$\cdot (-\sqrt{8}) \times \sqrt{2} = -\sqrt{8 \times 2} = -\sqrt{16} = -4$

$\cdot \sqrt{10} \times \sqrt{18} = \sqrt{2 \times 5} \times \sqrt{9 \times 2} = \sqrt{2 \times 5 \times 3 \times 3 \times 2}$
$\qquad\qquad = \sqrt{(2 \times 3)^2 \times 5} = (2 \times 3)\sqrt{5} = 6\sqrt{5}$

(제곱근의 곱 a, b를 양의 정수라 할 때, $\sqrt{a} \times \sqrt{b} = \sqrt{ab}$, $a\sqrt{b} = \sqrt{a^2 b}$

분모의 유리화

분모에 근호가 있는 수는 분모와 분자에 같은 수(분모의 근호가 있는 수)를 곱해 분모에 근호가 없는 형태로(분모를 유리화해서) 나타낼 수 있습니다.

$\dfrac{\sqrt{2}}{\sqrt{5}} = \dfrac{\sqrt{2} \times \sqrt{5}}{\sqrt{5} \times \sqrt{5}}$ | $\dfrac{3}{4\sqrt{3}} = \dfrac{3 \times \sqrt{3}}{4\sqrt{3} \times \sqrt{3}}$
$\qquad = \dfrac{\sqrt{10}}{5}$ | $\qquad = \dfrac{\sqrt{3}}{4}$

나눗셈

$\cdot \dfrac{\sqrt{24}}{\sqrt{6}} = \sqrt{\dfrac{24}{6}} = \sqrt{4} = \sqrt{2^2} = 2$

$\sqrt{a^2} = a$

$\cdot \sqrt{60} \div \sqrt{5} = \dfrac{\sqrt{60}}{\sqrt{5}} = \sqrt{\dfrac{60}{5}} = \sqrt{12} = 2\sqrt{3}$

$\sqrt{4 \times 3} = \sqrt{2^2 \times 3}$

$\cdot \sqrt{56} \div 2\sqrt{2} = \sqrt{56} \div \sqrt{8}$

$\sqrt{2^2 \times 2}$

$\qquad\qquad = \dfrac{\sqrt{56}}{\sqrt{8}} = \sqrt{\dfrac{56}{8}}$
$\qquad\qquad = \sqrt{7}$

$\sqrt{56} = \sqrt{8} \times \sqrt{7}$ 로 해서
$\dfrac{\sqrt{8} \times \sqrt{7}}{\sqrt{8}} = \sqrt{7}$ 이라고 계산해도 된다.

분모와 분자에 $\sqrt{5}$를 곱해 분모를 유리화한다.

$\cdot 2\sqrt{3} \div \sqrt{5} = \dfrac{2\sqrt{3}}{\sqrt{5}} = \dfrac{2\sqrt{3} \times \sqrt{5}}{\sqrt{5} \times \sqrt{5}} = \dfrac{2\sqrt{15}}{5}$

제곱근의 몫
a, b를 양의 정수라 할 때
$\dfrac{\sqrt{a}}{\sqrt{b}} = \sqrt{\dfrac{a}{b}}$

$\cdot 7 \div 2\sqrt{7} = \dfrac{7}{2\sqrt{7}} = \dfrac{7 \times \sqrt{7}}{2\sqrt{7} \times \sqrt{7}} = \dfrac{7\sqrt{7}}{14} = \dfrac{\sqrt{7}}{2}$

$7 = (\sqrt{7})^2$이므로 $\dfrac{(\sqrt{7})^2}{2\sqrt{7}} = \dfrac{\sqrt{7}}{2}$ 라고 계산할 수도 있다.

근호를 포함한 수의 변형

- $\sqrt{a}$ 의 형태로 바꾼다.

$3\sqrt{2} = \sqrt{3^2 \times 2} = \sqrt{18}$

$a\sqrt{b} = \sqrt{a^2 b}$

- $a\sqrt{b}$ 의 형태로 바꾼다.

$\sqrt{80} = \sqrt{4^2 \times 5} = 4\sqrt{5}$

$\sqrt{a^2 b} = a\sqrt{b}$

$\sqrt{0.07} = \sqrt{\dfrac{7}{100}}$
$\qquad\quad = \dfrac{\sqrt{7}}{\sqrt{100}} = \dfrac{\sqrt{7}}{10}$

덧셈

· $2\sqrt{2} + 3\sqrt{2} = (2+3)\sqrt{2}$
　　　$= 5\sqrt{2}$
　　같은 제곱근

· $\sqrt{12} + \sqrt{3} = 2\sqrt{3} + \sqrt{3} = (2+1)\sqrt{3}$
　　　$= 3\sqrt{3}$
　└ $\sqrt{2^2 \times 3}$

근호 안이 가능하면 작은 자연수가 되도록 바꾸고 나서 계산한다.

$\sqrt{2}$를 a로 바꾸면 $2a + 3a = (2+3)a = 5a$
a를 $\sqrt{2}$로 다시 바꾸면 $5\sqrt{2}$가 됩니다.
같은 수의 제곱근을 포함한 식은 동류항을 정리하는 것과 같이 간단히 할 수 있습니다. 근호 안의 수가 다른 경우에도 $a\sqrt{b}$의 형태로 변형시켜 계산할 수 있는 것이 있습니다.

┌ 분모를 유리화한다.

· $4\sqrt{5} + \dfrac{10}{\sqrt{5}} = 4\sqrt{5} + \dfrac{10 \times \sqrt{5}}{\sqrt{5} \times \sqrt{5}} = 4\sqrt{5} + 2\sqrt{5}$

$\dfrac{10}{\sqrt{5}} = \dfrac{10 \times \sqrt{5}}{\sqrt{5} \times \sqrt{5}} = \dfrac{10\sqrt{5}}{5}$
　　　　$= 2\sqrt{5}$

　　　$= (4+2)\sqrt{5} = 6\sqrt{5}$

뺄셈

· $5 - \sqrt{3} - 3\sqrt{3} = (5-3)\sqrt{3}$
　　　$= 2\sqrt{3}$
　　같은 제곱근

덧셈과 마찬가지로 근호 안의 수가 같은 것을, 동류항을 모으듯이 해서 간단히 할 수 있습니다.

· $\sqrt{72} - \sqrt{32} = 6\sqrt{2} - 4\sqrt{2} = (6-4)\sqrt{2}$

$\sqrt{72} = \sqrt{36 \times 2} = \sqrt{6^2 \times 2} = 6\sqrt{2}$
$\sqrt{32} = \sqrt{16 \times 2} = \sqrt{4^2 \times 2} = 4\sqrt{2}$
　　　$= 2\sqrt{2}$

· $\sqrt{150} - \dfrac{12}{\sqrt{6}} = \sqrt{25 \times 6} - \dfrac{12 \times \sqrt{6}}{\sqrt{6} \times \sqrt{6}} = 5\sqrt{6} - 2\sqrt{6}$

$\dfrac{12}{\sqrt{6}} = \dfrac{12 \times \sqrt{6}}{\sqrt{6} \times \sqrt{6}} = \dfrac{12\sqrt{6}}{6}$
　　　　$= 2\sqrt{6}$

$a\sqrt{b}$의 형태로 바꾼다.
　　　$= (5-2)\sqrt{6} = 3\sqrt{6}$

여러 가지 계산

┌ $\sqrt{6} = \sqrt{2 \times 3} = \sqrt{2} \times \sqrt{3}$

· $\sqrt{2}(\sqrt{6} + 3) = \sqrt{2} \times \sqrt{6} + \sqrt{2} \times 3$　←┈┈

분배법칙을 이용해 괄호를 없앤다.
$a(b+c) = ab + ac$

　　　$= \sqrt{2} \times (\sqrt{2} \times \sqrt{3}) + 3\sqrt{2}$

　　　$= 2\sqrt{3} + 3\sqrt{2}$

· $(\sqrt{5} + 2)(\sqrt{5} - 1) = (\sqrt{5})^2 - \sqrt{5} + 2\sqrt{5} - 2 \times 1$　←┈┈

　　　$= 5 + (2-1)\sqrt{5} - 2$

곱셈 공식을 이용해 식을 전개한다.
$(x+a)(x+b)$
$= x^2 + (a+b)x + ab$

　　　$= 3 + \sqrt{5}$

· $2 \div (\sqrt{3} + 1) = \dfrac{2}{\sqrt{3} + 1} = \dfrac{2(\sqrt{3}-1)}{(\sqrt{3}+1)(\sqrt{3}-1)} = \dfrac{2(\sqrt{3}-1)}{(\sqrt{3})^2 - 1^2}$

곱셈 공식을 이용해 분모를 유리화한다.
$(x+a)(x-a) = x^2 - a^2$

　　　$= \dfrac{2(\sqrt{3}-1)}{3-1} = \sqrt{3} - 1$

지수와 로그

a의 n제곱을 a^n이라 쓰고, a^n에서 n을 지수라고 합니다.
$a^p = M(a > 0, a \neq 1)$일 때, p는 $\log_a M$으로 나타내고, a를 밑으로 하는 M의 로그라고 합니다.

▶ 지수

a, a^2, a^3, …처럼 자연수 n에 대해 a를 n번 거듭해 곱한 수를 a^n이라 쓰고, 'a의 n제곱'이라고 하는데, 이때 n을 **지수**라 하고, a를 **밑**이라고 합니다.
$a^1 = a$라 하고, a, a^2, a^3, …, a^n, …을 a의 **거듭제곱**이라고 합니다.

a의 거듭제곱

$$a^n \xleftarrow{\hspace{0.5cm}} \text{지수}$$
$$ \xleftarrow{\hspace{0.5cm}} \text{밑}$$

0과 음의 정수의 지수

지수 n →	−3	−2	−1	0	1	2	3
…	$\dfrac{1}{a^3}$	$\dfrac{1}{a^2}$	$\dfrac{1}{a}$	1	a	a^2	a^3 …

$\dfrac{1}{a}$배 $\dfrac{1}{a}$배 $\dfrac{1}{a}$배 $\dfrac{1}{a}$배 $\dfrac{1}{a}$배 $\dfrac{1}{a}$배

a의 거듭제곱을 위와 같이 순서대로 나열해보면 a배 할 때마다 지수 n의 값은 하나씩 늘어납니다. 반대로 $\dfrac{1}{a}$배 할 때마다 지수 n의 값은 하나씩 감소합니다.

일반적으로 0과 음의 정수를 지수로 갖는 거듭제곱을 오른쪽처럼 정합니다.

$a \neq 0$, n이 양의 정수일 때

$$a^0 = 1, \quad a^{-n} = \dfrac{1}{a^n}$$

지수법칙 $a \neq 0$, $b \neq 0$

m, n은 양의 정수
$a^m \times a^n = a^{m+n}$
$a^m \div a^n = a^{m-n}$
$(a^m)^n = a^{mn}$
$(ab)^n = a^n b^n$

- $a^2 \times a^3 = (a \times a) \times (a \times a \times a) = a^5 = a^{2+3}$
- $a^5 \div a^3 = \dfrac{a \times a \times a \times a \times a}{a \times a \times a} = a^2 = a^{5-3}$
- $(a^2)^3 = (a \times a) \times (a \times a) \times (a \times a) = a^6 = a^{2 \times 3}$
- $(ab)^3 = (a \times b) \times (a \times b) \times (a \times b) = a^3 b^3$

거듭제곱의 계산

$$a^m \times a^n = a^{m+n}$$

- $4^5 \times 4^{-3} = 4^{5+(-3)} = 4^2 = 16$

- $3^{-3} \div 3^{-4} = 3^{-3-(-4)} = 3^1 = 3$

- $(5^2)^{-3} \div 5^{-5} = 5^{2 \times (-3)} \div 5^{-5} = 5^{-6} \div 5^{-5} = 5^{-6-(-5)} = 5^{-1} = \dfrac{1}{5}$
  $\underset{(a^m)^n = a^{mn}}{\underline{}}$ $\qquad\qquad\qquad a^{-n} = \dfrac{1}{a^n}$

- $(2^{-2})^{-3} = 2^{(-2) \times (-3)} = 2^6 = 64$

▶ 거듭제곱근

n이 2 이상의 정수일 때, n제곱해서 a가 되는 수, 즉 $x^n = a$를 충족시키는 x값을 a의 **n제곱근**이라고 합니다. 제곱근(평방근), 세제곱근(입방근), 네제곱근, …을 통틀어 **거듭제곱근**이라고 합니다.

$$2^3 = 8\text{이므로 2는 8의 세제곱근}$$

$$(-3)^4 = 81\text{이므로 }-3\text{은 81의 네제곱근}$$

$a > 0$에서, n이 양의 정수일 때 a의 n제곱근을 $\sqrt[n]{a}$ 로 나타냅니다.
$\sqrt[n]{a}$ 은 a의 단 하나뿐인 양의 n제곱근이므로 $(\sqrt[n]{a})^n = a$, $\sqrt[n]{a} > 0$

$\sqrt[4]{81}$ 은, 네제곱해서 81이 되는 양의 정수로, $\sqrt[4]{81} = 3$
　　$81 = 3^4$이므로

> $a > 0$일 때, n이 짝수, 홀수인 경우와 상관없이 $\sqrt[n]{a}$은 양의 정수다.

$\sqrt[3]{-27}$ 은 세제곱해서 -27이 되는 음의 정수로, $\sqrt[3]{-27} = -3$
　　$-27 = (-3)^3$이므로

$a > 0$, $b > 0$에서 m, n이 양의 정수일 때 다음 성질이 성립합니다.

거듭제곱근의 성질 $a > 0$, $b > 0$에서 m, n이 양의 정수일 때

- $\sqrt[n]{a^n} = a$
- $\sqrt[n]{a}\,\sqrt[n]{b} = \sqrt[n]{ab}$
- $\dfrac{\sqrt[n]{a}}{\sqrt[n]{b}} = \sqrt[n]{\dfrac{a}{b}}$

- $(\sqrt[n]{a})^m = \sqrt[n]{a^m}$
- $\sqrt[m]{\sqrt[n]{a}} = \sqrt[mn]{a}$

※ $\sqrt{\sqrt{\ }}$는 이중근호라고 합니다.

▶ 거듭제곱근의 값을 구한다

$$\sqrt[n]{a^n} = a$$

- $\sqrt[3]{8} = \sqrt[3]{2^3} = 2$
- $\sqrt[5]{32} = \sqrt[5]{2^5} = 2$
- $\sqrt[3]{1} = \sqrt[3]{1^3} = 1$
- $\sqrt[3]{-125} = \sqrt[3]{(-5)^3} = -5$
- $\sqrt[4]{256} = \sqrt[4]{4^4} = 4$

▶ 거듭제곱근의 계산

$$\sqrt[n]{a}\,\sqrt[n]{b} = \sqrt[n]{ab}$$

- $\sqrt[3]{16} \times \sqrt[3]{4} = \sqrt[3]{16 \times 4} = \sqrt[3]{64} = \sqrt[3]{4^3} = 4$

- $\dfrac{\sqrt[4]{80}}{\sqrt[4]{5}} = \sqrt[4]{\dfrac{80}{5}} = \sqrt[4]{16} = \sqrt[4]{2^4} = 2$ 　　$(\sqrt[4]{36})^2 = \sqrt[4]{36^2} = \sqrt[4]{6^4} = 6$
  $\dfrac{\sqrt[n]{a}}{\sqrt[n]{b}} = \sqrt[n]{\dfrac{a}{b}}$ 　　　　　　　　　　　$(\sqrt[n]{a})^m = \sqrt[n]{a^m}$

- $\sqrt{\sqrt[3]{64}} = \sqrt[2 \times 3]{64} = \sqrt[6]{64} = \sqrt[6]{2^6} = 2$

> $\sqrt[2]{a}$는 $\sqrt{a}$라고 나타내요.

▶ 지수의 확장 ~ 유리수의 지수

여기서는 지수가 유리수(분수)인 경우에도 56쪽의 지수법칙이 성립하는 것처럼 양의 정수 a의 거듭제곱을 정의해보겠습니다.

지수가 양의 유리수일 경우

$(5^{\frac{2}{3}})^3 = 5^{\frac{2}{3} \times 3} = 5^2$ 가 되므로 $5^{\frac{2}{3}} = \sqrt[3]{5^2}$

※ $5^{\frac{2}{3}}$는 세제곱하면 5^2이 되는 수다.

m, n이 양의 정수이고, $a > 0$일 때 $(a^{\frac{m}{n}})n = a^{\frac{m}{n} \times n} = am$이 성립한다고 가정하면 $a^{\frac{m}{n}}$의 a^m은 n제곱근이라고 생각할 수 있습니다. 그러므로 양의 유리수 $\frac{m}{n}$ 은 다음이 성립합니다.

$$a^{\frac{m}{n}} = \sqrt[n]{a^m}$$ 특히 m = 1일 때, $$a^{\frac{1}{n}} = \sqrt[n]{a}$$

$a^{\frac{1}{2}} = \sqrt{a}$ 예요.

지수가 음의 유리수일 경우

$a^{-\frac{1}{2}} \times a^{\frac{1}{2}} = a^{-\frac{1}{2}+\frac{1}{2}} = a^0 = 1$이 되므로 $a^{-\frac{1}{2}} = \dfrac{1}{a^{\frac{1}{2}}}$ 이 됩니다.

음의 유리수 $-r$에 대해 $$a^{-r} = \frac{1}{a^r}$$ 이 정해집니다.

거듭제곱 a^r(r은 유리수)에서는 a가 양의 정수일 때에 한해 정의합니다. 이렇게 해서 정의된 유리수의 지수에 대해서도 지수법칙은 그대로 성립합니다.

> **지수법칙(지수가 유리수)** $a > 0$, $b > 0$과 r, s가 유리수일 때
> * $a^r \times a^s = a^{r+s}$　　　　* $a^r \div a^s = a^{r-s}$
> * $(a^r)^s = a^{rs}$　　　　* $(ab)^r = a^r b^r$　※ $a^r \div a^s$는 $\dfrac{a^r}{a^s} = a^{r-s}$ 로도 나타낸다.

지수가 유리수인 거듭제곱 값을 구한다

* $27^{\frac{1}{3}} = \sqrt[3]{27} = \sqrt[3]{3^3} = 3$ 　　　* $8^{\frac{2}{3}} = \sqrt[3]{8^2} = \sqrt[3]{64} = \sqrt[3]{4^3} = 4$
　　　　　　　　　　　　　　　　　　⌐ $= (2^3)^{\frac{2}{3}} = 2^{3 \times \frac{2}{3}} = 2^2 = 4$로 해도 된다.

* $16^{-\frac{1}{4}} = \dfrac{1}{16^{\frac{1}{4}}} = \dfrac{1}{\sqrt[4]{16}} = \dfrac{1}{\sqrt[4]{2^4}} = \dfrac{1}{2}$ ⟶ $(2^4)^{-\frac{1}{4}} = 2^{4 \times (-\frac{1}{4})} = 2^{-1} = \dfrac{1}{2}$ 로 해도 된다.

* $8^{-\frac{2}{3}} = (2^3)^{-\frac{2}{3}} = 2^{3 \times (-\frac{2}{3})} = 2^{-2} = \dfrac{1}{2^2} = \dfrac{1}{4}$

* $0.09^{1.5} = (0.3^2)^{\frac{3}{2}} = 0.3^{2 \times \frac{3}{2}} = 0.3^3 = 0.027$ ⟵ ⌐ $0.09 = 0.3^2$　소수의 지수를 분수로 바꾼다. 　$1.5 = \dfrac{3}{2}$

* $\left(\dfrac{4}{9}\right)^{-\frac{2}{3}} = \left\{\left(\dfrac{2}{3}\right)^2\right\}^{-\frac{2}{3}} = \left(\dfrac{2}{3}\right)^{2 \times (-\frac{3}{2})} = \left(\dfrac{2}{3}\right)^{-3} = \dfrac{1}{\left(\frac{2}{3}\right)^3} = \dfrac{27}{8}$
　　└ $\left(\dfrac{4}{9}\right)^{-\frac{3}{2}} = \left(\dfrac{9}{4}\right)^{\frac{3}{2}}$ 로 해서 계산해도 된다.

▶ 유리수의 지수와 거듭제곱근의 계산

$a > 0$, $b > 0$일 때, $\sqrt{a} \times \sqrt[6]{a} \div \sqrt[3]{a}$ 를 간단히 하기 위해서는 다음과 같이 계산합니다.

$$\sqrt{a} \times \sqrt[6]{a} \div \sqrt[3]{a} = a^{\frac{1}{2}} \times a^{\frac{1}{6}} \div a^{\frac{1}{3}}$$

◁········ $\sqrt[n]{a}$의 형태는 a^p (p는 유리수의 지수) 형태로 바꾼다.

$$= a^{\left(\frac{1}{2} + \frac{1}{6}\right) - \frac{1}{3}}$$

◁········ 지수법칙을 이용해 계산한다.

$$a^r \times a^s = a^{r+s}$$
$$a^r \div a^s = a^{r-s}$$

$$= a^{\frac{2}{3} - \frac{1}{3}}$$

$$= a^{\frac{1}{3}}$$

지수가 유리수인 거듭제곱과 거듭제곱근 계산은 다음과 같이 하면 된다.

① 거듭제곱근의 형태($\sqrt[n]{a^m}$)는 a^p (p는 유리수의 지수) 형태로 바꾼다.

② 밑을 소인수분해해 정리한다. $\sqrt[6]{8}$ ➡ $8^{\frac{1}{6}}$ ➡ $(2^3)^{\frac{1}{6}} = 2^{3 \times \frac{1}{6}} = 2^{\frac{1}{2}}$

③ 지수법칙을 이용해 계산한다. $\sqrt[4]{32}$ ➡ $32^{\frac{1}{4}}$ ➡ $(2^5)^{\frac{1}{4}} = 2^{5 \times \frac{1}{4}} = 2^{\frac{5}{4}}$

- $8^{\frac{2}{3}} \times 16^{\frac{3}{4}} = (2^3)^{\frac{2}{3}} \times (2^4)^{\frac{3}{4}} = 2^{3 \times \frac{2}{3}} \times 2^{4 \times \frac{3}{4}} = 2^2 \times 2^3 = 2^{2+3} = 2^5 = 32$

  밑을 정리한다.

- $3^{-\frac{1}{2}} \times 3^{\frac{5}{6}} \div 3^{\frac{1}{3}} = 3^{-\frac{1}{2}} \times 3^{\frac{5}{6}} \times 3^{-\frac{1}{3}} = 3^{-\frac{1}{2} + \frac{5}{6} - \frac{1}{3}} = 3^0 = 1$

  $\div a^r \Rightarrow \times a^{-r}$로 바꾼다.

- $(5^{-2} \times 25^{\frac{2}{3}})^{\frac{3}{2}} = \{5^{-2} \times (5^2)^{\frac{2}{3}}\}^{\frac{3}{2}} = (5^{-2+\frac{4}{3}})^{\frac{3}{2}} = (5^{-\frac{2}{3}})^{\frac{3}{2}} = 5^{-1} = \frac{1}{5}$

- $\sqrt[4]{9} \times \sqrt[6]{27} = 9^{\frac{1}{4}} \times 27^{\frac{1}{6}} = (3^2)^{\frac{1}{4}} \times (3^3)^{\frac{1}{6}} = 3^{\frac{1}{2}} \times 3^{\frac{1}{2}} = 3^{\frac{1}{2} + \frac{1}{2}} = 3^1 = 3$

  $\div a^r \Rightarrow \times a^{-r}$로 바꾼다.

- $\sqrt[3]{5} \times \sqrt[8]{25} \div \sqrt[12]{5} = 5^{\frac{1}{3}} \times 25^{\frac{1}{8}} \div 5^{\frac{1}{12}} = 5^{\frac{1}{3}} \times (5^2)^{\frac{1}{8}} \times 5^{-\frac{1}{12}}$

  $$= 5^{\frac{1}{3}} \times 5^{\frac{1}{4}} \times 5^{-\frac{1}{12}} = 5^{\frac{1}{3} + \frac{1}{4} - \frac{1}{12}} = 5^{\frac{1}{2}} = \sqrt{5}$$

- $\sqrt{6} \times \sqrt[4]{24} \div \sqrt[4]{6} = 6^{\frac{1}{2}} \times 24^{\frac{1}{4}} \div 6^{\frac{1}{4}} = (2 \cdot 3)^{\frac{1}{2}} \times (2^3 \cdot 3)^{\frac{1}{4}} \times (2 \cdot 3)^{-\frac{1}{4}}$

  $$= (2^{\frac{1}{2}} \cdot 3^{\frac{1}{2}}) \times (2^{\frac{3}{4}} \cdot 3^{\frac{1}{4}}) \times (2^{-\frac{1}{4}} \cdot 3^{-\frac{1}{4}})$$

  $$= 2^{\frac{1}{2} + \frac{3}{4} - \frac{1}{4}} \times 3^{\frac{1}{2} + \frac{1}{4} - \frac{1}{4}} = 2 \times 3^{\frac{1}{2}} = 2\sqrt{3}$$

2·3의 '·'는 '×'와 같이 '곱하기'를 의미하는 기호입니다.

다른 풀이 식 $= \sqrt{6} \times \sqrt[4]{\frac{24}{6}} = \sqrt{6} \times \sqrt[4]{4} = \sqrt{6} \times \sqrt[4]{2^2}$

$$= \sqrt{6} \times \sqrt{2} = \sqrt{2}\sqrt{3} \times \sqrt{2} = 2\sqrt{3}$$

거듭제곱근의 성질 $\sqrt[n]{a} \div \sqrt[n]{b} = \sqrt[n]{\dfrac{a}{b}}$를 이용한다.

$\sqrt[4]{24} \div \sqrt[4]{6} = \sqrt[4]{\dfrac{24}{6}} = \sqrt[4]{4}$

▶ 로그

$a > 0$, $a \neq 1$이라고 했을 때 어떤 양의 정수 M에 대해서도 $a^p = M$이 되는 실수 p가 단지 1개 정해집니다. 이 p값을 $\log_a M$이라 나타내고, 'a를 밑으로 하는 M의 **로그**'라고 합니다. 그리고 M을 '이 로그의 **진수**'라고 합니다.

그리고 $a^p > 0$이므로 진수 M은 양의 정수여야 합니다.

$$a > 0,\ a \neq 1 \text{일 때},\ \log_a M = p \Leftrightarrow M = a^p$$

$2^p = 8$이 되는 p를 '2를 밑으로 하는 8의 로그'라 하고, $\log_2 8$로 나타냅니다.
$2^3 = 8$이므로 $\log_2 8 = 3$ ◁ ···2를 밑으로 하는 8의 로그는 3

진수
$$\log_a M$$
밑

$a^p = M \rightleftarrows \log_a M = p$의 변환

- $2^6 = 64 \rightarrow \log_2 64 = 6$

- $\log_{10} 100 = 2 \rightarrow 10^2 = 100$

- $5^{-2} = \dfrac{1}{25} \rightarrow \log_5 \dfrac{1}{25} = -2$

- $\log_8 2 = \dfrac{1}{3} \rightarrow 8^{\frac{1}{3}} = 2$

로그 값을 구한다

> $\log_a M$을 $\log_a a^p$로 나타내 구한다.
>
> $$\log_a a^p = p$$
>
> 또는 $x = \log_3 81$일 때
>
> $3^x = 81 \rightarrow 3^x = 3^4$이므로 x값을 구한다.

- $\log_3 81 = \log_3 3^4 = 4$ ◀
  $\lfloor\ 81 = 3^4\ \rfloor$

- $\log_5 \dfrac{1}{125} = \log_5 \dfrac{1}{5^3} = \log_5 5^{-3} = -3$
  $\lfloor\ 125 = 5^3\ \rfloor\lfloor\ \frac{1}{5^3} = 5^{-3}\ \rfloor$

> $\log_{0.5} 32 = x$라 하면,
> $0.5^x = 32 \rightarrow \left(\dfrac{1}{2}\right)^x = 2^5$
> 즉, $2^{-x} = 2^5$이므로
> $x = -5$

- $\log_{0.5} 32 = \log_{\frac{1}{2}} 2^5 = \log_{\frac{1}{2}} \left(\dfrac{1}{2}\right)^{-5} = -5$ ◀
  $\lfloor\ 32 = 2^5\ \rfloor\lfloor\ 2^5 = \left(\frac{1}{2}\right)^{-5}\ \rfloor$

로그의 성질과 그 계산

로그에는 다음과 같은 성질이 있습니다.

> $a^0 = 1$, $a^1 = a$이므로 $\log_a 1 = 0$ $\log_a a = 1$
> 또한 지수법칙으로부터 양의 정수 M, N과 실수 K에 대해 다음 공식이 나온다.
>
> $$\log_a MN = \log_a M + \log_a N$$
>
> $$\log_a \dfrac{M}{N} = \log_a M - \log_a N$$
>
> $$\log_a M^k = k\log_a M$$

$\log_a M = x$,
$\log_a N = y$라 하면
$M = a^x$, $N = a^y$이므로
$MN = a^x a^y = a^{x+y}$
따라서
$\log_a MN = x + y$
$= \log_a M + \log_a N$
이라고 증명할 수 있어요.

- $\log_6 3 + \log_6 2 = \log_6 (2 \times 3) = \log_6 6 = 1$ ← $\log_a MN = \log_a M + \log_a N$을 사용한다.

- $\log_3 36 - \log_3 4 = \log_3 \dfrac{36}{4} = \log_3 9 = \log_3 3^2 = 2$ ← $\log_a \dfrac{M}{N} = \log_a M - \log_a N$을 사용한다.

- $\log_4 \sqrt{64} = \log_4 64^{\frac{1}{2}} = \dfrac{1}{2} \log_4 4^3 = \dfrac{3}{2}$ ← $\log_a M^k = k \log_a M$을 사용한다.

어떤 밑의 로그를 오른쪽 공식에 의해 다른 밑의 로그로 바꿔 쓸 수 있습니다.

> **밑의 변환공식**
>
> a, b, c가 양의 정수이고, $a \neq 1$, $c \neq 1$일 때
>
> $$\log_a b = \dfrac{\log_c b}{\log_c a}$$
>
> $a \neq 1$, $b \neq 1$일 때, $\log_a b = \dfrac{1}{\log_b a}$

- $\log_8 4 = \dfrac{\log_2 4}{\log_2 8} = \dfrac{\log_2 2^2}{\log_2 2^3} = \dfrac{2}{3}$

- $\log_3 6 \cdot \log_6 9 = \log_3 6 \cdot \dfrac{\log_3 9}{\log_3 6} = \log_3 9 = \log_3 3^2 = 2$

  밑을 3으로 변환해 정리한다.

  $\log_6 9 = \dfrac{\log_3 9}{\log_3 6}$

  $\log_4 8 = \dfrac{\log_2 8}{\log_2 4}$ $\log_9 27 = \dfrac{\log_2 27}{\log_2 9}$

- $\log_2 8 + \log_4 8 + \log_9 27 = \log_2 2^3 + \dfrac{\log_2 2^3}{\log_2 2^2} + \dfrac{\log_2 3^3}{\log_2 3^2}$

  밑을 2로 정리한다.

  $\log_4 8 = \dfrac{\log_2 8}{\log_2 4}$, $\log_9 27 = \dfrac{\log_2 27}{\log_2 9}$

  $$= 3 + \dfrac{3}{2} + \dfrac{3}{2} = 6$$

  $\dfrac{\log_2 3^3}{\log_2 3^2} = \dfrac{3 \log_2 3}{2 \log_2 3} = \dfrac{3}{2}$

▶ 상용로그

10을 밑으로 하는 로그 $\log_{10} N$을 'N의 **상용로그**'라고 합니다. 일반적으로 양의 정수 N을 $N = a \times 10^n$ ($1 \leq a < 10$, n은 정수)이라고 나타냅니다. 이 식의 양변을 10을 밑으로 하는 로그로 취하면,

$$\log_{10} N = \log_{10}(a \times 10^n) = \log_{10} a + \log_{10} 10^n = \log_{10} a + n$$

따라서 $\log_{10} a$의 값을 알면 $\log_{10} N$의 값도 알 수 있습니다.

$\log_{10} a$의 값을 알아보려면 교과서 권말 등에 있는 '상용로그표'를 이용합니다. 상용로그표에서 $\log_{10} 3.75 = 0.574$라고 할 때, $\log_{10} 3750$의 값은 다음과 같이 구할 수 있습니다.

$$\log_{10} 3750 = \log_{10}(3.75 \times 10^3) = \log_{10} 3.75 + 3 = 0.574 + 3$$

$$= 3.574$$

$\log_{10} 10^3 = 3$

수열

일정한 규칙에 따라 배열된 수의 열을 '수열'이라고 합니다.

▶ 등차수열이란?

1부터 계속 3을 더해 얻을 수 있는 수열은 다음과 같습니다.

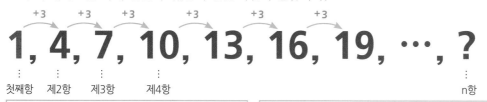

$$+3 \quad +3 \quad +3 \quad +3 \quad +3 \quad +3$$

$$1, \ 4, \ 7, \ 10, \ 13, \ 16, \ 19, \ \cdots, \ ?$$

첫째항　제2항　제3항　제4항　　　　　　　　　　　　　　　n항

수열의 각 수를 항이라 하고, 제1항을 첫째항 n번째 항을 n항이라고 한다.	항의 개수가 유한인 유한수열에서는 항의 수를 항수, 마지막 항을 끝항이라 한다.

　이 수열은 1부터 시작되고, 앞의 항에 3을 더한다는 규칙으로 만들어져 있습니다. 이와 같이 일정한 수 d를 계속 더해 얻을 수 있는 수열을 **등차수열**이라 하고, 앞 항과의 차 d를 **등차수열의 공차**라고 합니다. 이 수열은 '첫째항 1, 공차 3인 등차수열'이라고도 할 수 있습니다.

등차수열의 일반항

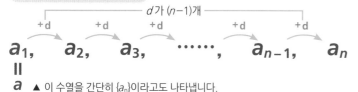

$$\overbrace{}^{d가 \ (n-1)개}$$

$$+d \quad +d \quad +d \quad +d \quad +d$$

$$a_1, \quad a_2, \quad a_3, \quad \cdots\cdots, \quad a_{n-1}, \quad a_n$$
$$\Vert$$
$$a$$

▲ 이 수열을 간단히 $\{a_n\}$이라고도 나타냅니다.

> 첫째항 a, 공차 d인 등차수열의 일반항 a_n
>
> $$a_n = a + (n-1)d$$
>
> 위의 첫째항 1, 공차 3인 등차수열의 일반항은
> $a_n = 1 + (n-1) \cdot 3 = 3n-2$입니다.

$$-3, \ -1, \ 1, \ 3, \cdots$$
$$+2 \quad +2 \quad +2$$

이 수열의 첫째항 a는 $a = -3$, 공차 d는 $d = 2$
일반항 a_n은 $a_n = -3 + (n-1) \cdot 2$
$\qquad\qquad\qquad\quad = 2n - 5$

$$100, \ 96, \ 92, \ 88, \cdots$$
$$-4 \quad -4 \quad -4$$

이 수열의 첫째항 a는 $a = 100$, 공차 d는 $d = -4$
일반항 a_n은 $a_n = 100 + (n-1) \cdot (-4)$
$\qquad\qquad\qquad\quad = -4n + 104$

　제3항이 14, 제9항이 50인 등차수열 $\{a_n\}$에서 첫째항을 a, 공차를 d, 일반항을 a_n이라고 하면

$a_3 = 14$이므로 $a + 2d = 14 \cdots ①$

$a_9 = 50$이므로 $a + 8d = 50 \cdots ②$

①, ②를 연립방정식으로 풀어 첫째항 a, 공차 d의 값을 구한다.

①, ②를 연립방정식으로 해서 풀면

$a = 2, d = 6$

수열 $\{a_n\}$의 일반항을 a_n은

$a_n = 2 + (n-1) \cdot 6 = 6n - 4$

> 등차수열은 첫째항과 공차로 결정되는 수열이에요.

이 수열에서 처음 300을 넘는 것은 $a_n > 300$이라고 하면, $6n - 4 > 300$

이므로 $n > \dfrac{304}{6} = 50.6\cdots$　이를 충족시키는 최소 자연수 n은 $n = 51$

처음 300을 넘는 것은 51항임을 알 수 있다.

등차수열의 합

첫째항 a, 공차 d, 항수 n의 등차수열 $\{a_n\}$의 끝항을 l 라 하고, 첫째항에서 n항까지의 합을 S_n이라고 합니다.

$$\overset{a_1\quad a_2\qquad a_3\qquad\qquad\qquad a_{n-2}\quad a_{n-1}\quad a_n}{S_n = a + (a+d) + (a+2d) + \cdots + (l-2d) + (l-d) + l}$$

$$+)\,S_n = l + (l-d) + (l-2d) + \cdots + (a+2d) + (a+d) + a$$

$$\overline{2S_n = (a+l) + (a+l) + (a+l) + \cdots + (a+l) + (a+l) + (a+l)}$$

S_n의 더하는 순서를 반대로 한 것의 합을 구한다.

(a+l)이 n개

이므로, $2S_n = (a+l)\cdot n \rightarrow S_n = \dfrac{1}{2}n(a+l)$

l는 수열 $\{a_n\}$의 n항이므로 $l = a + (n-1)d$라 나타낼 수 있다. 이것을 대입한다.

등차수열의 합의 공식 → $S_n = \dfrac{1}{2}n\{2a + (n-1)d\}$

등차수열의 합을 구한다

· 등차수열 1, 4, 7, 10, …의 첫째항에서 20항까지의 합은 첫째항 a가 1, 교차 d가 3, $n = 20$이므로

$$S = \dfrac{1}{2}n\{2a + (n-1)d\} = \dfrac{1}{2}\cdot 20\{2\cdot 1 + (20-1)\cdot 3\} = 590$$

· 첫째항 −10, 끝항 50, 항수 13인 등차수열의 합은 첫째항 a가 −10, 끝항 l가 50, $n = 13$이므로,

$$S = \dfrac{1}{2}n(a+l) = \dfrac{1}{2}\cdot 13(-10+50) = 260$$

등차수열의 합의 공식에 n, a, l의 식을 대입하면 돼요.

등차수열의 합으로 일반항을 구한다

· 첫째항에서 제5항까지의 합이 75이고, 첫째항에서 제10항까지의 합이 300인 등차수열의 일반항은 첫째항을 a, 공차를 d라 하고, 첫째항부터 n항까지의 합을 S_n이라고 합니다.

첫째항에서 제5항까지의 합 $S_5 = \dfrac{1}{2}\cdot 5\{2a + (5-1)d\} = 75$ …①

첫째항에서 제10항까지의 합 $S_{10} = \dfrac{1}{2}\cdot 10\{2a + (10-1)d\} = 300$ …②

①, ②를 정리하면 $a + 2d = 15$ …①'　　$2a + 9d = 60$ …②'

①', ②'를 연립방정식으로 해서 풀면 $a = 3$, $d = 6$

따라서 등차수열의 일반항은 $a_n = a + (n-1)d = 3 + (n-1)\cdot 6$
$$= 6n - 3$$

등차수열의 5요소
첫째항 a, 공차 d, 항수 n, 끝항 l, 합 S_n

▶ 이 중 **세 요소로** 부터

▶ $l = a + (n-1)d$　$S_n = \dfrac{1}{2}n(a+l)$ 를 사용해

▶ 나머지 **두 요소를** 구할 수 있다.

▶ 등비수열이란?

2부터 계속 3을 곱해 얻을 수 있는 수열은 다음과 같다.

$$\xrightarrow{\times 3} \quad \xrightarrow{\times 3} \quad \xrightarrow{\times 3} \quad \xrightarrow{\times 3} \quad \xrightarrow{\times 3}$$

2, 6, 18, 54, 162, 486, …, ?

첫째항   제2항   제3항   제n항

이 수열은 2로 시작되고, 앞의 항에 3을 곱한다는 규칙으로 만들어져 있습니다. 이와 같이 일정한 수 r을 계속 곱해 얻을 수 있는 수열을 **등비수열**이라 하고, 그 일정한 수 r을 그 **등비수열의 공비**라고 합니다. 이 수열은 '첫째항 2, 공비 3인 등비수열'이라고 할 수 있습니다.

▶ 십진수를 나타내는 자릿값 단위 일, 십, 백, 천, 만, …은 1개 앞의 항을 10배한다는 규칙으로 만들어져 있으므로 등비수열이라고 할 수 있습니다.

등비수열의 일반항

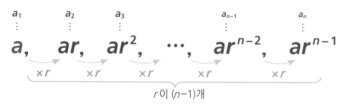

$a_1 \quad\quad a_2 \quad\quad a_3 \quad\quad\quad\quad a_{n-1} \quad\quad a_n$

$$a, \quad ar, \quad ar^2, \quad \cdots, \quad ar^{n-2}, \quad ar^{n-1}$$

$\times r \quad \times r \quad \times r \quad\quad \times r \quad\quad \times r$

r이 ($n-1$)개

> 첫째항 a, 공비 r인 등비수열의 일반항 a_n
>
> $$a_n = ar^{n-1}$$
>
> 등비수열은 첫째항과 공비로 결정되는 수열이다.

3, 6, 12, 24, …

$\times 2 \quad \times 2 \quad \times 2$

이 수열의 첫째항 a는 $a=3$, 공비 r은 $r=2$
일반항 a_n은 $a_n = 3 \cdot 2^{n-1}$

−4, 2, −1, $\dfrac{1}{2}$, …

$\times \left(-\dfrac{1}{2}\right) \times \left(-\dfrac{1}{2}\right) \times \left(-\dfrac{1}{2}\right)$

이 수열의 첫째항 a는 $a=4$, 공비 r은 $r=-\dfrac{1}{2}$
일반항 a_n은 $a_n = -4 \cdot \left(-\dfrac{1}{2}\right)^{n-1}$

5, −5, 5, −5, …

$\times(-1) \quad \times(-1) \quad \times(-1)$

이 수열의 첫째항 a는 $a=5$, 공비 r은 $r=-1$
일반항 a_n은 $a_n = 5 \cdot (-1)^{n-1}$

제2항이 12, 제4항이 192인 등비수열 $\{a_n\}$에서 첫째항을 a, 공비를 r, 일반항을 a_n이라고 하면
제2항이 12이므로 $ar = 12$ …①
제4항이 192이므로 $ar^3 = 192$ …②   → $ar \cdot r^2 = 192$ …②'
②'에 ①을 대입하면 $12 \cdot r^2 = 192$, $r^2 = 16$이므로 $r = \pm 4$

(ⅰ) $r = 4$일 때

①에 대입해서 $a = 3$
수열 $\{a_n\}$의 일반항 a_n은 $a_n = 3 \cdot 4^{n-1}$

(ⅱ) $r = -4$일 때

①에 대입해서 $a = -3$
수열 $\{a_n\}$의 일반항 a_n은 $a_n = -3 \cdot (-4)^{n-1}$

> $r^0 = 1$이므로
> $a_1 = ar^0 = a$
> 입니다.

등비수열의 합

첫째항 a, 공비 r인 등비수열의 첫째항에서 n항까지의 합을 S_n이라고 한다.

$$S_n = a + ar + ar^2 + \cdots + ar^{n-2} + ar^{n-1} \qquad \cdots ①$$

①의 양변에 r을 곱해 $\quad rS_n = \qquad ar + ar^2 + ar^3 + \cdots\cdots + ar^{n-1} + ar^n \qquad \cdots ②$

① − ②에서 $(1-r)S_n = a - ar^n$

여기서 $1-r \neq 0$, 즉 $r \neq 1$이라면 다음의 등비수열의 합 공식이 나온다.

등차수열의 합의 공식

$r < 1$일 때

$r > 1$일 때

$$S_n = \frac{a - ar^n}{1-r} = \frac{a(1-r^n)}{1-r} \quad \text{또는} \quad S_n = \frac{a(r^n-1)}{r-1}$$

$\leftarrow \dfrac{a(1-r^n)}{1-r}$ 의 분모와 분자에 -1을 곱한 식

또는 $1-r=0$, 즉 $r=1$일 때 $\quad S_n = na$

등비수열의 합을 구한다

- 첫째항 2, 공비 3인 등비수열의 첫째항에서 n항까지의 합 S_n은

$$S_n = 2 + 6 + 18 + \cdots + 2 \cdot 3^{n-1} = \frac{2(3^n-1)}{3-1} = 3^n - 1$$

$\leftarrow S_n = \dfrac{a(r^n-1)}{r-1}$ 에 $a=2$, $r=3$을 대입해서 구한다.

- 첫째항 1, 공비 −2, 항수 6인 등비수열 합 S는

$$S_n = \frac{a(1-r^n)}{1-r}$$ 에 $a=1$, $r=-2$, $n=6$을 대입해서

$$S_6 = \frac{1\{1-(-2)^6\}}{1-(-2)} = -\frac{63}{3} = -21$$

수열은 1, -2, 4, -8, 16, -32, …가 돼요.

등비수열의 합으로 첫째항과 공비를 구한다

첫째항에서 제3항까지의 합이 52이고, 제2항에서 제4항까지의 합이 156인 등비수열의 일반항을 a, 공비를 r이라고 한다.

첫째항에서 제3항까지의 합이 52이므로 $a + ar + ar^2 = 52 \quad \cdots ①$

제2항에서 제4항까지의 합이 156이므로 $ar + ar^2 + ar^3 = 156$

$\qquad\qquad\qquad\qquad\qquad r(a + ar + ar^2) = 156 \quad \cdots ②$ ← 좌변을 r로 묶는다.

②에 ①을 대입해서 $\quad 52r = 156$

따라서 $\quad r = 3$

$r=3$을 ①에 대입해서 $\quad a + 3a + 9a = 52, \quad 13a = 52$

따라서 $\quad a = 4$

＊ 위와 같은 등비수열의 합으로 첫째항 a와 공비 r을 구할 때 합의 항수가 적은 경우, 등비수열의 합의 공식을 사용하지 않고 각 항을 더하는 형식으로 나타내고, a와 r의 연립방정식을 만들면 된다. $a + ar + ar^2 + \cdots$의 형식을 사용하면 a와 r의 값을 구할 수 있다.

십진법과 이진법

십진법이란, 0에서 9까지 10개 숫자를 사용해 나타내는 방법으로, 우리가 일상적으로 쓰는 수입니다. 십진법은 오른쪽부터 일, 십, 백, 천, 만, …식으로 자리가 하나씩 올라갈 때마다 자릿값이 10배씩 커집니다.

다시 말해 0, 1, 2,…, 9까지 10개의 숫자를 한 묶음으로 해 한 자리씩 올리는 방법입니다. 십진법으로 나타낸 1258은 오른쪽부터 1, 10, 10^2, 10^3, …과 같이 각 자릿수의 합으로 나타내면

$$1,258 = 1 \times 1,000 + 2 \times 100 + 5 \times 10 + 8 \times 1$$
$$= 1 \times 10^3 + 2 \times 10^2 + 5 \times 10^1 + 8 \times 10^0$$

천의 자리　백의 자리　십의 자리　일의 자리

* $10^0 = 1$, $2^0 = 1$ ⇨ $n^0 = 1$

10배마다 새로운 자리로 옮겨가는 십진법을 이해하기 쉽습니다.

반면, 컴퓨터는 0과 1의 두 숫자만으로 나타내는 **이진법**을 사용합니다. 0과 1의 두 숫자로 전압이 낮다, 높다, 전류가 흐른다, 흐르지 않는다 등의 상태에 대응하게 함으로써 수치를 기계적으로 나타낼 수 있기 때문입니다. 이진법은 2개의 숫자만을 이용해 수를 나타내는 방법으로, 숫자 0과 1로 아무리 큰 수라도 나타낼 수 있습니다.

'십진법'은 10씩 윗자리로 올라가는 방법이고, '이진법'은 2를 기본 단위로 해 2씩 윗자리로 올라가는 방법이라고 할 수 있습니다.

이진법으로 나타낸 이진수는 $11101_{(2)}$와 같이 나타냅니다. $11101_{(2)}$를 십진법으로 나타내면 다음과 같습니다.

$$11101_{(2)} = 1 \times 2^4 + 1 \times 2^3 + 1 \times 2^2 + 0 \times 2^1 + 1 \times 2^0$$
$$= 16 + 8 + 4 + 0 + 1 = 29$$

이진법의 각 자리는 오른쪽부터 2^0, 2^1, 2^2, 2^3…과 같이 나타낸다.

십진법 13을 이진수로 나타내면 다음과 같습니다.

$$13 = 6 \times 2 + 1 = (4+2) \times 2 + 1$$
$$= (2^2 + 2) \times 2 + 1 = 2^3 + 2^2 + 1$$
$$= 1 \times 2^3 + 1 \times 2^2 + 0 \times 2^1 + 1 \times 2^0$$
$$= 1101_{(2)}$$

13을 계속 2로 나눈 후, 나머지를 아랫자리에서 차례대로 나열하면 된다. $1101_{(2)}$

이진수 계산

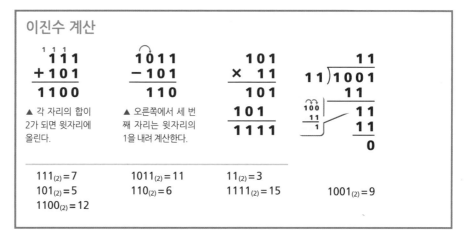

```
  ¹ ¹ ¹
  1 1 1
+ 1 0 1
───────
1 1 0 0
```

▲ 각 자리의 합이 2가 되면 윗자리에 올린다.

```
1 0 1 1
-  1 0 1
───────
  1 1 0
```

▲ 오른쪽에서 세 번째 자리는 윗자리의 1을 내려 계산한다.

```
    1 0 1
×    1 1
───────
    1 0 1
  1 0 1
───────
  1 1 1 1
```

```
        1 1
  1 1 ) 1 0 0 1
        1 1
      ─────
          1 1
          1 1
        ─────
            0
```

$111_{(2)} = 7$　　　$1011_{(2)} = 11$　　　$11_{(2)} = 3$
$101_{(2)} = 5$　　　$110_{(2)} = 6$　　　$1111_{(2)} = 15$　　　$1001_{(2)} = 9$
$1100_{(2)} = 12$

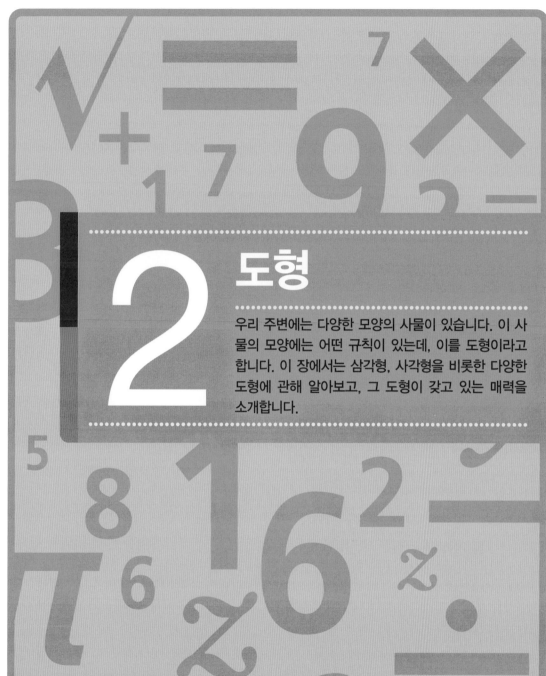

2 도형

우리 주변에는 다양한 모양의 사물이 있습니다. 이 사물의 모양에는 어떤 규칙이 있는데, 이를 도형이라고 합니다. 이 장에서는 삼각형, 사각형을 비롯한 다양한 도형에 관해 알아보고, 그 도형이 갖고 있는 매력을 소개합니다.

도형

도형은 점이나 선, 면, 입체 또는 이들의 집합으로 이뤄진 모양입니다.

▶ 도형이란?

건물이나 탈것, 음식, 도구 등에는 여러 가지 모양이 있습니다. 이 구체적인 사물로부터 추상화된 것이 도형입니다. 도형에는 **평면도형**과 **공간도형**(입체도형)이 있습니다. 삼각형, 사각형, 원형 등은 평면도형이고, 각기둥이나 원주 등은 공간도형입니다.

여러 가지 모양

삼각형   3개의 직선으로 둘러싸인 평면도형입니다.

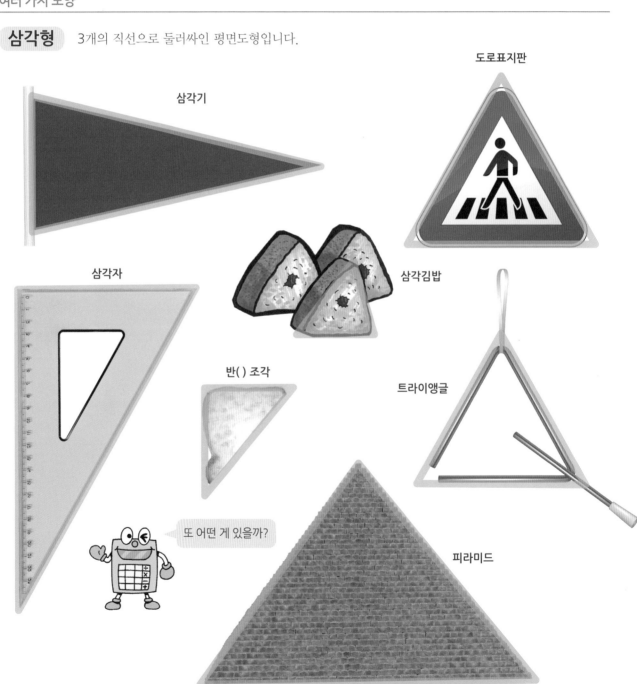

삼각기

도로표지판

삼각자

삼각김밥

반( ) 조각

트라이앵글

또 어떤 게 있을까?

피라미드

사각형 4개의 직선으로 둘러싸인 평면도형입니다.

TV

케이블카

손수건

뜀틀

신문

식빵

원 각이나 들어간 곳이 없는, 둥근 모양의 평면도형입니다.

동전 과자 접시

각기둥 평면만으로 둘러싸인 공간도형입니다.

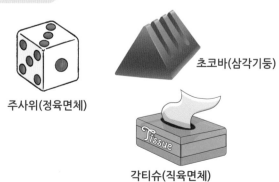

주사위(정육면체)

초코바(삼각기둥)

각티슈(직육면체)

원기둥 평면과 곡선으로 둘러싸인 공간도형입니다.

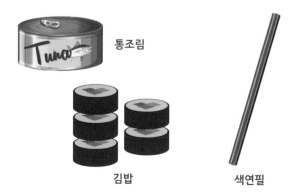

통조림

김밥

색연필

* 각기둥에는 삼각기둥, 사각기둥(직육면체, 정육면체) 등이 있습니다.

직선과 각

직선은 곧게 뻗은 선이고, 각은 한 점에서 출발한 두 반직선이 만드는 모양입니다.

▶ 직선

한 점을 지나는 직선은 무수히 많지만, 두 점을 지나는 직선은 1개밖에 없습니다. 두 점 A, B를 지나 양방향으로 뻗은 직선을 직선 AB라고 표현합니다.

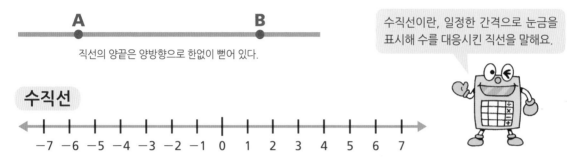

> 수직선이란, 일정한 간격으로 눈금을
> 표시해 수를 대응시킨 직선을 말해요.

▶ 선분

두 점을 곧게 이은 선으로, 직선의 일부분입니다. 점 A, B가 양끝일 때 선분 AB라고 나타냅니다.

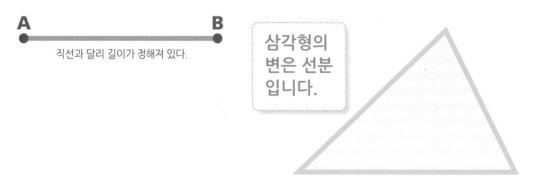

> 삼각형의
> 변은 선분
> 입니다.

▶ 반직선

선분의 한 방향을 고정하고, 다른 한쪽을 늘린 것입니다. B의 방향으로 늘린 것을 반직선 AB라고 합니다. A 방향으로 늘린 것을 반직선 BA라고 합니다.

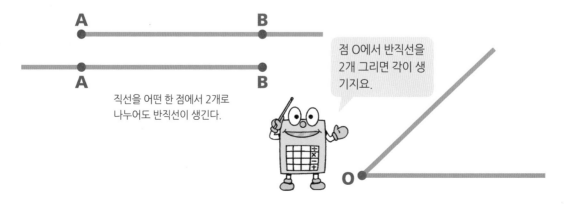

> 점 O에서 반직선을
> 2개 그리면 각이 생
> 기지요.

▶ 각

각은 한 점에서 출발한 2개의 반직선이 만드는 도형입니다. 1개의 반직선을 기준으로 다는 반직선이 점을 중심으로 회전한 크기는각도입니다.

각의 크기는 각도로 나타냅니다. 도(°)라는 단위를 사용해 30°와 같이 나타냅니다.

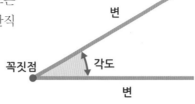

변
각도
꼭짓점
변

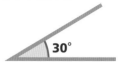

30°

여러 각

예각
90°보다 작은 각

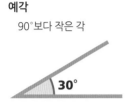

30°

직각
90°인 각

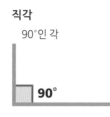

90°

둔각
90°보다 크고, 180°보다 작은 각

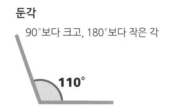

110°

180°보다 작은 각에는 예각, 직각, 둔각이 있습니다.

▶ 수직

두 직선이 직각에 교차할 때 2개의 직선은 수직이라고 합니다. 직선끼리 만난 점을 **교점**이라고 합니다.

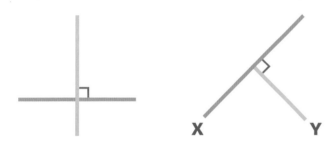

X   Y

∟은 직각의 기호입니다. 직선 X, Y가 수직일 때 기호를 써서 X⊥Y라고 나타냅니다.

▶ 평행

1개의 직선에 수직인 두 직선은 '평행'이라고 합니다. 이때의 직선은 결코 교차하지 않습니다.

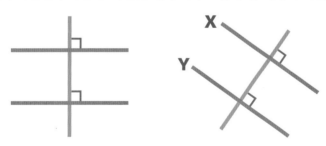

X
Y

직선 X, Y가 평행일 때 기호를 써서 X // Y라고 나타냅니다.

수직과 평행을 찾아보자

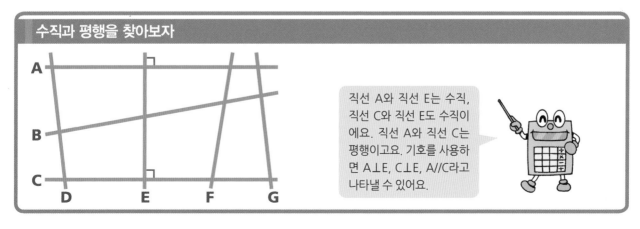

직선 A와 직선 E는 수직, 직선 C와 직선 E도 수직이에요. 직선 A와 직선 C는 평행이고요. 기호를 사용하면 A⊥E, C⊥E, A//C라고 나타낼 수 있어요.

자, 삼각자, 컴퍼스, 각도기

도형을 그리거나 길이나 각도를 재는 데 필요한 도구입니다.

▶ 자 사용법

길이를 잰다 자의 0의 위치를 재려는 것의 끝에 정확히 맞춥니다.

● 수첩의 가로 길이를 잽니다.

자의 0 부분

● 변의 길이를 잽니다.

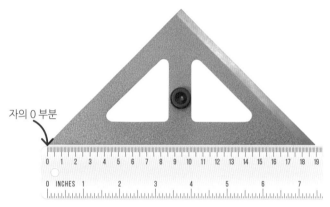

자의 0 부분

선을 긋는다

● 두 점 A, B를 지나는 직선을 긋습니다.

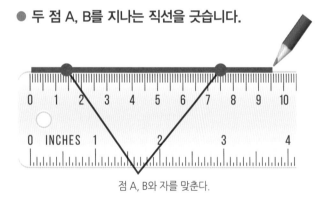

점 A, B와 자를 맞춘다.

● 6cm의 직선을 긋습니다.

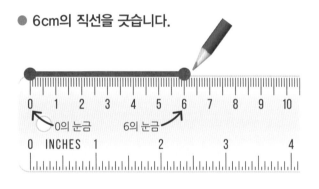

0의 눈금   6의 눈금

두 직선 중 긴 것은 어느 쪽일까?

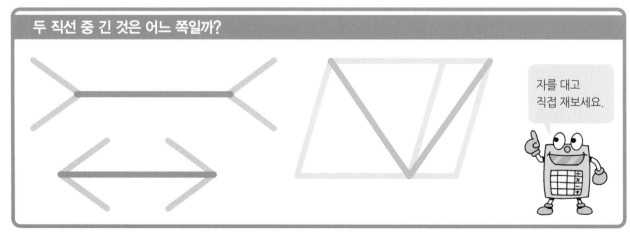

자를 대고
직접 재보세요.

▶ 삼각자 사용법

삼각자 각도를 이용하면 수직선이나 평행선을 그을 수 있습니다.

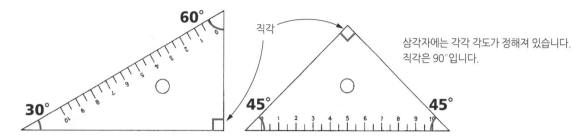

삼각자에는 각각 각도가 정해져 있습니다.
직각은 90°입니다.

수직이 되는 직선을 긋는다

● 점 A를 지나 직선 X에 수직이 되는 직선을 긋습니다.

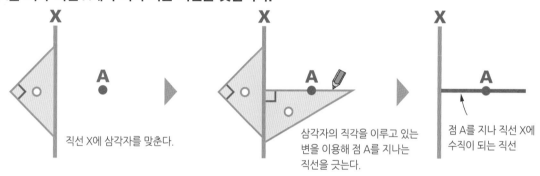

직선 X에 삼각자를 맞춘다.

삼각자의 직각을 이루고 있는
변을 이용해 점 A를 지나는
직선을 긋는다.

점 A를 지나 직선 X에
수직이 되는 직선

평행한 직선을 긋는다

● 점 B를 지나 직선 Y에 평행이 되는 직선을 긋습니다.

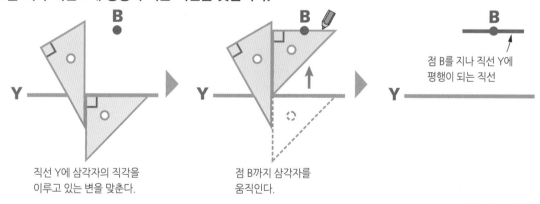

직선 Y에 삼각자의 직각을
이루고 있는 변을 맞춘다.

점 B까지 삼각자를
움직인다.

점 B를 지나 직선 Y에
평행이 되는 직선

● 삼각자의 직각 이외의 각을 사용한 작도

삼각자를 여기에 대고 화살표 방향으로 움직인다.

평행을 이루는 직선은
다른 직선과 같은 각도로
만나는 것을 이용한 작도
방법이에요.

▶ 컴퍼스 사용법

컴퍼스를 사용하면 원을 그리거나 직선을
같은 길이로 구분하거나 같은 길이의 선
분을 그릴 수 있습니다.

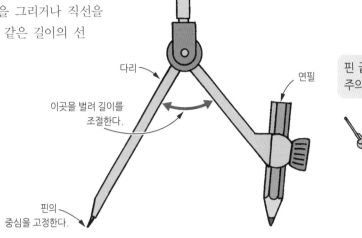

다리

이곳을 벌려 길이를
조절한다.

연필

핀의
중심을 고정한다.

핀 끝이 뾰족하므로
주의하세요.

원을 그린다

● 반지름 3cm의 원을 그립니다.

연필 끝을 길이에
맞춘다.

중심을 정하고 컴퍼스의 핀을
가볍게 누른다. 연필이 있는 쪽
을 한 바퀴 돌린다.

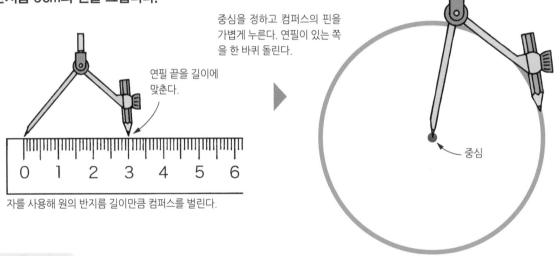

0 1 2 3 4 5 6

자를 사용해 원의 반지름 길이만큼 컴퍼스를 벌린다.

중심

길이를 잰다

● 꺾은 선 A의 길이를 직선 B에 같은 길이가 되도록 옮길 수 있습니다.

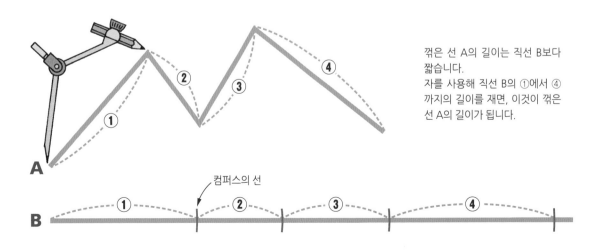

꺾은 선 A의 길이는 직선 B보다
짧습니다.
자를 사용해 직선 B의 ①에서 ④
까지의 길이를 재면, 이것이 꺾은
선 A의 길이가 됩니다.

컴퍼스의 선

A

B ① ② ③ ④

▶ 각도기 사용법

각도기는 각도를 재거나 정해진 각도의 각을 그릴 때 사용합니다.
(아래 각도기 그림에는 작은 1° 눈금이 생략돼 있습니다.)

각도를 잰다

● ㉮의 각도를 잽니다.
(작은 눈금은 1°입니다.)

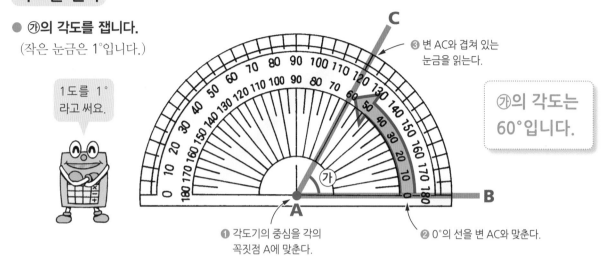

1도를 1°
라고 써요.

❸ 변 AC와 겹쳐 있는
눈금을 읽는다.

㉮의 각도는
60°입니다.

❶ 각도기의 중심을 각의
꼭짓점 A에 맞춘다.

❷ 0°의 선을 변 AC와 맞춘다.

각도기 바깥쪽의 눈금을 읽는다.

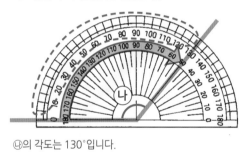

㉯의 각도는 130°입니다.

각의 변이 짧을 때는 변을 늘려 잰다.

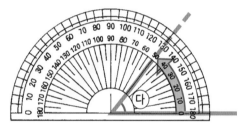

㉰의 각도는 50°입니다.

각을 그린다

● 50° 각도를 그립니다.

❶ 변 AB를 긋는다.

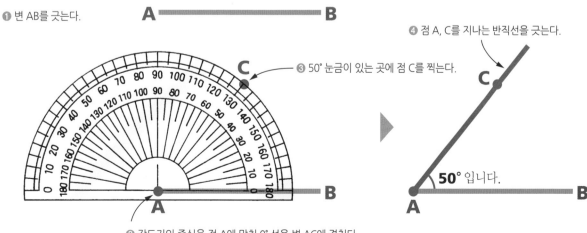

A   B

❹ 점 A, C를 지나는 반직선을 긋는다.

❸ 50° 눈금이 있는 곳에 점 C를 찍는다.

C

50° 입니다.

A   B

❷ 각도기의 중심을 점 A에 맞춰 0° 선을 변 AC에 겹친다.

작도

자와 컴퍼스를 사용해 조건에 맞는 직선이나 각, 도형을 그리는 것을 '작도'라고 합니다.
종이를 접어 각을 이등분해보겠습니다.

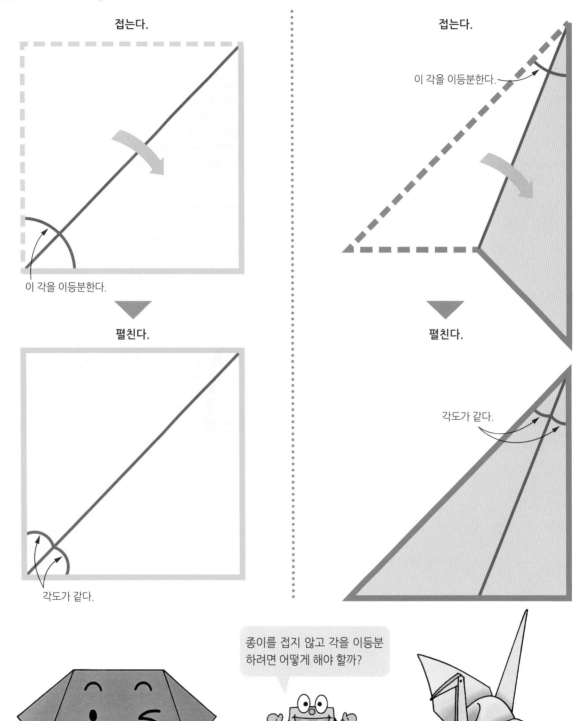

접는다.

이 각을 이등분한다.

펼친다.

각도가 같다.

접는다.

이 각을 이등분한다.

펼친다.

각도가 같다.

종이를 접지 않고 각을 이등분
하려면 어떻게 해야 할까?

▶ 각의 이등분선이란?

각의 꼭짓점을 지나 각을 이등분하는 반직선을 말합니다.
각 XOY는 기호를 사용해
∠XOY라고 나타냅니다.

∠XOY의 이등분선은 반직선 OA입니다.
식으로 나타내면

$$\angle XOA = \angle YOA = \frac{1}{2}\angle XOY$$

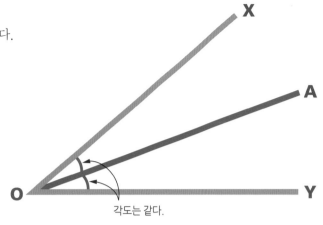

각도는 같다.

각의 이등분선 작도

● **∠XOY의 이등분선을 그립니다(∠XOY가 예각일 때).**

1 컴퍼스를 사용해 점 O을 중심으로 해서 원을 그린다. 변 OX, OY의 교점을 각각 A, B라고 한다.

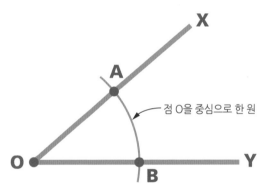

점 O을 중심으로 한 원

2 점 A, B를 중심으로 원을 그린다. 이때 반지름을 같게 한다. 교점을 C라고 한다.

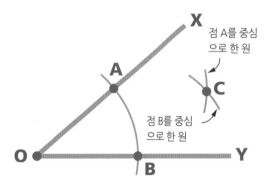

점 A를 중심으로 한 원

점 B를 중심으로 한 원

3 점 O와 교점 C를 잇는 반직선 OC를 긋는다.

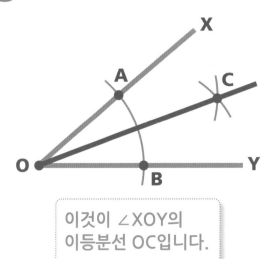

이것이 ∠XOY의 이등분선 OC입니다.

∠XOY가 둔각일 때 이등분선의 작도

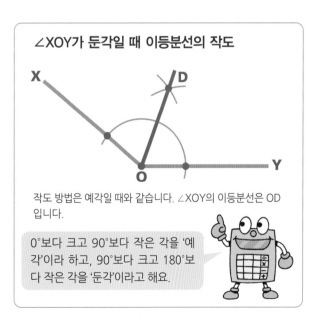

작도 방법은 예각일 때와 같습니다. ∠XOY의 이등분선은 OD입니다.

0°보다 크고 90°보다 작은 각을 '예각'이라 하고, 90°보다 크고 180°보다 작은 각을 '둔각'이라고 해요.

▶ 수선이란?

어떤 직선이나 평면과 수직으로 만나는 직선을 말합니다.

수선의 작도

● **직선 XY 위에 없는 점 A를 지나는 수선을 그립니다.**

1 점 A를 중심으로 원을 그린다. 직선 XY와의 교점을 B, C라고 한다.

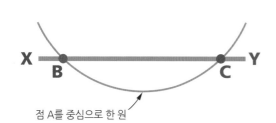

점 A를 중심으로 한 원

2 점 B, C를 중심으로 원을 그린다. 이때 반지름은 같게 한다. 교점을 D라고 한다.

점 B를 중심으로 한 원   점 C를 중심으로 한 원

3 점 A와 D를 잇는 직선 AD를 긋는다.

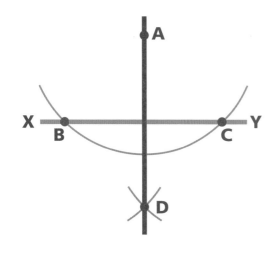

이것이 직선 XY의
수선 AD입니다.

수선을 긋는 것은
'수선을 내린다'고
도 하지요.

● **직선 XY 위에 있는 점 A를 지나는 수선을 그립니다.**

∠XAY=180°일 때의 각의 이등분선을 그린다고 생각할 수 있습니다.
직선 XY 위에 있는 점 A를 지나는 수선 AD를 그릴 수 있습니다.

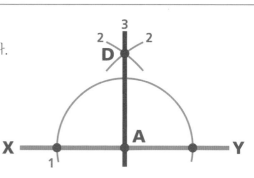

▶ 수직이등분선이란?

어떤 선분의 한 중점을 지나 그 선분에 수직이 되는 직선을 말합니다.

수직이등분선의 작도

● **선분 AB의 수직이등분선을 그립니다.**

1 선분 AB의 점 A를 중심으로 원을 그린다.

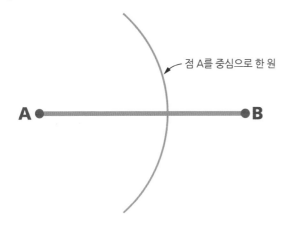

점 A를 중심으로 한 원

A ——————— B

2 점 B를 중심으로 해서 **1**과 같은 길리를 반지름으로 하는 원을 그리고, 2개의 원이 만나는 점을 C, D라고 한다.

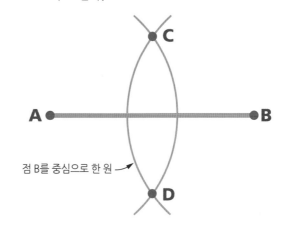

C

A ——————— B

점 B를 중심으로 한 원

D

3 교점 C와 D를 잇는 직선 CD를 긋는다.

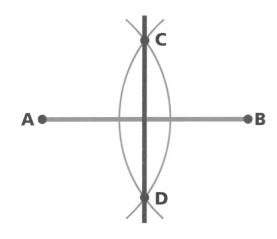

C

A ——————— B

D

직선 CD는 선분 AB의 수직이등분선입니다.

각도기를 사용하지 않아도 수직이등분선을 그릴 수 있어요.

컴퍼스를 사용해 그리는 법

• 원의 중심에 찍은 핀이 움직이지 않게 한다.
• 다리를 잡지 않고 끝부분을 잡고 돌린다.
• 컴퍼스를 돌릴 때는 진행 방향으로 약간 기울인다.
• 반지름을 정했으면 다리는 건드리지 않는다.

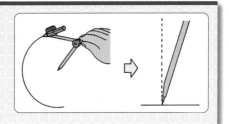

삼각형

3개의 직선으로 둘러싸인 평면도형입니다.

▶ 삼각형이란?

삼각형은 세 선분(변)으로 돼 있는 다각형입니다.
삼각형에는 세 변과 세 각, 세 꼭짓점이 있습니다.

아래와 같이 꼭짓점이 없거나 변이 구부러져 있는 것은 삼각형이 아니에요.

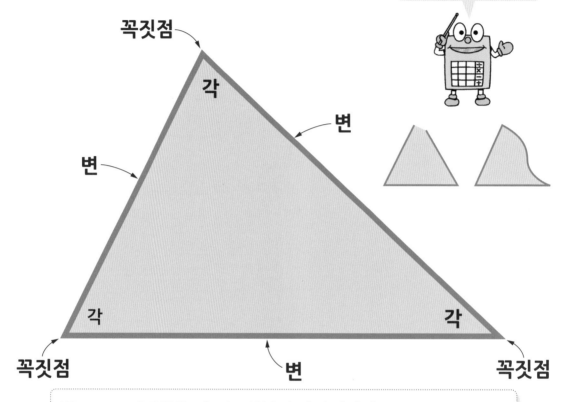

변········· 다각형을 만드는 선분의 하나입니다.
꼭짓점··· 두 변이 만나는 점입니다.
각········· 하나의 꼭짓점에서 나오는 두 변이 만드는 도형입니다.

삼각형 그리는 법

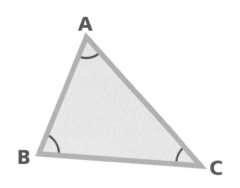

- 삼각형의 각 꼭짓점에 A, B, C의 문자를 넣었을 때, 기호를 사용해 △ABC라고 나타냅니다. △ABC는 삼각형 ABC라고 읽습니다.

- ∠A는 ∠BAC 또는 ∠CAB,

  ∠B는 ∠ABC 또는 ∠CBA,

  ∠C는 ∠ACB 또는 ∠BCA

  라고 나타내기도 합니다.

▶ 여러 삼각형

이등변삼각형

● 두 변의 길이가 같은 삼각형입니다.

밑변에 대한 각을 '꼭
지각'이라고 합니다.

꼭
지
각

밑각   밑각

밑변

이등변삼각형의 두 밑각은 같습니다.

변의 길이나 각의 크기가
같을 때 이와 같이 표시해요.

정삼각형

● 세 변의 길이가 같은 삼각형입니다.

정삼각형에서는 세 각의 크기가 같고,
모두 60°입니다.

직각삼각형

● 한 각이 직각(90°)인 삼각형입니다.

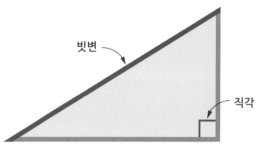

빗변

직각

직각삼각형에서는 직각에 대한 변을 '빗변'이라 하며,
가장 긴 변입니다.

예각삼각형

● 세 각이 각각 90°보다 작은 삼각형입니다.

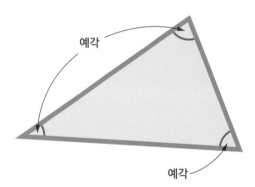

예각

예각

직각이등변삼각형

● 직각을 낀 두 변의 길이가 같은 삼각형입니다.

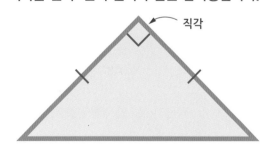

직각

둔각삼각형

● 한 각이 90°보다 크고 180°보다 작은 삼각형입니다.

둔각

▶ 삼각형의 내각

삼각형의 내부에 있는 각을 '내각'이라고 합니다. 내각은 모두 3개입니다.

삼각형 내각의 합

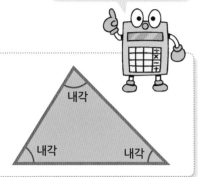

'합'이란, 둘 이상의 수를 더해서 얻을 수 있는 수예요.

> **삼각형의 세 내각의 합은 180°입니다.**
> **내각 + 내각 + 내각 = 180°**

평행선의 성질을 이용해 생각해 봐요.

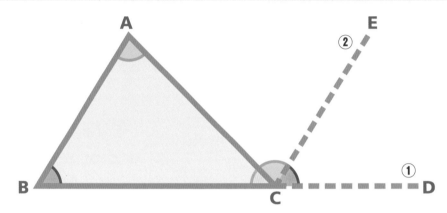

△ABC의 변 BC를 C 쪽으로 연장한 직선 BCD를 긋는다. …①
점 C를 지나 변 BA에 평행인 직선 CE를 긋는다. …②
평행선의 엇각, 동위각의 관계로부터

$$\angle A = \angle ACE\text{(엇각)}$$
$$\angle B = \angle ECD\text{(동위각)}$$

△ABC 내각의 합은

$$\angle A + \angle B + \angle C$$
$$= \angle ACE + \angle ECD + \angle ACB$$
$$= 180°$$

삼각형 내각의 합은 180°입니다.

어떤 삼각형이든 똑같아요.

평행선의 성질

● **두 직선이 평행이라면 동위각, 엇각은 같다.**

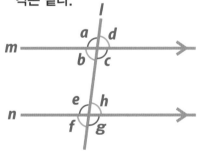

(> 의 기호는 두 직선이 평행임을 나타낸다.)

동위각은 a와 e, b와 f, c와 g, d와 h를 말하고, 엇각은 b와 h, c와 e를 말한다.

⋯⋯⋯⋯⋯⋯⋯⋯⋯⋯⋯⋯⋯⋯⋯⋯⋯

● **두 직선이 교차할 때 맞꼭지각(대정각)은 같다.**

위의 그림에서 맞꼭지각은 a와 c, b와 d, e와 g, f와 h를 말한다.

▶ 삼각형의 외각

삼각형에서 한 변과 그것에 이웃한 변의 연장선이 이루는 각을 '외각'이라고 합니다. 외각도 내각과 마찬가지로 3개입니다.

삼각형의 외각과 내각의 관계

삼각형의 1개의 외각은 이웃하지 않는 두 내각의 합과 같습니다.

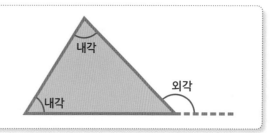

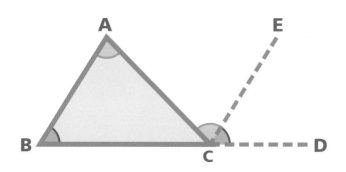

△ABC의 변 BC를 C쪽으로 연장한 직선 BCD를 긋는다. 점 C를 지나 변 BA에 평행인 직선 CE를 긋는다.

평행선의 엇각, 동위각의 관계에서

$$∠A = ∠ACE, \quad ∠B = ∠ECD$$
$$∠ACD = ∠ACE + ∠ECD$$
$$= ∠A + ∠B$$

이므로 삼각형의 한 외각은 그 옆에 있지 않은 두 내각의 합과 같습니다.

삼각형 외각의 합

삼각형의 외각의 합은 360°입니다.
외각 + 외각 + 외각 = 360°

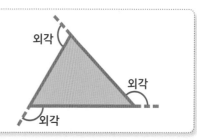

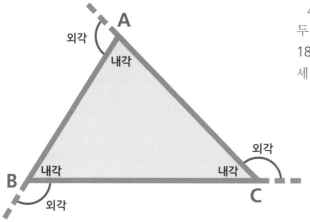

△ABC의 꼭짓점 A, B, C에서 내각과 외각의 합은 모두 180°입니다. 세 꼭짓점의 내각과 외각의 모든 합은 180° × 3 = 540°이고, 삼각형 내각의 합은 180°이므로 세 외각의 합은 540° − 180° = 360°입니다.

한 내각과 그에 대한 외각의 합은 180°예요.

▶ 삼각형의 넓이

도형 면의 넓이를 '넓이'라고 합니다. 넓이를 구할 때는 변의 길이 단위까지 계산해서 바꿔야합니다. 넓이는 cm²(제곱센티미터), m²(제곱미터) 등 제곱 단위로 나타냅니다.

삼각형의 넓이 공식

> **삼각형의 넓이 = 밑변 × 높이 ÷ 2**

△ ABC에서 꼭짓점 A에서 변 BC에 수직이 되는 직선 AD를 그었을 때, 변 BC를 '밑변', AD를 '높이'라고 합니다.

밑변은 꼭짓점과 마주보는 변이에요.

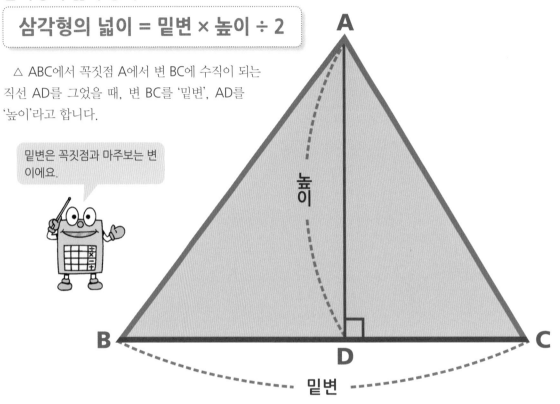

삼각형의 밑변과 높이

● 삼각형의 밑변을 어디로 할 것인지에 따라 높이가 결정됩니다.

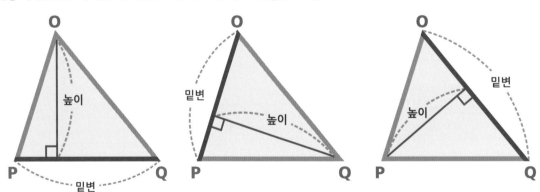

삼각형의 넓이는 밑변과 높이값을 알면 구할 수 있습니다. 위에서 △OPQ의 밑변과 높이는 각각 다르지만, 넓이는 같습니다.

직사각형으로 모양을 바꿔 삼각형의 넓이를 생각한다

직사각형의 넓이 =세로×가로

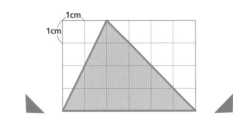

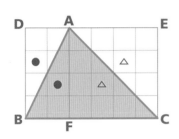

직사각형 DBCE의 세로는 삼각형의 높이, 가로는 밑변의 길이와 같습니다.

(△ADB와 △BFA, △AFC와 △CEA의 넓이는 같다.)

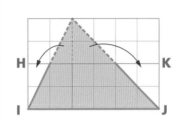

삼각형 위의 절반을 둘로 나눠 직사각형 HIJK를 만들면, 직사각형의 세로는 삼각형의 높이의 절반, 가로는 밑변의 길이와 같습니다.

삼각형의 넓이는 직사각형 DBCE의 절반이므로 4×6÷2=12, 12cm²입니다.

삼각형의 넓이는 직사각형 HIJK와 같으므로 (4÷2)×6=12, 즉 12cm²입니다.

삼각형의 넓이를 구한다

● **삼각형의 넓이 공식에 밑변과 높이 값을 대입해 계산합니다.**

밑변 6cm, 높이 5cm이므로 삼각형의 넓이는 6×5÷2=15, 즉 15cm²입니다.

밑변 12cm, 높이 9cm이므로 삼각형의 넓이는 12×9÷2=54, 즉 54cm²입니다.

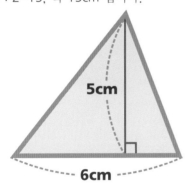

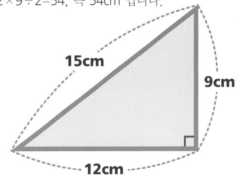

(높이가 삼각형의 바깥쪽에 있는 경우)

밑변은 3cm, 높이는 8cm이므로 삼각형의 넓이는 3×8÷2=12, 즉 12cm²입니다.

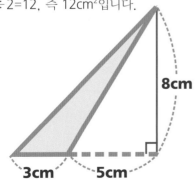

밑변을 늘려 높이를 재는 거예요.

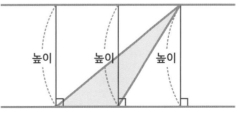

사각형

4개의 선분으로 둘러싸인 평면도형입니다.

▶ 사각형이 뭐지?

사각형은 4개의 선분(변)으로 된 다각형입니다. 사각형에는 4개의 변, 4개의 각, 4개의 꼭짓점이 있습니다.

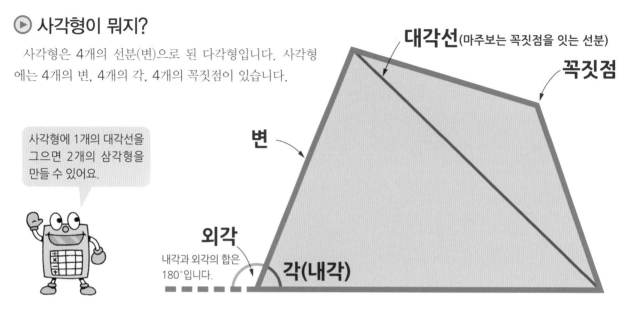

대각선(마주보는 꼭짓점을 잇는 선분)

꼭짓점

변

외각
내각과 외각의 합은 180°입니다.

각(내각)

사각형에 1개의 대각선을 그으면 2개의 삼각형을 만들 수 있어요.

사각형의 관계

사각형에는 여러 종류가 있습니다. 사각형은 네 변의 위치와 길이, 각의 크기에 따라 분류합니다.

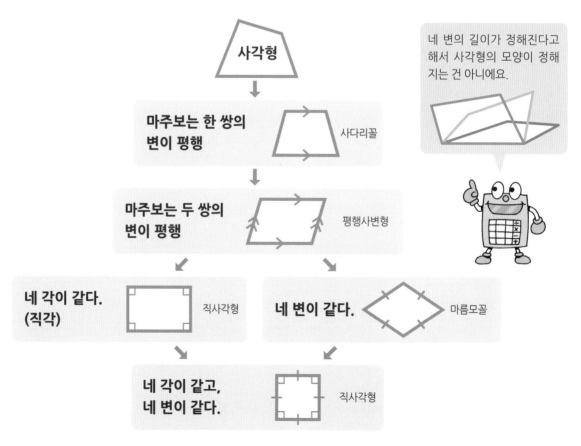

사각형

마주보는 한 쌍의 변이 평행 → 사다리꼴

마주보는 두 쌍의 변이 평행 → 평행사변형

네 각이 같다. (직각) → 직사각형

네 변이 같다. → 마름모꼴

네 각이 같고, 네 변이 같다. → 직사각형

네 변의 길이가 정해진다고 해서 사각형의 모양이 정해지는 건 아니에요.

다양한 사각형

사다리꼴

● 마주보는 한 쌍의 변이 서로 평행인 사각형입니다.

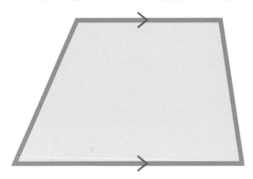

• 한 쌍의 변만 평행입니다. 사다리꼴에서 평행인 두 변 중 위쪽에 있는 변을 '윗변', 아래쪽에 있는 변을 '아랫변'이라고 합니다.

평행사변형

● 마주보는 두 쌍의 변이 평행인 사각형입니다.

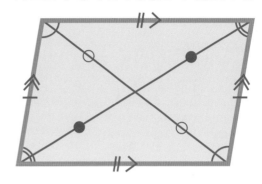

• 두 쌍의 마주보는 변과 두 쌍의 마주 대하는 각은 각각 같습니다.
  두 대각선은 각각의 중점에서 만납니다.

직사각형

● 네 각이 같은 사각형입니다.

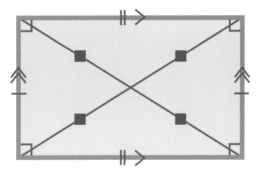

• 네 각은 모두 직각입니다.
• 마주보는 두 변은 평행으로 같습니다.
• 대각선의 길이는 같고, 각각의 중점에서 만납니다.

마름모꼴

● 네 변이 같은 사각형입니다.

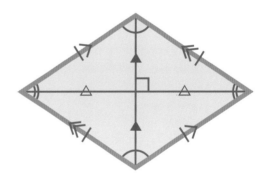

• 마주 대하는 두 각은 같습니다.
• 두 쌍의 마주보는 변은 각각 평행으로 같습니다.
• 대각선은 각각의 중점에서 수직으로 만납니다.

정사각형

● 네 각이 같고, 네 변이 같은 사각형입니다.

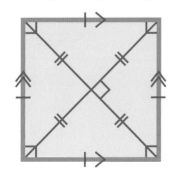

• 네 각은 모두 직각입니다.
• 두 쌍의 마주보는 변은 각각 평행으로 같습니다.
• 대각선의 길이는 같고, 각각의 중점에서 수직으로 만납니다.

사각형의 마주보는 변을 대변( ) 또는 맞변이라 하고, 마주보는 각을 대각( )이라고 해요. 중점은 선분을 이등분하는 점이에요.

▶ 사각형의 내각

사각형에도 내각과 외각이 있습니다. 안쪽에 생기는 각이 내각이고, 모두 4개 있습니다.

사각형의 내각의 합

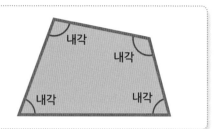

사각형 내각의 합은 360°입니다.
내각 + 내각 + 내각 + 내각 = 360°

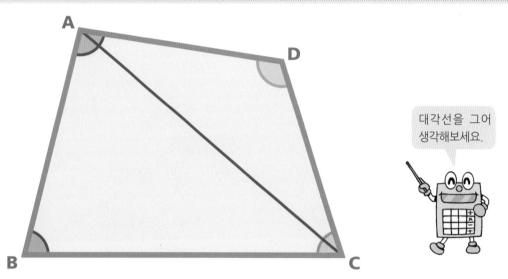

대각선을 그어
생각해보세요.

사각형 ABCD에 대각선 AC를 그으면 △ABC와 △ACD, 2개의 삼각형이 생깁니다.

삼각형의 내각의 합은 180°이므로

△ABC 내각의 합도 180°이고, △ACD 내각의 합도 180°입니다.

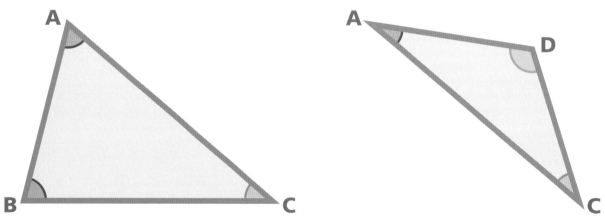

사각형 ABCD의 내각의 합은 △ABC와 △ACD의 내각의 합을 더한 것이므로,

180° + 180° = 360°

사각형 ABCD 내각의 합은 360°입니다.

▶ 사각형의 외각

사각형 한 변의 연장과 그 이웃하는 변이 만드는 각이 외각입니다. 외각은 4개 있습니다. 1개의 내각과 그에 대한 외각의 합은 180°입니다.

사각형 외각의 합

사각형 외각의 합은 360°입니다.
외각 + 외각 + 외각 + 외각 = 360°

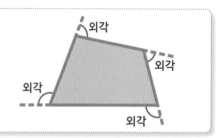

평행선을 2개 그어 생각해보세요.

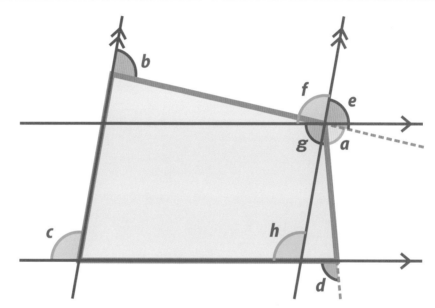

평행선의 동위각은 같으므로 ∠b와 ∠e, ∠d와 ∠g는 같다.
또한 ∠c와 ∠h, ∠h와 ∠f도 동위각이므로, ∠c와 ∠f는 같다.
∠a, ∠b, ∠c, ∠d는 사각형의 외각이므로
사각형의 외각의 합은

$$= \angle a + \angle b + \angle c + \angle d = \angle a + \angle e + \angle f + \angle g = 360°$$

사각형 외각의 합은 360°입니다.

내각의 합으로 외각의 합을 구한다

'사각형 내각의 합이 360°'인 점을 이용해 구할 수도 있습니다.
사각형 1개의 내각과 외각의 합은 180°입니다. 따라서 세 꼭짓점의 내각과 외각의 모든 합은
$$180° \times 4 = 720°$$
사각형 내각의 합은 360°이므로 네 외각의 합은
$$720° - 360° = 360°$$입니다.

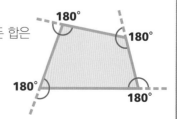

▶ 사각형의 넓이

도형의 넓이를 '넓이'라고 합니다. 사각형의 종류에 따라 사각형의 넓이를 구하는 공식이 있습니다. cm², m² 등의 넓이 단위인 '2'는 길이(cm, m 등)를 2개 곱한 것을 나타냅니다.

직사각형의 넓이 공식

> **직사각형의 넓이＝세로×가로**

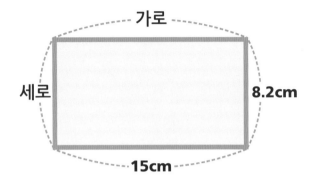

넓이를 구한다

세로 8.2cm, 가로 15cm이므로 직사각형의 넓이는 8.2×15 = 123, 즉 123cm²입니다.

정사각형 넓이의 공식

> **정사각형의 넓이＝1변×1변**

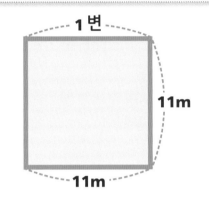

넓이를 구한다

1변이 11m이므로 정사각형의 넓이는 11×11 = 121, 즉 121m²입니다.

평행사변형의 넓이 공식

> **평행사변형의 넓이＝밑변×높이**

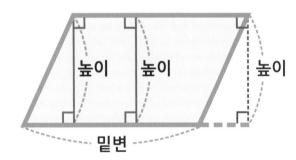

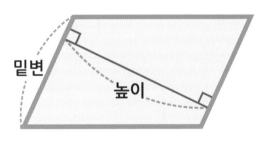

평행사변형에서는 **밑변**과 그에 평행인 변과의 사이에 수직으로 그은 선분의 길이를 **높이**라고 합니다. 밑변을 정하면 높이도 정해집니다.

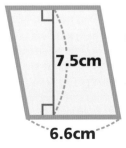

넓이를 구한다

밑변 6.6cm, 높이 7.5cm이므로 왼쪽 평행사변형의 넓이는 6.6 × 7.5 = 49.5, 49.5cm²입니다.

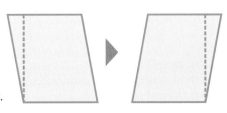

나란히 놓으면 직사각형이 된다.

사다리꼴 넓이의 공식

> ### 사다리꼴의 넓이 = (윗변 + 아랫변) × 높이 ÷ 2

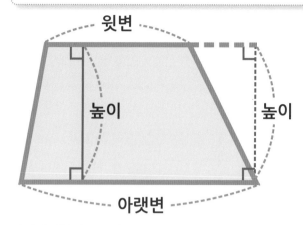

사다리꼴에서는 평행인 두 변을 **윗변**, **아랫변**이라고 합니다. 윗변과 아랫변 사이에 수직으로 그은 선분의 길이를 **높이**라고 합니다.

평행사변형의 모양을 바꿔 사다리꼴의 넓이를 생각한다.

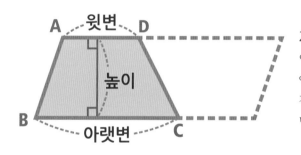

사다리꼴 ABCD와 합동인 사다리꼴을 2개 연결하면 평행사변형이 생깁니다. 이 평행사변형의 밑변의 길이는 (윗변+아랫변)이고, 높이는 사다리꼴의 높이와 같습니다. 따라서 평행사변형의 넓이 = 밑변 × 높이 = (윗변 + 아랫변) × 높이
사다리꼴 ABCD의 넓이는 (윗변 + 아랫변) × 높이 ÷ 2입니다.

모양과 크기가 완전히 같은 두 도형을 '합동인 도형'이라고 해요.

마름모꼴 넓이의 공식

> ### 마름모꼴의 넓이 = 대각선 × 대각선 ÷ 2

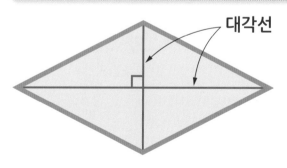

네 변의 길이가 같은 마름모꼴입니다.
대각선의 길이를 아는 경우에는 직사각형으로 모양을 바꿔 넓이를 구합니다.

직사각형으로 바꿔 마름모꼴의 넓이를 구한다.

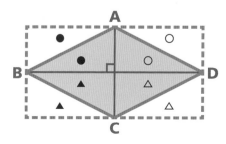

마름모꼴 ABCD의 네 꼭짓점을 지나는 직사각형을 만듭니다. 직사각형의 세로는 AC와 같고, 가로는 BD와 같습니다.
직사각형의 넓이 = 세로 × 가로 = AC × BD
따라서 마름모꼴 ABCD의 넓이는 대각선 × 대각선 ÷ 2가 됩니다.

●, ○, ▲, △의 기호는 넓이가 같다는 것을 나타내요.

선대칭과 점대칭

대칭이 되는 도형에는 선대칭과 점대칭이 있습니다.

▶ 선대칭이란?

어떤 평면도형을 이등분해 한 직선을 중심으로 대칭시켰을 때, 양쪽 부분이 완전히 겹쳐지는 도형을 **선대칭 도형**이라고 합니다. 이때 접는 선을 **대칭축**이라고 합니다.

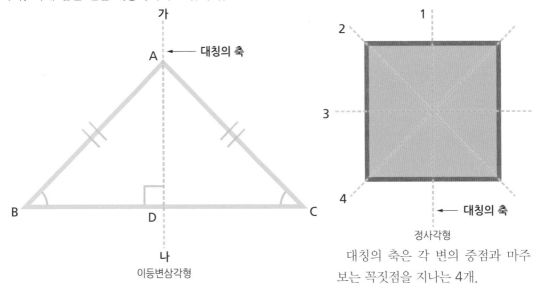

이등변삼각형

정사각형

대칭의 축은 각 변의 중점과 마주 보는 꼭짓점을 지나는 4개.

선대칭 도형에서 한 직선을 중심으로 서로 겹쳐지는 점, 변, 각을 각각 대응하는 점, 대응하는 변, 대응하는 각이라고 한다.

위의 이등변삼각형에서는 AB = AC, BD = CD, ∠B = ∠C

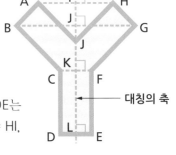

정사각형은 점대칭 이기도 해요.

선대칭 도형의 성질

선대칭 도형에는 다음과 같은 성질이 있습니다.

• 대응하는 두 점을 잇는 직선은 대칭의 축과 수직으로 만난다.
• 이 때 만나는 점에서 대응하는 점까지의 길이는 같다.

오른쪽 그림에서 AH, BG, CF, DE는 대칭의 축에 수직으로 교차하고, AI = HI, BJ = GH, CK = FK, DL = EL이다.

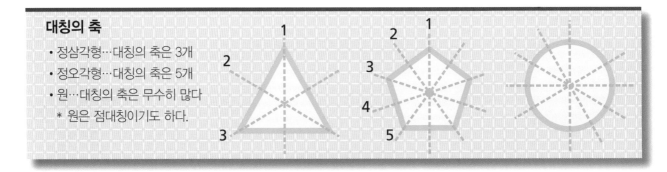

대칭의 축

• 정삼각형…대칭의 축은 3개
• 정오각형…대칭의 축은 5개
• 원…대칭의 축은 무수히 많다
  * 원은 점대칭이기도 하다.

▶ 점대칭이란?

 어떤 평면도형에서 한 점을 중심으로 180° 회전시켰을 때, 처음 도형과 완전히 포개지는 도형을 **점대칭 도형**이라고 합니다. 어느 한 점에서 점대칭이 된 때, 그 점을 **대칭의 중심**이라고 합니다.

 점대칭 도형에서 대칭의 중심의 주위에 180° 회전시켰을 때 서로 겹쳐지는 점, 변, 각을 각각 대응점, 대응변, 대응각이라고 한다.

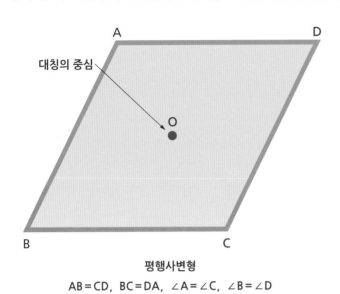

평행사변형
AB＝CD, BC＝DA, ∠A＝∠C, ∠B＝∠D

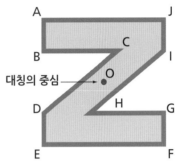

AJ＝FE, BC＝GH, CD＝HI,
∠BCD＝∠GHI의 점대칭 도형

점대칭 도형의 성질

 점대칭 도형에는 다음과 같은 성질이 있습니다.
• 대응하는 두 점을 잇는 직선은 대칭의 중심을 지난다.
• 대칭의 중심에서 대응하는 두 점까지의 길이는 같다.

오른쪽 그림에서 AO＝GO, CO＝IO,
DO＝JO, EO＝KO이다.

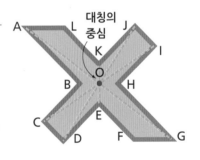

대칭의 중심

2쌍의 대응점끼리 이은 직선이 만나는 중심이다.

정육각형   정팔각형

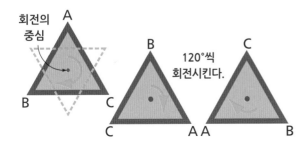

＊정육각형, 정팔각형은 선대칭이기도 하다.

● 정삼각형은 점대칭?

회전의 중심

120°씩 회전시킨다.

정삼각형은 점대칭이 아니기 때문에 180° 회전시켜도 원래의 형태와 겹치지 않아요. 다만 120°씩 3번 회전시키면 처음 형태와 겹치므로 '회전대칭의 3회 대칭'이라 부르기도 해요.

다각형

3개 이상의 선분(변)으로 둘러싸인 평면도형

▶ 여러 가지 다각형

삼각형, 사각형, 오각형과 같이 선분(변)으로 둘러싸인 도형을 **다각형**이라고 합니다. 다각형에는 이외에도 육각형, 칠각형, 팔각형, …, 십이각형, 십팔각형, 이십각형 등이 있습니다.

다각형의 변과 각

어떤 다각형이라도 변의 수와 꼭짓점의 수, 각(내각)의 개수는 모두 같습니다. 사각형은 네 변과 네 각, 오각형은 다섯 변과 다섯 각으로 구성돼 있습니다.

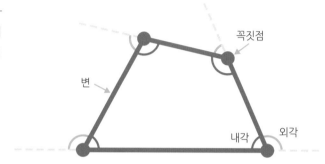

다각형의 내각과 외각

어떤 다각형이라도 내각의 수와 외각의 수는 같고 하나의 내각과 그에 대한 외각의 합은 180°입니다.

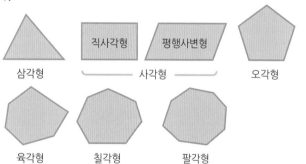

삼각형   직사각형 평행사변형   오각형
          └─── 사각형 ───┘

육각형   칠각형   팔각형

위와 같이 움푹 들어간 부분이 있는 오각형도 다각형이지만, 보통 다각형이라고 생각하지 않아도 된답니다.

정다각형

변의 길이가 모두 같고, 각의 크기도 모두 같은 다각형을 '정다각형'이라고 합니다.

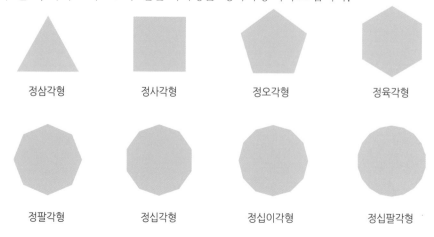

정삼각형   정사각형   정오각형   정육각형

정팔각형   정십각형   정십이각형   정십팔각형

▶ 다각형의 성질

다각형은 변의 수에 따라 삼각형, 사각형, 오각형 등 여러 가지가 있고, 각에 대해서는 다음과 같은 성질이 있습니다.

다각형의 내각의 합

다각형의 한 꼭짓점에서 대각선을 그어 삼각형으로 나눈, 그 삼각형의 수로 다각형의 내각의 합을 구할 수 있습니다.

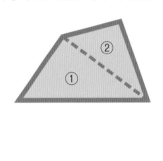

사각형
삼각형이 2개
⬇
사각형의 내각의 합은
삼각형의 2개 크기
⬇
$180° \times 2 = 360°$

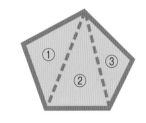

오각형
삼각형이 3개
⬇
오각형의 내각의 합은
삼각형의 3개 크기
⬇
$180° \times 3 = 540°$

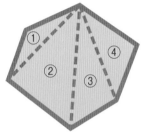

육각형
삼각형이 4개
⬇
육각형의 내각의 합은
삼각형의 4개 크기
⬇
$180° \times 4 = 720°$

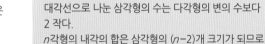

다각형의 내각의 합 공식

대각선으로 나눈 삼각형의 수는 다각형의 변의 수보다 2 작다.
n각형의 내각의 합은 삼각형의 $(n-2)$개 크기가 되므로 다음 식이 성립한다.

$$n각형의 내각의 합 = 180° \times (n-2)$$

⬇

구각형의 내각의 합은 공식에 $n=9$를 대입해 다음과 같이 구합니다.

$$180° \times (9-2) = 1260°$$

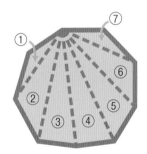

구각형
삼각형이 7개
⬇
구각형의 내각의 합은
삼각형의 7개 크기
⬇
$180° \times 7 = 1260°$

다각형의 외각의 합

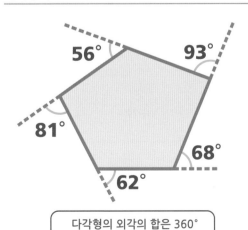

다각형의 외각의 합은 360°

오각형의 5개 외각의 크기를 재서 그 합을 구하면

$56° + 81° + 62° + 68° + 93° = 360°$

다각형의 어느 꼭짓점에서도 내각과 외각의 합은 180°이므로 5개 꼭짓점의 모든 내각과 외각의 합은 $180° \times 5 = 900°$

이로부터 5개의 내각의 합 540°를 빼면 5개의 외각의 합을 구할 수 있습니다.

$900° - 540° = 360°$

육각형, 팔각형, 십각형 등으로도 알 수 있지만, 어느 다각형이라도 그 외각의 합은 360°입니다.

피타고라스의 정리

피타고라스 정리(삼평방의 정리)는 직각삼각형 세 변의 길이 관계를 나타낸 정리로, 직각삼각형의 길이를 구하는데 사용됩니다.

▶ 피타고라스 정리란?

'직각삼각형에서 직각을 낀 두 변을 제곱하여 더하면 빗변의 제곱과 같다'는 정리를 말합니다. 고대 그리스 수학자 피타고라스가 처음으로 증명했기 때문에 **피타고라스 정리**라고 합니다.

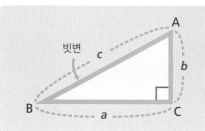

직각삼각형 ABC에서 $\angle C = 90°$, AB = c, BC = a, AC = b라고 하면, 다음 관계가 성립한다.

$$a^2 + b^2 = c^2 \leftarrow \text{피타고라스 정리}$$
$(BC^2 + CA^2 = AB^2)$ (삼평방의 정리)

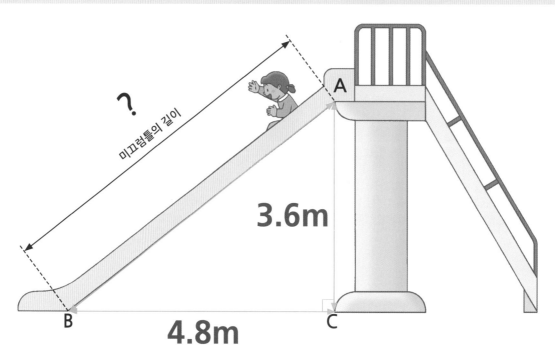

위의 그림처럼 미끄럼틀의 높이 AC가 3.6m, 두 지점 B, C 사이의 길이가 4.8m일 때, 미끄럼틀의 길이 AB는 피타고라스 정리를 이용해 구할 수 있습니다.

$\angle C = 90°$인 직각삼각형 ABC에서 BC = 4.8m, CA = 3.6m이므로 피타고라스 정리 공식에 대입해서

$$AB^2 = BC^2 + CA^2 = 4.8^2 + 3.6^2 = 23.04 + 12.96 = 36 \text{에 의해}$$
$$AB^2 = 36 \quad AB > 0 \text{ 이므로 } AB = \sqrt{36} = 6$$

제곱근을 구한다.   따라서 AB의 길이는 6m

▶ 피타고라스 정리의 증명

아래 그림처럼 ∠C = 90°인 직각삼각형 ABC와 합동인(모양이나 크기가 모두 같은) 직각삼각형을 배열합니다.

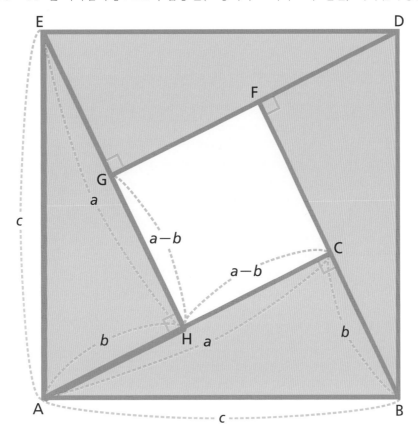

직각삼각형 ABC에서 ∠**C** = **90°**이므로 ∠**A** + ∠**B** = **90°**

사각형 ABDE에서 ∠**EAB** = ∠**EAH** + ∠**CAB** = **90°**

마찬가지로 ∠ABD, ∠BDE, ∠DEA도 90°이므로 사각형 ABDE는 네 각이 직각이고, 한 변의 길이를 **c**로 하는 정사각형입니다.

또한 사각형 CFGH는 네 각이 직각이고, 한 변의 길이가 $a - b$인 정사각형입니다.

정사각형 ABDE의 넓이는 네 직각삼각형의 넓이와 정사각형 CFGH의 넓이의 합이 같으므로 $a^2 + b^2 = c^2$이 된다는 것을 증명할 수 있습니다.

증명　정사각형 ABDE의 넓이는 **c × c = c²**

또한 직각삼각형 ABC×4＋정사각형 CFGH로 해서 구할 수 있으므로

$$\frac{1}{2}ab \times 4 + (a - b)^2 = 2ab + a^2 - 2ab + b^2 = a^2 + b^2$$

따라서 정사각형 ABDE의 넓이에 대해

$$a^2 + b^2 = c^2$$

가 성립합니다.

오른쪽과 같은 그림을 이용해 증명할 수 있어요.

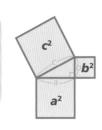

삼각형의 합동

모양이나 크기가 똑같은 삼각형

▶ 합동인 도형

두 도형에서 대응하는 변의 길이와 각의 크기가 같을 때 두 도형을 **합동**이라고 합니다. 두 도형에서 한쪽을 이동(평행이동, 회전이동, 대칭이동)시켰을 때 다른 쪽에 겹쳐지면, 그 두 도형은 합동이라고 할 수 있습니다.

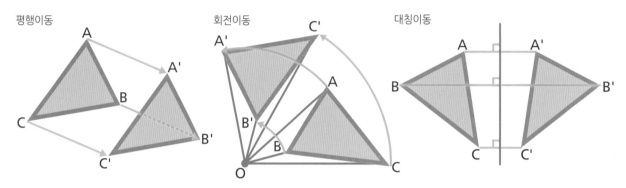

아래 그림에서 삼각형 ①과 합동인 삼각형은 회전이동한 ②, 대칭이동한 ④, 평행이동한 ⑤입니다. 삼각형 ③과 ①에서는 변 GI와 변 AC의 길이가 같지 않고, 변 AB와 변 GH의 기울기가 같지 않기 때문에 삼각형 ③은 ①과 합동이 아닙니다.

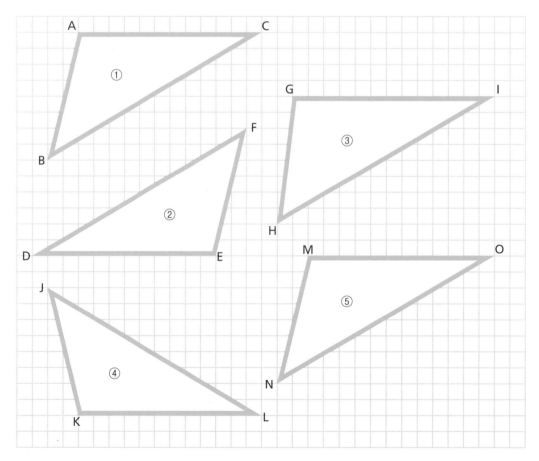

▶ 삼각형의 합동조건

　삼각형은 ① 세 변의 길이, ② 두 변의 길이와 그 끼인각의 크기, ③ 한 변의 길이와 그 양 끝각의 크기 중 한 가지만 주어져도 그 모양과 크기가 하나로 결정됩니다. 다시 말해서 ①~③ 중 어느 하나를 이용하면 그 삼각형과 합동인 삼각형을 그릴 수 있습니다. 이와 같이 하면 삼각형의 합동조건이 도출됩니다.

　두 삼각형은 다음 어느 하나가 성립될 때 합동입니다.

① 세 쌍의 대응하는 변의 길이가 각각 같다.

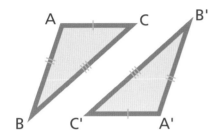

② 두 쌍의 대응하는 변의 길이가 각각 같고, 그 끼인각의 크기가 같다.

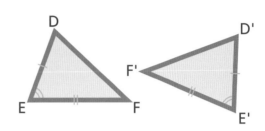

③ 한 쌍의 대응하는 변의 길이가 같고, 그 양 끝각의 크기가 각각 같다.

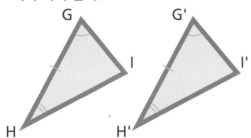

두 변과 한 각을 정해도, 세 각의 크기를 정해도 삼각형의 모양과 크기가 하나로 결정되지 않는다.

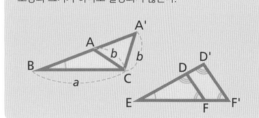

▶ 직각삼각형의 합동조건

　두 직각삼각형은 다음의 어느 하나가 성립할 때 합동입니다.

① 빗변의 길이와 한 예각의 크기가 각각 같다.

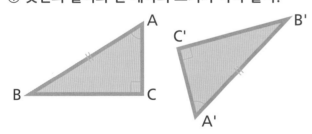

② 빗변의 길이와 다른 한 변의 길이가 각각 같다.

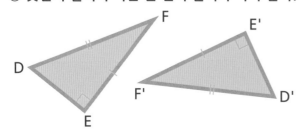

직각삼각형의 합동조건은 이등변삼각형의 성질과 이등변삼각형이 되기 위한 조건에서 나오는 거예요.

꼭지각의 이등분선

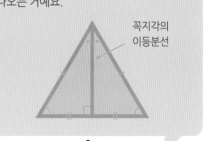

▶ 삼각형의 합동증명 ①

가정과 결론

오른쪽 그림의 △AED와 △BEC에서 AD//CB, EA＝EB이면 ED＝EC이다. 이와 같은 문장에서 '이면'의 앞의 AD//CB, EA＝EB를 '가정', 뒤의 ED＝EC를 '결론'이라고 합니다.

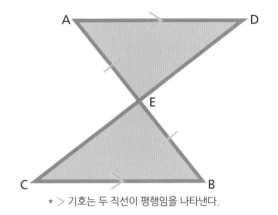

증명의 절차

가정에서 결론을 도출하기 위해서는 △AED와 △BEC가 합동임을 증명해야 합니다. 그러기 위해서는 삼각형의 합동의 조건 중 어느 것을 이용하면 좋을지 생각하고, 근거가 되는 조건을 밝혀 결론을 이끌어내야 합니다.

* > 기호는 두 직선이 평행임을 나타낸다.

증명

△AED와 △BEC에서

가정이라면　　　　　EA＝EB　　　…①

맞꼭지각은 같으므로

∠AED＝∠BEC　…②

AD//CB에서 평행선의 엇각은 같으므로

∠EAD＝∠EBC　…③

①, ②, ③에서 한 쌍의 변과 양끝의 각이 각각 같으므로

△AED≡△BEC

합동 도형의 대응하는 변은 같으므로

ED＝EC　　　…결론

삼각형의 합동조건이 된다.

> 근거가 되는
> 세 가지 조건

삼각형의 합동조건을 이용해 두 삼각형이 합동임을 보인다.

합동 도형의 성질로 부터 결론을 이끌어낸다.

'정삼각형의 세 각이 같다'는 것을 증명한다

정삼각형은 이등변삼각형의 특별한 것이므로 이등변삼각형의 성질을 갖고 있습니다.

증명

이등변삼각형의 밑각은 같으므로
정삼각형 ABC에서

AB＝AC이므로 ∠B＝∠C　…①

BC＝BA이므로 ∠C＝∠A　…②

①, ②로부터 ∠A＝∠B＝∠C

즉, 정삼각형의 세 각은 같다.

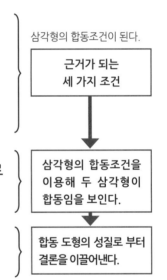

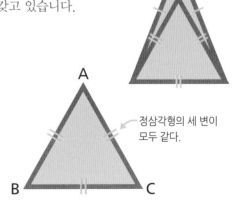

정삼각형의 세 변이
모두 같다.

▶ 삼각형의 합동증명 ②

AB = AC, ∠B = 70°인 이등변삼각형 ABC를 이등분하려면 오른쪽의 (가), (나)처럼 두 가지로 나누는 법을 생각할 수 있습니다.

삼각형 ABC를 합동인 두 삼각형으로 나눈다는 조건이 붙으면, 이 조건을 충족시키는 것은 (가)입니다.

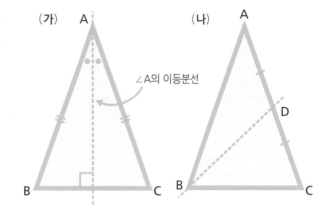

(가)에서 나눈 두 삼각형은 합동

증명 △ABD와 △ACD에서 AD는 ∠A의 이등분선이므로

$$\angle BAD = \angle CAD \quad \cdots ①$$

가정에서 $AB = AC \quad \cdots ②$

또한 AD는 공통이므로

$$AD = AD \quad \cdots ③$$

①, ②, ③에서 두 쌍의 변과 그 끼인각이 각각 같으므로

$$\triangle ABD \equiv \triangle ACD$$

위에서 증명된 △ABD ≡ △ACD로 부터 합동인 도형의 대응하는 변과 대응하는 각이 같으므로 BD = CD, ∠ADB = ∠ADC를 이끌어낼 수 있습니다. 또한 ∠ADB + ∠ADC = 180°이므로 ∠ADB = 90°, 즉 AD⊥BC를 이끌어낼 수 있습니다.

> 이등변삼각형의 꼭지각 이등분선은 밑변을 수직으로 이등분한다.

(나)에서 나눈 두 삼각형은?

△BAD와 △BCD에서

AD = CD…①, BD는 공통이므로, BD = BD…②

두 쌍의 변과 그 끼인각이 같다고 하는 삼각형의 합동조건을 충족시키려면, ∠ADB와 ∠CDB가 같아야 하는데 그렇지 않습니다. 따라서, △BAD와 △BCD는 합동이라고 할 수 없습니다.

> △BAD와 △BCD의 모양은 같지 않지만, 두 삼각형의 넓이는 같아요. 밑변을 AD, CD라고 하면 AC와 꼭짓점 B와의 거리가 높이가 되므로 AD = CD이고, 높이가 같으므로 △BAD와 △BCD의 넓이는 같은 거예요.

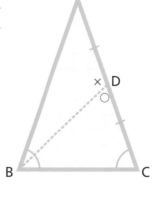

삼각형의 닮음

크기는 다르지만 모양이 같은 두 도형을 닮았다고 합니다.

▶ 닮은 도형

도형을 일정한 비율로 확대 또는 축소한 도형을 원래의 도형과 **닮음**이라고 합니다. 닮은 도형에서는 대응하는 선분의 길이 비가 모두 같고, 대응하는 각의 크기가 각각 같습니다.

서로 닮은 두 도형에서 대응하는 선분의 길이 비를 '닮음비'라고 합니다.

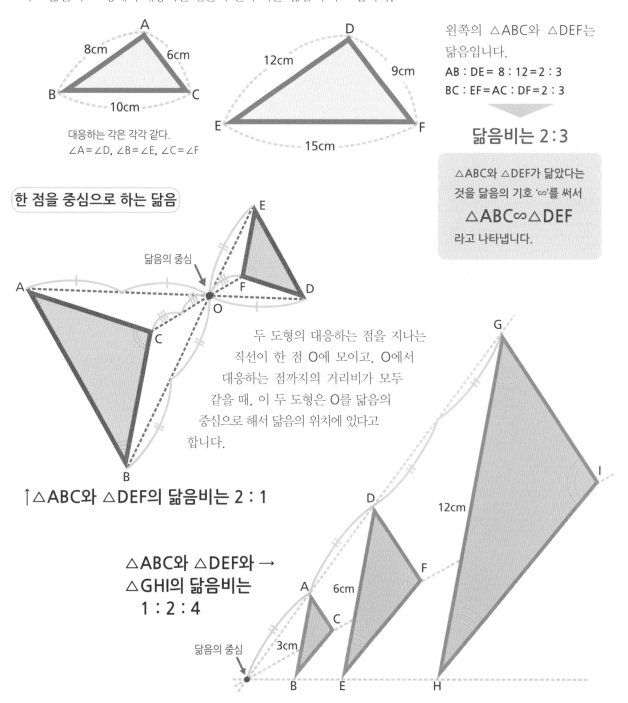

왼쪽의 △ABC와 △DEF는 닮음입니다.

AB : DE = 8 : 12 = 2 : 3
BC : EF=AC : DF=2 : 3

닮음비는 2 : 3

△ABC와 △DEF가 닮았다는 것을 닮음의 기호 '∽'를 써서

△ABC∽△DEF

라고 나타냅니다.

대응하는 각은 각각 같다.
∠A=∠D, ∠B=∠E, ∠C=∠F

한 점을 중심으로 하는 닮음

닮음의 중심

두 도형의 대응하는 점을 지나는 직선이 한 점 O에 모이고, O에서 대응하는 점까지의 거리비가 모두 같을 때, 이 두 도형은 O를 닮음의 중심으로 해서 닮음의 위치에 있다고 합니다.

↑△ABC와 △DEF의 닮음비는 2 : 1

△ABC와 △DEF와 →
△GHI의 닮음비는
1 : 2 : 4

닮음의 중심

삼각형의 닮음 조건

모든 변의 길이와 모든 각의 크기를 몰라도 두 삼각형이 닮았는지, 닮지 않았는지를 알 수 있습니다. 합동인 도형과는 달리 모양이 같으면 닮은 삼각형이므로 세 쌍의 변의 비, 두 쌍의 변의 비와 그 끼인각, 두 쌍의 각 중 어느 하나의 조건이 같다면 닮음이라고 할 수 있습니다. 다음의 ①~③ 중 어느 하나라도 성립할 때 두 삼각형은 닮음입니다.

① 세 쌍의 대응하는 변의 길이 비가 모두 같다.

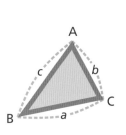
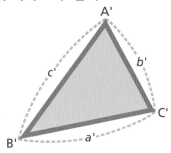

$a : a' = b : b' = c : c'$
이면
△ABC∽△A'B'C'

② 두 쌍의 대응하는 변의 길이 비가 각각 같고, 그 끼인각의 크기가 같다.

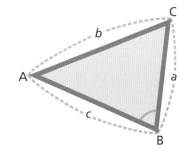
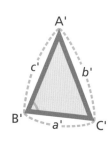

$a : a' = c : c'$
∠B = ∠B'라면
△ABC∽△A'B'C'

③ 두 쌍의 대응각 크기가 같다.

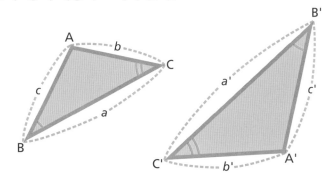

∠B = ∠B'
∠C = ∠C'라면
△ABC∽△A'B'C'

직각삼각형의 닮음 조건

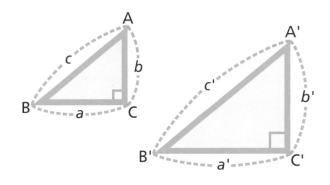

① 빗변과 다른 한 변의 비가 각각 같다.
$c : c' = a : a'$ ($c : c' = b : b'$)라면
△ABC∽△A'B'C'

② 한 쌍의 예각이 같다.
∠A = ∠A' (∠B = ∠B')라면
△ABC∽△A'B'C'
＊∠C = ∠C' = 90°가 조건입니다.

▶ 닮음의 증명 ①

두 삼각형이 닮았다는 것을 증명하기 위해서는 가정과 근거가 되는 조건을 보이고, 삼각형의 닮음 조건 중 어느 것을 이용하면 닮음이라고 할 수 있을지를 생각해서 두 삼각형이 닮음이라는 것을 이끌어내야 합니다.

다음 그림에서 △ABC와 △EFD가 닮음이라는 것을 증명하겠습니다.

AB = 4 + 3 = 7(cm), BC = 5 + 5 = 10(cm)
CA = 4.2 + 3.8 = 8(cm)입니다.

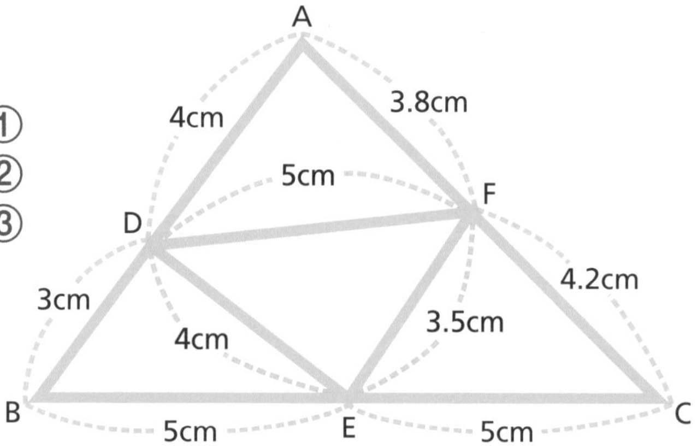

증명

△ABC와 △EFD에서
AB : EF = 7 : 3.5 = 2 : 1 …①
BC : FD = 10 : 5 = 2 : 1 …②
CA : DE = 8 : 4 = 2 : 1 …③
①, ②, ③에서 세 쌍의 변의 비가
모두 같으므로
△ABC∽△EFD

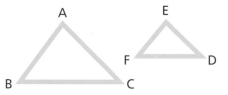

왼쪽과 같이 △EFD의 위치나 방향을 바꿔 보면 대응하는 변의 쌍을 알기 쉬워요.

다음 그림에서 △ABC와 △DEC가 닮음이라는 것을 증명합니다.

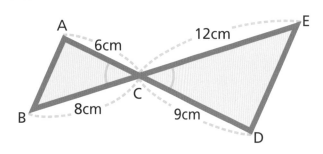

증명

△ABC와 △DEC에서
AC : DC = 6 : 9 = 2 : 3 …①
BC : EC = 8 : 12 = 2 : 3 …②
맞꼭지각은 같으므로
∠ACB = ∠DCE   …③
①, ②, ③에서 두 쌍의 변의 비와
그 끼인각이 각각 같으므로
△ABC∽△DEC

다음 그림 △ABC의 점 B, C에서 AC, AB에 각각 수선을 그을 때 △ABD와 △ACE가 닮음이라는 것을 증명합니다.

증명

△ABD와 △ACE에서
BD⊥AC, ∠BDA = 90°
CE ⊥AB, ∠CEA = 90°
따라서 **∠BDA = ∠CEA   …①**
∠A는 공통이므로
∠BAD = ∠CAE   …②
①, ②에서 두 쌍의 각이 각각 같으므로
△ABD∽△ACE

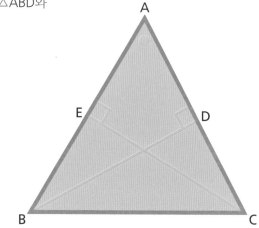

▶ 닮음의 증명 ②

다음 ∠A = 90°인 직각삼각형 ABC에서 점 A에서 변 BC에 수선 AD를 그을 때 △ABC와 △DBA가 닮음이라는 것을 증명하겠습니다.

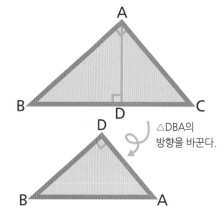

증명

△ABC와 △DBA에서

가정해서   ∠BAC = 90°

AD⊥BC에서   ∠BDA = 90°

따라서   ∠BAC = ∠BDA   ···①

∠B는 공통이므로 ∠ABC = ∠DBA   ···②

   ①, ②에서 두 쌍의 각이 각각 같으므로

△ABC∽△DBA

△DBA의 방향을 바꾼다.

다음의 직각삼각형 ABC에서 △DBA와 △DAC가 닮음이라는 것을 증명합니다.

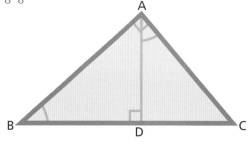

증명

△DBA와 △DAC에서

∠BDA = ∠ADC = 90°   ···①

∠DBA = 90° – ∠DAB

∠DAC = 90° – ∠DAB

   따라서

∠DBA = ∠DAC   ···②

   ①, ②에서 두 쌍의 각이 각각 같으므로

△DBA∽△DAC

△DBA + △DAB = 90°,
△DAB와 △DAC + 90°이므로
②가 나와요.

다음 그림처럼 △ABC의 변 BC에서 점 D를 취하고, △ABC와 △DBA∽ADE가 되도록 점 E를 취해 점 E와 C를 연결할 때 △ABD∽△ACE가 된다는 것을 증명합니다.

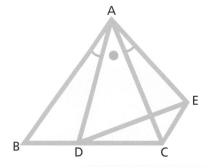

증명

△ABC∽△ADE에서 대응하는 변의 비는 같으므로

AB : AD = AC : AE   ···①

   또한 대응하는 각이 같으므로

∠BAC = ∠DAE   ···②

   △ABD와△ACE에서

∠BAD = ∠BAC – ∠DAC ···③

∠CAE = ∠DAE – ∠DAC ···④

   ②, ③, ④로부터

∠BAD = ∠CAE   ···⑤

   ①, ⑤로부터 두 쌍의 변의 비와 그 끼인각이 각각 같으므로

△ABC∽△ACE

△ABC∽△ADE에서
∠BAC = ∠DAE이므로
∠BAC를 점 A를 중심으로 해서 ∠BAD만 오른쪽으로 회전했다고 할 수 있어요.

원

원은 하나의 점으로부터 일정한 거리에 있는 점이 모인 도형입니다.

▶ 여러 성질을 가진 원

한 점 O에서 일정한 거리에 있는 점의 집합은 그 점 O을 중심으로 하는 원주가 됩니다. 원은 점 O에서 일정 거리에 있는 곡선으로, 원주 위의 어느 점도 중심 O에서 같은 거리에 있습니다.

원은 절반으로 접으면 완전히 겹치는 선대칭 도형입니다. 그 절반을 접은 선이 대칭축으로, 원에는 대칭축이 무수히 많습니다. 또한 원은 회전해도 같은 모양이므로 회전 대칭 도형이기도 합니다.

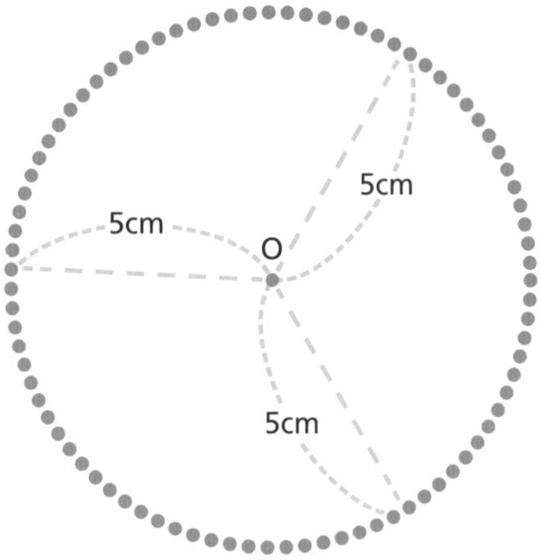

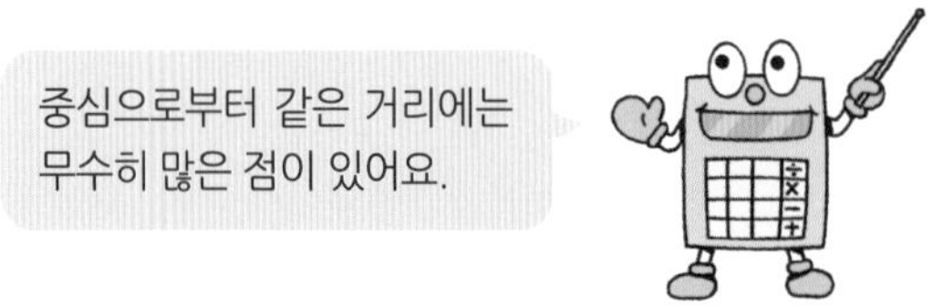

중심으로부터 같은 거리에는 무수히 많은 점이 있어요.

5cm
5cm
5cm
O

원주 위의 점 P와 지름의 양끝 AB를 이어 생긴 원주각(108쪽)은 모두 직각

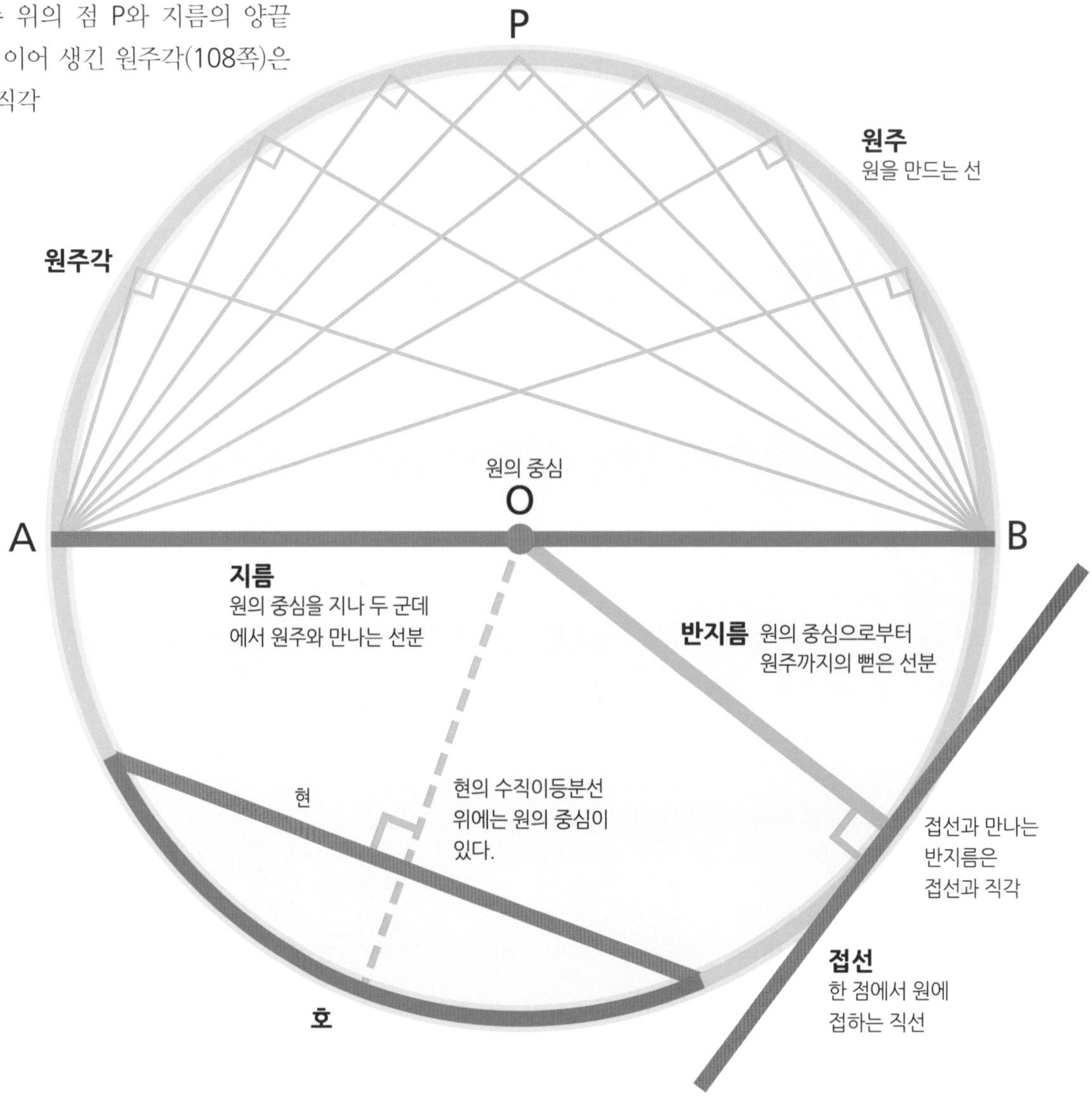

P

원주각

원주
원을 만드는 선

원의 중심
O

A

B

지름
원의 중심을 지나 두 군데에서 원주와 만나는 선분

반지름 원의 중심으로부터 원주까지의 뻗은 선분

현

현의 수직이등분선 위에는 원의 중심이 있다.

접선과 만나는 반지름은 접선과 직각

접선
한 점에서 원에 접하는 직선

호

▶ 원의 부분

원에는 지름, 반지름, 원주를 비롯해 여러 부분이 있는데, 각 부분에는 그 명칭과 독특한 성질이 있습니다.

호
원주의 일부분, 원주 위의 두 점 A, B 사이의 부분을 호 AB라 하고, $\widehat{AB}$라고 쓴다.

현
원주 위의 두 점을 잇는 선분. 원주 위의 두 점 A, B(AB의 양끝 점)를 잇는 선분을 현 AB라 한다.

활꼴
현과 호로 둘러싸인 도형

중심각
원주 위의 두 점과 원의 중심 O를 연결해 생기는 각. 원의 중심 O와 원주 위의 두 점 A, B를 연결하면 ∠AOB가 생긴다. 이 ∠AOB를 호 $\widehat{AB}$에 대한 중심각이라고 한다.

부채꼴
원의 두 반지름과 호로 둘러싸인 도형. 반지름 OC, OD, 호 $\widehat{CD}$에 둘러싸인 도형을 부채꼴 OCD라고 한다.

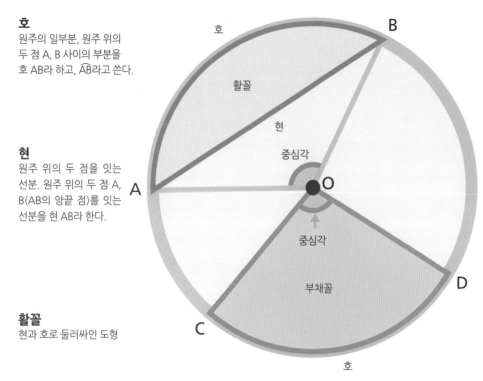

▶ 원주율

원주가 지름의 몇 배가 되는지를 나타내는 상수를 **원주율**이라 하고, π(파이)라는 문자를 사용해 나타냅니다. 원주율 π는 초·중학교에서는 3.14로 사용됩니다. 또한 원주나 원의 넓이 공식을 비롯한 원의 공식에 많이 사용됩니다.

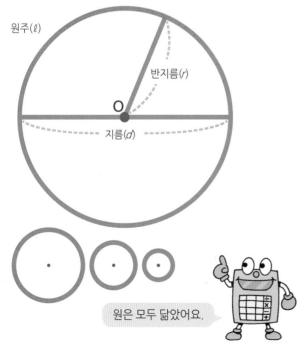

원은 모두 닮았어요.

원주를 구하는 식

원주의 길이는 지름과 원주율을 이용해 구할 수 있습니다.

원주=지름×원주율=$\pi d=2\pi r$

또한 원주율을 3.14로 하면

원주=지름×3.14

지름(d)가 4cm인 원주의 길이(ℓ)은

$\ell = 4 \times 3.14 = 12.56\text{(cm)}$

지름을 구하는 식

지름은 원주의 길이와 원주율을 이용해 구할 수 있습니다.

지름=원주÷원주율 $d = \dfrac{\ell}{\pi}$

원주(ℓ)가 25.12cm인 원주의 지름(d)은

$d = 25.12 \div 3.14 = 8\text{(cm)}$

▶ 원주각의 정리

원 O에서 A, B를 제외한 원주 위의 점을 P라고 할 때, ∠APB를 호 $\overset{\frown}{AB}$에 대한 **원주각**이라고 합니다. 또한 $\overset{\frown}{AB}$를 원주각 ∠APB에 대한 호라고 합니다.

원주각의 정리

1개의 호에 대한 원주각의 크기는 일정하며, 그 호에 대한 중심각의 절반이다.

$$원주각 = \frac{1}{2} \times 중심각$$

⬇

$$중심각 = 원주각 \times 2$$

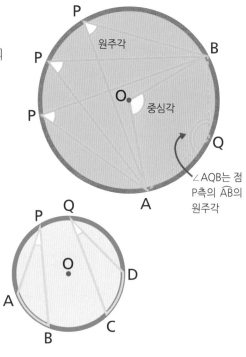

∠AQB는 점 P측의 $\overset{\frown}{AB}$의 원주각

원주각과 호

하나의 원에서 같은 호에 대한 원주각은 같고, 같은 원주각에 대한 호도 같다는 성질이 성립합니다.

오른쪽 그림에서 $\overset{\frown}{AB} = \overset{\frown}{CD}$라면 ∠APB = ∠CQD
∠APB = ∠CQD라면 $\overset{\frown}{AB} = \overset{\frown}{CD}$

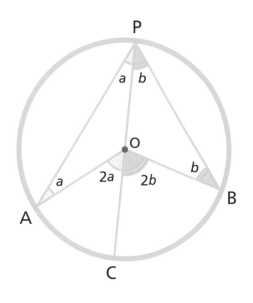

원주각의 정리 증명

왼쪽 그림처럼 지름 PC를 긋고, ∠OPA = ∠a, ∠OPB = ∠b라고 한다.

OP = OA이므로 ∠OAP = ∠OPA = ∠a

∠AOC = ∠OPA + ∠OAP = 2∠a

마찬가지로 ∠BOC = 2∠b

따라서 ∠AOB = 2 (∠a + ∠b)

∠APB = ∠a + ∠b이므로

$$∠APB = \frac{1}{2}∠AOB$$

지름과 원주각의 정리

반원의 호에 대한 중심각은 180°이므로 원주각은 90°가 됩니다.

〈정리〉
선분 AB를 지름으로 하는 원주 위에 A, B와 다른 점 P를 취할 때 ∠APB = 90°이다.

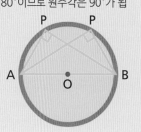

원주각 정리의 역

네 점 A, B, P, Q에 대해 P, Q가 직선 AB와 같은 쪽에 있어서 ∠APB = ∠AQB라면 이 네 점은 하나의 원주 위에 있게 된다.

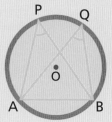

▶ 원에 내접하는 사각형

사각형의 네 꼭짓점이 하나의 원주 위에 있을 때, 이 사각형은 '원에 **내접한다**'라고 합니다.

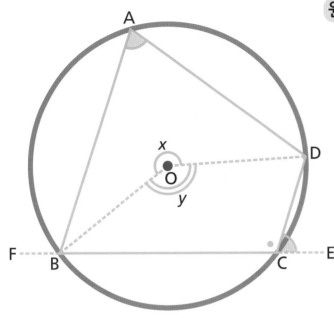

원에 내접하는 사각형의 성질

① 마주보는 내각의 합은 180°가 된다.

② 하나의 내각은 그것과 마주보는 내각 옆에 있는 외각과 같다.

왼쪽 그림에서 반지름 OB, OD가 만드는 각을 ∠x, ∠y라 하면 원주각의 정리에서

$$\angle A = \frac{1}{2}\angle x, \quad \angle BCD = \frac{1}{2}\angle y$$

따라서 $\angle A + \angle BCD = \frac{1}{2}(\angle x + \angle y)$

∠x+∠y=360°이므로

$$\angle A + \angle BCD = \frac{1}{2} \times 360° = 180°$$

∠BCD의 외각을 ∠DCE라 하면

∠BCD+∠DCE=180°이므로

∠A=∠DCE

▶ 두 현의 곱에 대한의 정리

원의 두 현 AB와 CD가 원내의 점 P에서 만날 때, 또는 현 AB와 CD의 연장이 원 바깥의 점 P에서 만날 때,

PA × PB = PC × PD가 성립합니다.

[그림 1]에서 원주각의 정리와 맞꼭지각이 같다는 점으로부터

△PAC ∽ △PDB

두 삼각형이 대응하는 변의 비는 같으므로,

PA : PD = PC : PB, 따라서 PA × PB = PC × PD

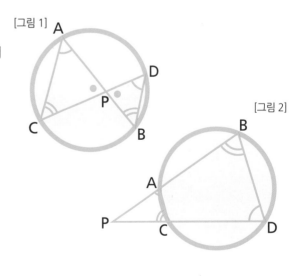

[그림 1]

[그림 2]

[그림 2]에서 원에 내접하는 사각형의 성질로부터

∠PAC = ∠CDB (또는 ∠PCA = ∠ABD)

∠APC = ∠DPB (공통의 각)이므로,

△PAC ∽ △PDB

두 삼각형이 대응하는 변의 비는 같으므로,

PA : PD = PC : PB, 따라서 PA × PB = PC × PD

원의 중심을 작도로 구한다

현의 수직이등분선은 원의 중심을 지난다는 성질을 이용합니다. 두 현의 수직이등분선을 그리고, 그 교점을 원의 중심으로 해서 구할 수 있습니다.

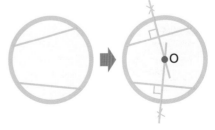

▶ 원의 접선

하나의 직선이 원주 위의 한 점에서 만날 때 이 직선은 **원에 접한다**고 합니다. 이 직선을 원의 **접선**이라 하고, 원과 직선이 접하는 점을 **접점**이라고 합니다.

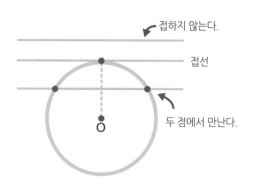

접하지 않는다.

접선

두 점에서 만난다.

두 원의 접선

하나의 직선이 두 원에 동시에 접할 때, 이 직선을 두 원의 **공통 접선**이라고 합니다.

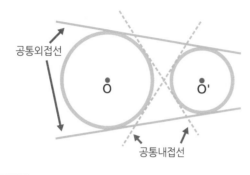

공통외접선

공통내접선

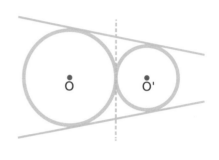

접선의 성질

접선

접점

원의 접선은 접점을 지나는 반지름에 수직입니다. 원 밖의 점 P에서 원 O에 접하는 접선은 2개 있습니다.

점 P에서 접선 A, B까지의 길이 PA, PB를 '접선의 길이'라고 합니다.

점 P와 중심 O를 연결하면 직각삼각형 OPA, OPB가 생겨, 접선의 길이 PA나 두 점 P, O의 거리 등을 피타고라스 정리를 이용해 구할 수 있습니다.

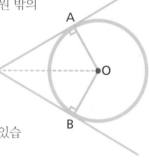

접선의 길이 구하는 법

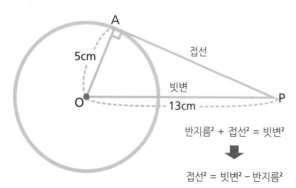

5cm

접선

빗변

13cm

P

O

반지름² + 접선² = 빗변²

↓

접선² = 빗변² − 반지름²

△OPA는 ∠A = 90°인 직각삼각형이므로 피타고라스 정리를 이용해 빗변 OP와 반지름 OA의 길이를 구할 수 있어요.

△OPA는 직각삼각형이므로 피타고라스 정리에서

$$OA^2 + AP^2 = OP^2$$

반지름 OA = 5cm, 빗변 OP = 13cm를 대입하면

$$5^2 + AP^2 = 13^2$$

이로부터 AP² 값은

$$AP^2 = 13^2 - 5^2 = 169 - 25$$

$$= 144$$

따라서 $AP = \sqrt{144} = \sqrt{12^2}$

$= 12$ ← AP > 0이므로 양의 제곱근

접선 AP의 길이는 12cm

원의 접선 그리기

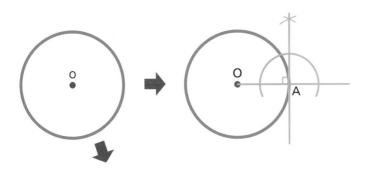

원의 접선은 접점을 지나는 반지름에 수직이므로 점 A를 지나, 반직선 OA에 수직인 직선을 그으면 된다.

점 A를 중심으로 해서 원을 그린다. 반직선 OA와의 교점을 중심으로 해서 같은 반지름의 원을 각각 그리고, 그 교점과 점 A를 직선으로 연결한다.

원 바깥의 점에서 접선 그리기

①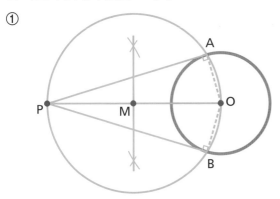

원 바깥의 점 P와 원의 중심 O를 연결하고, 선분 PO의 중점 M을 그린다.

점 M을 중심으로 반지름 PM의 원을 그리고, 원 O와의 교점을 A, B로 해서 중심 O와 A, B를 연결한다. 그리고 점 P와 A, B도 연결한다.

∠PAO, ∠PBO는 원 M의 지름 PO의 원주각이므로 ∠PAO = ∠PBO = 90°이다. 따라서 PA, PB는 각각 A, B를 접점으로 하는 원 O의 접선이 된다.

②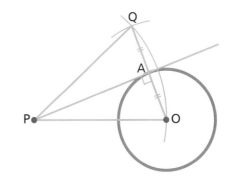

원 바깥의 점 P와 원의 중심 O를 연결하고, 점 P를 중심으로 반지름 PO인 원을 그린다. 그런 다음, O를 중심으로 하고, 원 O의 지름을 반지름으로 해서 원을 그리고, 원 P와의 교점을 Q라고 한다. Q와 O를 잇고, OQ와 원 O와의 교점을 A라고 한다.

∠POQ는 PO = PQ인 이등변삼각형으로 밑변 OQ를 이등분하는 PA는 OQ의 수직이등분선이고 ∠PAO = 90°이다. 따라서 PA는 점 A를 접점으로 하는 원 O의 접선이 된다.

▶ 접선과 현이 만드는 각

원의 현과 그 한쪽 끝을 지나는 접선이 만드는 각은 그 각 내에 있는 호에 대한 원주각과 같다는 성질이 있습니다. 이를 **탄젠트 정리**라 하기도 합니다.

오른쪽 그림에서 점 B를 접점으로 하는 접선 BT와 현 BC가 만드는 ∠CBT는 그 각의 내부 호 BC에 대한 원주각인 ∠BAC와 같다.

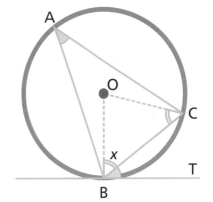

△OBC는 이등변삼각형으로 밑각을 ∠x라 하면,
∠BOC = 180° − 2∠x이므로 ∠BAC = 90° − ∠x
그리고 ∠OBT = 90°이므로 ∠CBT = 90° − ∠x
따라서 ∠CBT = ∠BAC

▶ 원의 넓이

원주로 둘러싸인 평면의 넓이를 '원의 넓이'라고 합니다. 원의 넓이는 반지름에 비례합니다.

오른쪽 그림처럼 원을 같은 크기의 부채꼴로 등분해서 가로로 나란히 늘어 놓아보겠습니다. 원을 16등분, 32등분, 64등분하면 부채꼴이 점점 작아져 나열된 모양이 직사각형이 됩니다.

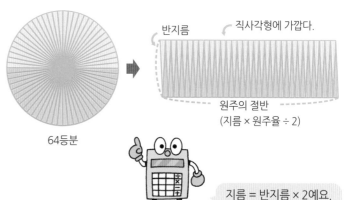

16등분한 부채꼴

16등분

직사각형의 넓이 = 세로 × 가로

이 식의 세로에 반지름, 가로에 원주의 절반을 붙이면 직사각형의 넓이, 즉 원의 넓이는

반지름 × 원주 ÷ 2

= 반지름 × 지름 × 원주율 ÷ 2

= 반지름 × 반지름 × 2 × 원주율 ÷ 2

= 반지름 × 반지름 × 원주율

원의 반지름을 r, 원주율을 π(=3.14)라고 하면

원의 넓이 = πr^2 = 3.14 × r^2

64등분

반지름

직사각형에 가깝다.

원주의 절반
(지름 × 원주율 ÷ 2)

지름 = 반지름 × 2예요.

원의 넓이를 구한다

원의 넓이는 위의 공식에 반지름의 길이 값을 대입해 구할 수 있습니다. 넓이의 단위는 반지름의 길이 단위에 따라 cm^2, m^2, km^2 등을 사용합니다.

오른쪽 원의 넓이는 반지름이 3cm이므로

원의 넓이 = 3.14 × 3^2

= 3.14 × 9

= 28.26 (cm^2)

반지름(r)

3cm

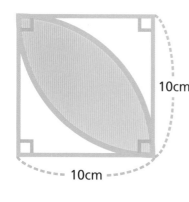

10cm

10cm

왼쪽 그림의 오렌지색 부분 넓이를 구하려면 오른쪽 그림처럼 대각선으로 이등분된 활꼴의 넓이를 먼저 구해야 합니다.

$$3.14 × 10^2 × \frac{1}{4} - 10 × 10 × \frac{1}{2} = 28.5 (cm^2)$$

원의 $\frac{1}{4}$의 넓이   직각삼각형의 넓이

오렌지색 부분의 넓이는 28.5 × 2 = 57 (cm^2)

▶ 부채꼴의 넓이

부채꼴은 원의 반지름 2개와 호로 둘러싸인 도형으로 원의 일부분입니다. 부
채꼴의 넓이는 반지름의 길이와 중심각의 크기에 의해 결정됩니다. 중심각은 호의
양끝 2개의 반지름으로 생긴 각입니다. 호의 길이는 중심각의 크기에 비례합니
다. 원주와 중심각으로 호의 길이를 구할 수 있습니다.

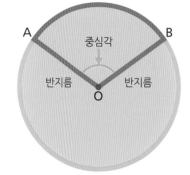

$$\frac{호의길이}{원주} = \frac{중심각}{360} \Rightarrow 호의 \ 길이 = 원주 \times \frac{중심각}{360}$$

부채꼴의 넓이도 중심각의 크기에 비례하므로 원의 넓이와
중심각으로 부채꼴의 넓이를 구할 수 있습니다.

위의 그림에서 부채꼴은 위쪽 작은
것과 아래쪽 큰 것 2개예요.

$$\frac{부채꼴의 \ 넓이}{원의 \ 넓이} = \frac{중심각}{360} \Rightarrow 부채꼴의 \ 넓이 = 원의 \ 넓이 \times \frac{중심각}{360}$$

부채꼴의 넓이를 구한다

반지름이 5cm, 중심각이 72°인 부채꼴의 넓이를 구해보겠습니다.
원의 넓이 = 3.14 × 5² = 78.5(cm²)
부채꼴의 넓이를 구하는 식에 원의 넓이와 중심각을 대입해서

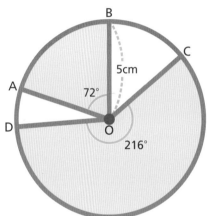

부채꼴의 넓이 = 78.5 × $\frac{72}{360}$ ← 중심각
　　　　　　　　　원의 넓이┘
　　　　　　= 15.79(cm²)

반지름이 5cm, 중심각이 216°인 부채꼴의 넓이는 반지름이 같고 중심
각이 72°인 부채꼴의 넓이를 기준으로 다음과 같이 구할 수 있습니다.

부채꼴의 넓이 = 15.7 × $\frac{216}{72}$ = 47.1(cm²)
　　　　↑　　　　　　　　　　　
　　　OCD　　　216°는 72°의 $\frac{216}{72}$ = 3(배)

반지름이 같은 부채꼴의
넓이는 중심각에 비례해요.

▶ 원, 부채꼴의 넓이의 비

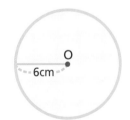

원의 넓이는 반지름의 제곱에 비례한다.

원 O와 O′의 닮음비는 6 : 4 = 3 : 2
원 O와 O′의 넓이의 비는 $\pi \times 6² : \pi \times 4²$
　　　　　　　　　　　 = 36 : 16 = 9 : 4
　　　　　　　　　　　 = 3² : 2²

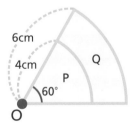

부채꼴 P와 Q의 닮음
비는 **2 : 3**
넓이의 비는,
4 : 9 = 2² : 3²

$$\pi \times 4² \times \frac{60}{360} : \pi \times 6² \times \frac{60}{360}$$

닮음비 $m : n$ ➡ 넓이의 비 $m² : n²$

입체

세로, 가로, 높이의 삼차원 공간을 갖는 모양

▶ 다양한 입체

평면으로 둘러싸인 입체를 **다면체**라고 합니다.

각기둥…두 밑면은 합동인 다각형으로 서로 평행하고, 그 주위를 사각형의
옆면으로 둘러싸고 있는 도형

각뿔…밑면이 다각형이고, 옆면이 삼각형인 뿔 모양의 입체 도형

다면체가 아닌 입체에는 **원기둥**, **원뿔**, **구** 등이 있습니다.

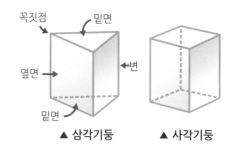

▲ 삼각기둥 ▲ 사각기둥

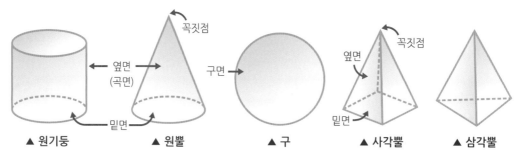

▲ 원기둥 ▲ 원뿔 ▲ 구 ▲ 사각뿔 ▲ 삼각뿔

다면체 중 모든 면이 합동인 정다각형으로 어느 꼭짓점에 모인 면의 수도 같고, 움푹 패인 곳이 없는 것을 '정다면체'라고 합니다. 정다면체는 다음 다섯 가지 종류가 있습니다.

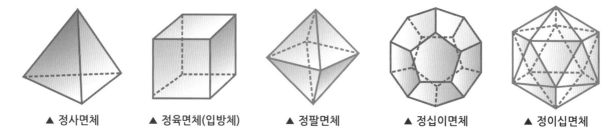

▲ 정사면체 ▲ 정육면체(입방체) ▲ 정팔면체 ▲ 정십이면체 ▲ 정이십면체

▶ 입체를 보는 다양한 방법

① 각기둥이나 원기둥은 1개의 다
각형이나 원을 그 면에 수직인
방향으로 일정한 거리만큼 평행
으로 움직여서 생긴 입체라고 볼
수 있습니다.

② 원기둥, 원뿔, 구 등은 1개의 평
면도형을 그 평면 위의 직선 주
위에 한 번 회전시켜 생긴 입체
(회전체)라고 볼 수 있습니다.

③ 원뿔의 옆면은 밑면의 원주 위의
점과 꼭짓점을 잇는 선분이 움직
여 생긴 것이라고 볼 수 있습니다.

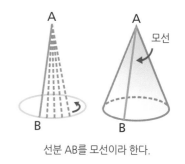

선분 AB를 모선이라 한다.

▶ 전개도

입체 전체의 모양을 알 수 있도록 그린 그림을 '겨냥도'라 하고, 입체를 전개해서 평면 위에 펼쳐놓은 그림을 **전개도**라고 합니다.

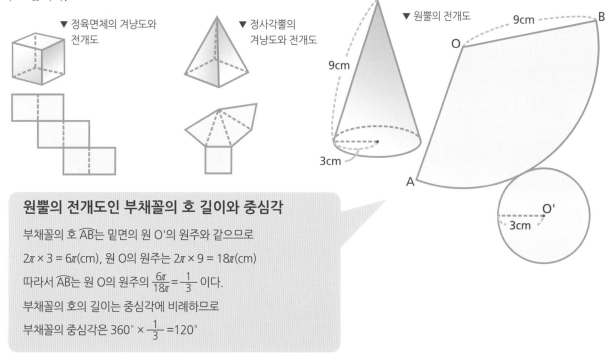

▼ 정육면체의 겨냥도와 전개도

▼ 정사각뿔의 겨냥도와 전개도

▼ 원뿔의 전개도

9cm

9cm

3cm

A

B

O

O'

3cm

원뿔의 전개도인 부채꼴의 호 길이와 중심각

부채꼴의 호 $\widehat{AB}$는 밑면의 원 O'의 원주와 같으므로

$2\pi \times 3 = 6\pi$(cm), 원 O의 원주는 $2\pi \times 9 = 18\pi$(cm)

따라서 $\widehat{AB}$는 원 O의 원주의 $\dfrac{6\pi}{18\pi} = \dfrac{1}{3}$ 이다.

부채꼴의 호의 길이는 중심각에 비례하므로

부채꼴의 중심각은 $360° \times \dfrac{1}{3} = 120°$

▶ 투영도

입체를 어느 방향에서 보고 평면 위에 투사하며 나타낸 그림을 **투영도**라 하고, 바로 위에서 바라 본 그림을 **평면도**, 정면에서 본 그림을 **입면도**라고 합니다. 투영도는 입면도와 평면도로 나타냅니다.

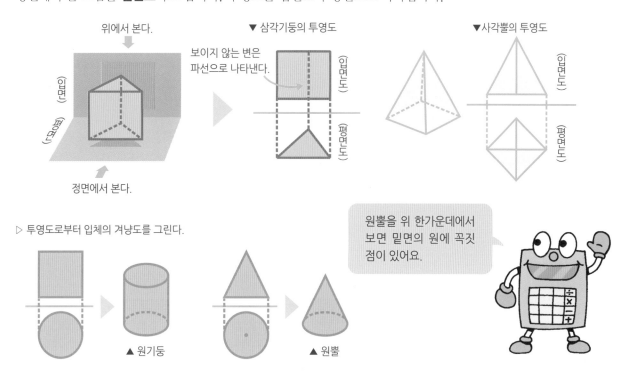

위에서 본다.

(입면)

(평면)

정면에서 본다.

보이지 않는 변은 파선으로 나타낸다.

▼ 삼각기둥의 투영도

(입면도)

(평면도)

▼사각뿔의 투영도

(입면도)

(평면도)

▷ 투영도로부터 입체의 겨냥도를 그린다.

▲ 원기둥

▲ 원뿔

원뿔을 위 한가운데에서 보면 밑면의 원에 꼭짓점이 있어요.

입체의 부피

입체도형이 공간에서 차지하는 크기

공간에서 차지하는 크기를 부피라 하고, 길이의 단위 cm, m 등에 따라 cm³, m³ 등의 단위를 사용합니다. 직육면체나 정육면체의 부피는 1cm³인 정육면체의 몇 개 크기인가라고 생각할 수 있지만, 다른 입체에서는 (밑넓이)×(높이)로 부피를 구합니다.

▶ 직육면체의 부피

1cm³인 정육면체가 세로, 가로, 높이에 각각 몇 개 나열되어 있는지 생각해 부피가 1㎤인 정육면체 몇 개인지를 구한다.

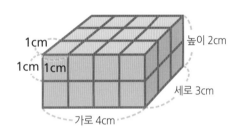

직육면체의 부피 = 세로 × 가로 × 높이
$$= 3 \times 4 \times 2$$
$$= 24\,(\text{cm}^3)$$

▶ 원기둥의 부피

원의 부피를 V, 밑넓이를 S, 높이를 h라 하면,
$$V = sh\text{가 된다.}$$

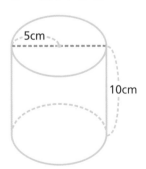

왼쪽 원기둥의 밑넓이는
$$S = \pi r^2$$
$$= 3.14 \times 5^2$$
$$= 78.5\,(\text{cm}^2)$$

원기둥의 부피 V는
$$V = Sh$$
$$= 78.5 \times 10$$
$$= 785\,(\text{cm}^3)$$

원기둥으로 뚫은 가운데 원기둥의 부피
$$(\pi r_2^2 - \pi r_1^2)h$$
$$= \pi(r_2^2 - r_1^2)h$$

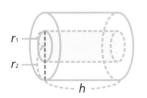

▶ 각기둥의 부피

밑면이 직사각형인 사각기둥은 직육면체이므로, 부피를 V라 하면
$$V = abh$$

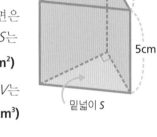

ab는 사각기둥의 밑넓이로, 이것을 S라 하면
$$V = sh\text{가 된다.}$$

오른쪽 삼각기둥의 밑면은 직각삼각형이므로 밑넓이 S는
$$S = \frac{1}{2} \times 4 \times 3 = 6\,(\text{cm}^2)$$

따라서 삼각기둥의 부피 V는
$$V = Sh = 6 \times 5 = 30\,(\text{cm}^3)$$

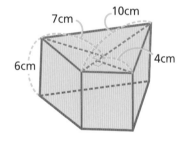

밑넓이 S

오른쪽 그림의 사각기둥 부피도 밑넓이에 높이를 곱해 구할 수 있습니다. 밑면의 사각형을 대각선을 그어 두 삼각형으로 나누고, 두 삼각형의 넓이의 합을 밑넓이로 해서 구합니다.

밑넓이 S는
$$S = \frac{1}{2} \times 10 \times 7 + \frac{1}{2} \times 10 \times 4 = 55\,(\text{cm}^2)$$

따라서 사각기둥의 부피 V는
$$V = Sh = 55 \times 6 = 330\,(\text{cm}^3)$$

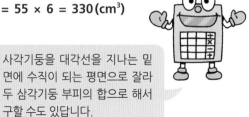

사각기둥을 대각선을 지나는 밑면에 수직이 되는 평면으로 잘라 두 삼각기둥 부피의 합으로 해서 구할 수도 있답니다.

▶ 각뿔과 원뿔의 부피

각뿔, 원뿔의 부피는 각각 밑넓이가 같고, 높이도 같은 각기둥, 원뿔 부피의 $\frac{1}{3}$이라는 것을 확인할 수 있습니다.

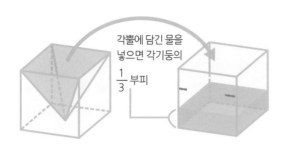
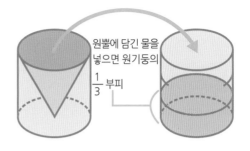

각기둥, 원뿔의 밑넓이를 S, 높이를 h라 하면, 부피 V를 구하는 식은 오른쪽과 같습니다. $V = \frac{1}{3}Sh$

사각뿔의 부피

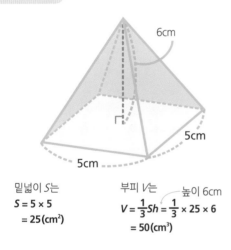

밑넓이 S는
$$S = 5 \times 5 = 25\,(\text{cm}^2)$$

부피 V는　높이 6cm
$$V = \frac{1}{3}Sh = \frac{1}{3} \times 25 \times 6 = 50\,(\text{cm}^3)$$

원뿔의 부피

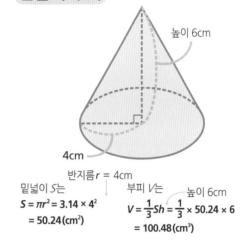

반지름 $r = 4$cm

밑넓이 S는
$$S = \pi r^2 = 3.14 \times 4^2 = 50.24\,(\text{cm}^2)$$

부피 V는　높이 6cm
$$V = \frac{1}{3}Sh = \frac{1}{3} \times 50.24 \times 6 = 100.48\,(\text{cm}^3)$$

▶ 구의 부피

구의 부피는 그 구가 완전히 들어가는 원기둥 부피의 $\frac{2}{3}$임을 알 수 있습니다.

반지름이 r인 구의 부피 V를 구하는 식은 다음과 같습니다.

$$V = \pi r^2 \times 2r \times \frac{2}{3} = \frac{4}{3}\pi r^3$$

원기둥의　원주의
밑넓이　높이

반지름이 6cm인 구의 부피 V는

$$V = \frac{4}{3}\pi r^3 = \frac{4}{3} \times 3.14 \times 6^3 = 904.32\,(\text{cm}^3)$$

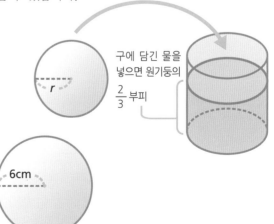

입체의 겉넓이

입체 표면 전체의 넓이

사각형이나 삼각형 등 평면으로 둘러싸인 입체 겉넓이는 각 면의 넓이의 합계로 구할 수 있습니다. 입체의 전개도를 이용하면 옆넓이과 밑넓이의 합으로 쉽게 구할 수 있습니다.

▶ 각기둥의 겉넓이

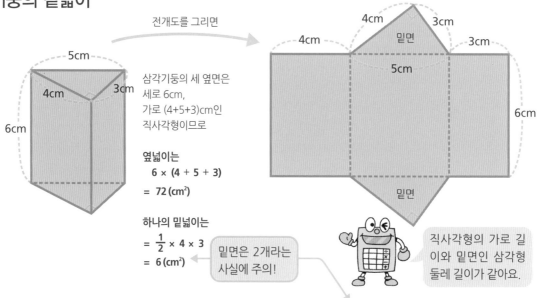

전개도를 그리면

삼각기둥의 세 옆면은
세로 6cm,
가로 (4+5+3)cm인
직사각형이므로

옆넓이는
$$6 \times (4 + 5 + 3)$$
$$= 72 \,(cm^2)$$

하나의 밑넓이는
$$= \frac{1}{2} \times 4 \times 3$$
$$= 6 \,(cm^2)$$

밑면은 2개라는 사실에 주의!

직사각형의 가로 길이와 밑면인 삼각형 둘레 길이가 같아요.

삼각기둥의 겉넓이 = 옆넓이 + 밑넓이 = 72 + 6 × 2 = 84 (cm³)

▶ 원기둥의 겉넓이

전개도를 그리면

옆면은 직사각형이 되고,
세로가 높이와 같으며, 가로가
밑면의 원주와 같으므로

옆넓이는
$$10 \times (2\pi \times 4)$$
$$= 80\pi \,(cm^2)$$

하나의 밑넓이는
$$\pi \times 4^2$$
$$= 16\pi \,(cm^2)$$

$(2\pi \times 4)$cm

직사각형의 가로 길이와 밑면의 원주가 같다.

밑면은 2개 있다.

원기둥의 겉넓이 = 옆넓이 + 밑넓이 = 80π + 16π × 2 = 112π(cm²)

* 입체의 겉넓이를 구할 경우, 원주율을 3.14로 해서 계산할 수도 있지만, 수치가 커져 버리므로 3.14를 사용하지 않고 기호 π를 그대로 사용해 나타낼 수 있습니다.

▶ 원뿔의 겉넓이

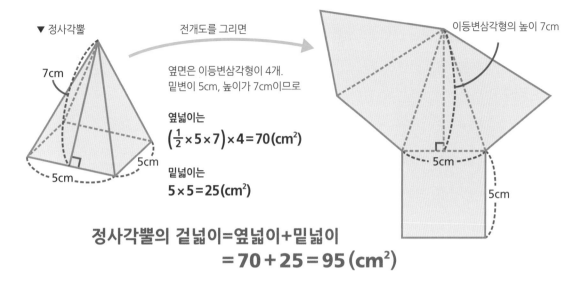

▼ 정사각뿔

전개도를 그리면

이등변삼각형의 높이 7cm

옆면은 이등변삼각형이 4개.
밑변이 5cm, 높이가 7cm이므로

옆넓이는
$$\left(\frac{1}{2} \times 5 \times 7\right) \times 4 = 70 \,(\text{cm}^2)$$

밑넓이는
$$5 \times 5 = 25 \,(\text{cm}^2)$$

정사각뿔의 겉넓이=옆넓이+밑넓이
$$= 70 + 25 = 95 \,(\text{cm}^2)$$

▶ 원뿔의 겉넓이

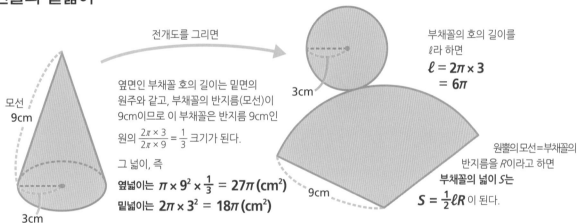

전개도를 그리면

옆면인 부채꼴 호의 길이는 밑면의
원주와 같고, 부채꼴의 반지름(모선)이
9cm이므로 이 부채꼴은 반지름 9cm인
원의 $\frac{2\pi \times 3}{2\pi \times 9} = \frac{1}{3}$ 크기가 된다.

그 넓이, 즉

옆넓이는 $\pi \times 9^2 \times \frac{1}{3} = 27\pi \,(\text{cm}^2)$
밑넓이는 $2\pi \times 3^2 = 18\pi \,(\text{cm}^2)$

부채꼴의 호의 길이를
ℓ라 하면
$$\ell = 2\pi \times 3$$
$$= 6\pi$$

원뿔의 모선=부채꼴의
반지름을 R이라고 하면
부채꼴의 넓이 S는
$$S = \frac{1}{2}\ell R \text{ 이 된다.}$$

원뿔의 겉넓이 = 옆넓이 + 밑넓이 = 27π + 18π = 45π (cm²)

▶ 구의 겉넓이

구의 겉넓이는 그 구가 완전히 들어가는 원기둥의 옆넓이와 같다는 것을 알 수 있습니다.
반지름이 r인 구의 겉넓이 S를 구하는 식은

$$S = 2r \times 2\pi r = 4\pi r^2$$

원기둥의 높이　밑면의 원주

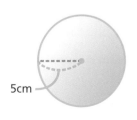

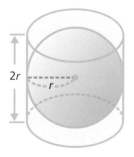

반지름 5cm인 구의 겉넓이 S는
$$S = 4\pi r^2 = 4 \times \pi \times 5^2 = 100\pi \,(\text{cm}^2)$$

삼각비

직사각형의 한 변의 길이와 직각이 아닌 한 각을 알고 있을 때 나머지 변의 길이는 삼각비를 이용해 구할 수 있습니다.

▶ 삼각비란?

∠C=90°인 직사각형 ABC에서 ∠A의 크기를 정하면 변의 길이 비가 정해집니다.

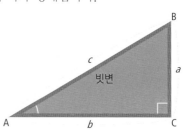

$\dfrac{BC}{AC}$ 를 ∠A의 **탄젠트**라 하고, tan A ◀── ∠A의 크기를 A로 나타낸다.

$\dfrac{BC}{AB}$ 를 ∠A의 **사인**이라 하고, sin A

$\dfrac{AC}{AB}$ 를 ∠A의 **코사인**이라 하고, cos A라고 씁니다.

이 세 비의 값, 즉 탄젠트, 사인, 코사인을 통틀어 **삼각비**라고 합니다.

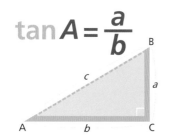
$$\tan A = \frac{a}{b}$$

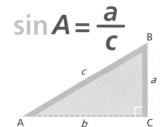
$$\sin A = \frac{a}{c}$$

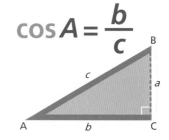
$$\cos A = \frac{b}{c}$$

아래의 직사각형에서 ∠A의 삼각비는 다음과 같습니다.

$\tan 30° = \dfrac{1}{\sqrt{3}}$

$\sin 30° = \dfrac{1}{2}$

$\cos 30° = \dfrac{\sqrt{3}}{2}$

$\tan 45° = 1$

$\sin 45° = \dfrac{1}{\sqrt{2}}$

$\cos 45° = \dfrac{1}{\sqrt{2}}$

한 예각 ∠XAY가 주어졌을 때 그 한 변 AY 위의 점 B에서 다른 변 AX에 수선 BC를 그으면 $\dfrac{BC}{AC}$, $\dfrac{BC}{AB}$, $\dfrac{AC}{AB}$ 는 각각 일정하고, 그 값은 ∠A의 크기에 의해 정해집니다.

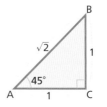

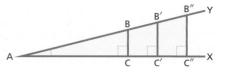

삼각비의 값에서 각의 크기를 구한다

교과서 부록에 있는 '삼각비의 표'에서 사인, 코사인, 탄젠트의 값을 찾을 수 있습니다. 예를 들면 sin A =0.6일 때 '삼각비의 표'의 사인 값 중 0.6에 가까운 값을 찾으면 sin 37°= 0.6018이라고 돼 있으므로 A는 대략 37°임을 알 수 있습니다.

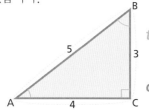

왼쪽 그림에서 ∠A와 ∠B의 크기를 구하려면

$tan\ A = \dfrac{3}{4} = 0.75$ ➡ '삼각비의 표'의 사인 값에서
$\tan 37° = 0.7536$이므로 **A는 대략 37°**

$cos\ B = \dfrac{3}{5} = 0.6$ ➡ '삼각비의 표'의 코사인 값에서
$\cos 53° = 0.6018$이므로 **B는 대략 53°**

삼각비 값으로부터 변의 길이를 구한다.

오른쪽 그림의 직각삼각형 ABC에서 $\tan A$와 b의 값을 알면

a값은 $a = b \tan A$로 구할 수 있습니다.

또한 c와 $\sin A$, $\cos A$ 값을 알면

a값은 $a = c \sin A$, b값은 $b = c \cos A$로 구할 수 있습니다.

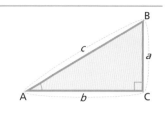

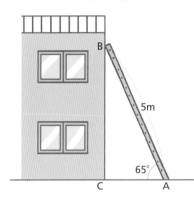

왼쪽 그림처럼 길이 5cm인 사다리 AB를 벽에 세웠더니 사다리와 지면이 만드는 각이 65°였다. 사다리 끝, 지면의 높이 BC, 사다리의 밑부분에서 벽까지의 거리 AC는 각각 몇 미터인지를 구하면

$$BC = AB\sin 65° = 5 \times \sin 65° = 5 \times 0.9063 = 4.5315 ≒ 4.5$$

$$AC = AB\cos 65° = 5 \times \cos 65° = 5 \times 0.4226 = 2.113 ≒ 2.1$$

따라서 **BC는 약 4.5m, AC는 약 2.1m**가 된다.

> ≒는 "거의 같다"는 뜻을 나타내는 기호예요.

삼각비의 상호 관계

오른쪽 위의 그림 직각삼각형 ABC에서 $\tan A = \dfrac{a}{b}$ ➡ $a = c \sin A$, $b = c \cos A$이므로

$$\tan A = \frac{c \sin A}{c \cos A} = \frac{\sin A}{\cos A}$$ ◀ 탄젠트와 사인, 코사인의 관계

또한 피타고라스 정리에서 $a^2 + b^2 = c^2$

여기에 $a = c \sin A$, $b = c \cos A$를 대입해서

$$(c \sin A)^2 + (c \cos A)^2 = c^2$$

양변을 c^2로 나눠, $(\sin A)^2 + (\cos A)^2 = 1$ ◀— $(\sin A)^2$을 $\sin^2 A$, $(\cos A)^2$을 $\cos^2 A$라고 쓴다.

$$\sin^2 A + \cos^2 A = 1$$ 사인과 코사인의 제곱의 합

∠A가 예각이고, $\sin A = \dfrac{5}{13}$일 때, $\cos A$, $\tan A$의 값을 구하려면

$\sin^2 A + \cos^2 A = 1$이므로 $\left(\dfrac{5}{13}\right)^2 + \cos^2 A = 1$, $\cos^2 A = 1 - \dfrac{25}{169} = \dfrac{144}{169}$

$\cos A > 0$에서, $\cos A = \sqrt{\dfrac{144}{169}} = \dfrac{12}{13}$

$\tan A = \dfrac{\sin A}{\cos A}$ 이므로 $\tan A = \dfrac{5}{13} \div \dfrac{12}{13} = \dfrac{5}{12}$

(90°-A)의 삼각비

오른쪽 그림의 직각삼각형 ABC에서 ∠B = 90° − ∠A이므로 B = 90° − A이다.

$$\sin(90° - A) = \cos A$$ ◀— $\sin B = \dfrac{b}{c} = \cos A$

$$\cos(90° - A) = \sin A$$ ◀— $\cos B = \dfrac{a}{c} = \sin A$

$$\tan(90° - A) = \frac{1}{\tan A}$$ ◀— $\tan B = \dfrac{b}{a} = \dfrac{1}{\tan A}$

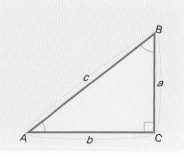

▶ 삼각비와 좌표

지금까지는 직각삼각형을 이용해 예각($0° < \theta < 90°$)의 삼각비를 생각해봤습니다. 여기서는 좌표평면을 이용해 삼각비를 둔각($90° < \theta < 180°$)을 포함한 $0° \leqq \theta \leqq 180°$까지 확장하는 것을 생각해보겠습니다.

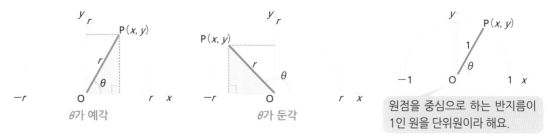

θ가 예각 θ가 둔각

원점을 중심으로 하는 반지름이 1인 원을 단위원이라 해요.

$0° \leqq \theta \leqq 180°$의 범위에 있는 각 θ의 삼각비 정의

좌표 평면 위에 원점 O를 중심으로 하는 반지름 r의 원에서, x축의 양의 방향에서 왼쪽 주위에 각 θ를 취했을 때의 반지름을 OP라 하고, 점 P의 좌표를 (x, y)라고 합니다. 이때 각 θ의 삼각비를 다음 식으로 정의합니다.

$$\sin\theta = \frac{y}{r}, \quad \cos\theta = \frac{x}{r}, \quad \tan\theta = \frac{y}{x}$$

다만 $\theta = 90°$일 때는 $x = 0$이므로 $\tan\theta$는 정의되지 않는다. 반지름이 2인 원에서 $\theta = 150°$라고 하면 점 P의 좌표는$(-\sqrt{3}, 1)$이므로 150도의 삼각비 값은

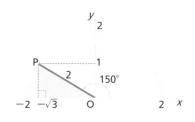

$$\sin 150° = \frac{1}{2}, \quad \cos 150° = -\frac{\sqrt{3}}{2}, \quad \tan 150° = -\frac{1}{\sqrt{3}}$$

삼각비의 등식을 충족시키는 θ의 값

$0° \leqq \theta \leqq 180°$라고 할 때, 다음 삼각비의 등식을 충족시키는 θ 값을 구합니다.

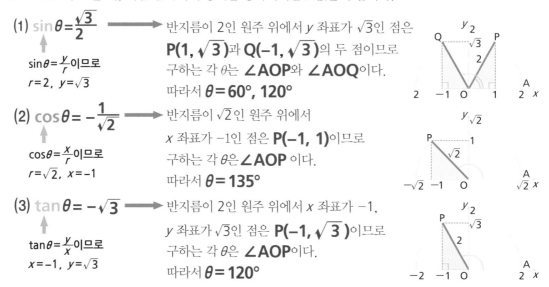

(1) $\sin\theta = \dfrac{\sqrt{3}}{2}$

↑

$\sin\theta = \dfrac{y}{r}$이므로
$r = 2, y = \sqrt{3}$

→ 반지름이 2인 원주 위에서 y 좌표가 $\sqrt{3}$인 점은 **P$(1, \sqrt{3})$과 Q$(-1, \sqrt{3})$**의 두 점이므로 구하는 각 θ는 **∠AOP**와 **∠AOQ**이다.
따라서 $\theta = 60°, 120°$

(2) $\cos\theta = -\dfrac{1}{\sqrt{2}}$

↑

$\cos\theta = \dfrac{x}{r}$이므로
$r = \sqrt{2}, x = -1$

→ 반지름이 $\sqrt{2}$인 원주 위에서 x 좌표가 -1인 점은 **P$(-1, 1)$**이므로 구하는 각 θ은 **∠AOP**이다.
따라서 $\theta = 135°$

(3) $\tan\theta = -\sqrt{3}$

↑

$\tan\theta = \dfrac{y}{x}$이므로
$x = -1, y = \sqrt{3}$

→ 반지름이 2인 원주 위에서 x 좌표가 -1, y 좌표가 $\sqrt{3}$인 점은 **P$(-1, \sqrt{3})$**이므로 구하는 각 θ는 **∠AOP**이다.
따라서 $\theta = 120°$

θ가 $0°$, $90°$, $180°$의 삼각비

$\sin 0° = 0$	$\cos 0° = 1$	$\tan 0° = 0$
$\sin 90° = 1$	$\cos 90° = 0$	$\tan 90°$는 정의되지 않는다.
$\sin 180° = 0$	$\cos 180° = -1$	$\tan 180° = 0$

단위원에서
θ가 $0°$, $90°$, $180°$일 때의
점 P의 좌표는 각각
$(1, 0), (0, 1), (-1, 0)$

삼각비의 상호관계

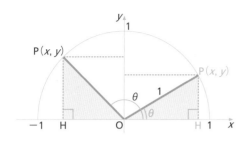

왼쪽 그림과 같이 점 P가 단위 원주 위에 있을 때 P의 좌표를 (x, y) 라 하고, OP가 x축의 양의 부분과 만드는 각을 θ라 하면, 사인, 코사인의 정의로부터 $\sin\theta = y$, $\cos\theta = x$이므로 점 P의 좌표 (x, y)는 $x = \cos\theta$, $y = \sin\theta$

따라서 탄젠트의 정의로부터

$$\tan\theta = \frac{y}{x} = \frac{\sin\theta}{\cos\theta}$$

P에서 x축에 수선 PH를 그으면 피타고라스 정리로부터 $PH^2 + OH^2 = OP^2$가 성립한다.

여기서 $0° \leq \theta \leq 180°$일 때 $PH = \sin\theta$, $OH = \cos\theta$

$\quad\quad\quad\quad\quad$ $90° \leq \theta \leq 180°$일 때 $PH = \sin\theta$, $OH = -\cos\theta$

따라서 $PH^2 + OH^2 = OP^2 = 1$이므로 $\sin^2\theta + \cos^2\theta = 1$을 얻을 수 있다.

또한 $\sin^2\theta + \cos^2\theta = 1$의 양변을 $\cos^2\theta$로 나누면

$$1 + \tan^2\theta = \frac{1}{\cos^2\theta} \longleftarrow \frac{\sin^2\theta}{\cos^2\theta} = \tan^2\theta$$

이 상호관계는 예각의 삼각비 관계와 같아요.

$0° \leq \theta \leq 180°$의 범위에서 $\cos\theta = -\frac{\sqrt{3}}{2}$일 때 $\sin\theta$, $\tan\theta$의 값을 구하면

$\tan\theta = -\frac{\sqrt{3}}{2}$ 을 $\sin^2\theta + \cos^2\theta = 1$에 대입해 정리하면 $\sin^2\theta = \frac{1}{4}$

$\cos\theta < 0$에서 θ은 둔각이고, $\sin\theta > 0$이므로 $\sin\theta = \sqrt{\frac{1}{4}} = \frac{1}{2}$

$\tan\theta = \frac{\sin\theta}{\cos\theta}$ 에서 $\tan\theta = \frac{1}{2} \div \left(-\frac{\sqrt{3}}{2}\right) = -\frac{1}{\sqrt{3}}$

$(180° - \theta)$의 삼각비

오른쪽 그림처럼 단위 원주 위에 $\angle AOP = \theta$, $\angle AOQ = 180° - \theta$가 되는 점 P, Q를 취할 때, P, Q는 y축에 대해 대칭이 되므로 점 P의 좌표를 (x, y)라 하면, 점 Q의 좌표는 $(-x, y)$가 됩니다. 따라서

$\sin\theta = y$, $\sin(180° - \theta) = y$

$\cos\theta = x$, $\cos(180° - \theta) = -x$

$\tan\theta = \frac{y}{x}$, $\tan(180° - \theta) = -\frac{y}{x}$

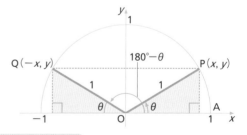

θ가 예각이라면 $180° - \theta$은 둔각이에요.

다음의 관계식이 성립합니다.

$(180° - \theta)$의 삼각비

$\sin(180° - \theta) = \sin\theta \quad \cos(180° - \theta) = -\cos\theta \quad \tan(180° - \theta) = -\tan\theta$

삼각비의 표를 이용해 130°의 삼각비 값을 구하면

$\sin 130° = \sin(180° - 50°) = \sin 50° = 0.7660$

$\cos 130° = \cos(180° - 50°) = -\cos 50° = -0.6428$

$\tan 130° = \tan(180° - 50°) = -\tan 50° = -1.1918$

▶ 사인 정리

삼각형 ABC의 세 꼭짓점을 지나는 원을 삼각형 ABC의 **외접원**이라고 합니다.

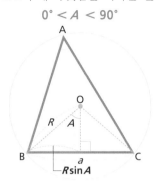

$0° < A < 90°$

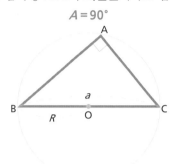

$A = 90°$

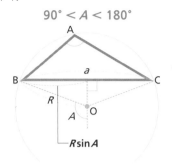

$90° < A < 180°$

△ABC의 외접원의 중심을 O, 반지름을 R이라고 하면 원주각과 중심각의 관계에서 각 A의 크기는 ∠BOC의 절반이 됩니다.

위의 그림에서 $a = 2R \sin A$이므로 $\dfrac{b}{\sin B} = 2R$

마찬가지로 $\dfrac{b}{\sin B} = 2R$, $\dfrac{c}{\sin B} = 2R$이 되어

다음 정리를 얻을 수 있습니다.

2R은 △ABC의
외접원 지름입니다.

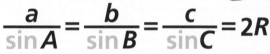

사인 정리

$$\frac{a}{\sin A} = \frac{b}{\sin B} = \frac{c}{\sin C} = 2R$$

R은 △ABC의 외접원 반지름

▶ 코사인 정리

오른쪽 그림과 같이 점 A가 원점 O이고, 직선 AB가 x축이 되도록 좌표축을 정하고, 꼭짓점 C에서 x축에 수선 CH를 내렸을 때 네 점 A, B, C, H의 좌표는 다음과 같습니다.

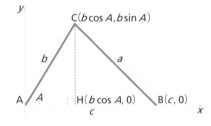

A(0, 0), B(c, 0), C($b \cos A)^2$, ($b \sin A$), H($b \cos A$, 0)

△BCH에서 피타고라스 정리로부터 $BC^2 = BH^2 + CH^2$

따라서 $a^2 = (c - b \cos A)^2 + (b \sin A)^2$

$\qquad = c^2 - 2bc \cos A + b^2 (\sin^2 A + \cos^2 A)$

$\sin^2 A + \cos^2 A = 1$이므로

$$a^2 = b^2 + c^2 - 2bc \cos A \cdots ①$$

마찬가지로 b^2, c^2에 대해서도 다음 등식이 성립합니다.

$$b^2 = c^2 + a^2 - 2ca \cos B \cdots ②$$

$$c^2 = a^2 + b^2 - 2ab \cos C \cdots ③$$

①, ②, ③의 정리를 **코사인 정리**라고 합니다.

코사인
정리 →

코사인 정리로부터

$\cos A = \dfrac{b^2 + c^2 - a^2}{2bc}$

$\cos B = \dfrac{c^2 + a^2 - b^2}{2ca}$

$\cos C = \dfrac{a^2 + b^2 - c^2}{2ab}$

예각, 직각, 둔각삼각형의 판정

삼각형 세 변의 길이 a, b, c중 a가 최대(빗변)라 하면,

$a^2 < b^2 + c^2$ ⟷ **예각삼각형($A < 90°$)**

$a^2 = b^2 + c^2$ ⟷ **직각삼각형($A = 90°$)**

$a^2 > b^2 + c^2$ ⟷ **둔각삼각형($A > 90°$)**

최대인 변의 제곱과 다른
두 변의 제곱의 합의 대소로
판명할 수 있어요.

사인 정리, 코사인 정리를 이용해 푼다!

(1) 두 지점 A, B에서 강 건너편 지점 C를 바라보고

$\angle ABC = 80°$, $\angle BAC = 60°$

를 얻었다. A, B 간의 거리가 10m일 때, A와 C 사이의
거리는 약 몇 미터인지 구하라.

△ABC에서 $\angle ACB = 180° - (80° + 60°) = 40°$

이므로 AC=bm라고 하면

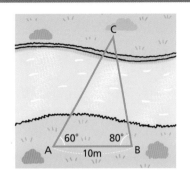

사인 정리의

$$\frac{b}{\sin 80°} = \frac{10}{\sin 40°} \longleftarrow \frac{b}{\sin B} = \frac{c}{\sin C}$$를 이용한다.

삼각비의 표에서 sin80°, sin40°의 값을 얻으면
sin80° = 0.9848, sin40° = 0.6428이므로

바꾼다.

$$b = \frac{10\sin 80°}{\sin 40°} = \frac{10 \times 0.9848}{0.6428} = 15.32\cdots \longleftarrow b = \frac{c \sin B}{\sin C}$$

따라서 **A, C 사이의 거리는 약 15.3m**이다.

(2) △ABC에서 $b = \sqrt{2}$, $c = 1 + \sqrt{3}$, $A = 45°$일 때, 나머지 변의 길이와 각의 크기를 구하면

코사인 정리에서

$$a^2 = b^2 + c^2 - 2bc \cos A$$
$$= (\sqrt{2})^2 + (1 + \sqrt{3})^2 - 2\sqrt{2}(1 + \sqrt{3})\cos 45°$$
$$= 2 + (4 + 2\sqrt{3}) - 2(1 + \sqrt{3})$$
$$= 4$$

$\cos 45° = \dfrac{1}{\sqrt{2}}$

$a > 0$이므로 **$a = 2$**

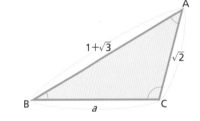

사인 정리에서 $\dfrac{2}{\sin 45°} = \dfrac{\sqrt{2}}{\sin B} \longleftarrow \dfrac{a}{\sin A} = \dfrac{b}{\sin B}$를 이용한다.

$$\sin B = \frac{\sqrt{2}}{2}\sin 45° = \frac{\sqrt{2}}{2} \times \frac{1}{\sqrt{2}} = \frac{1}{2}$$

최대변 c와 마주 대하는
각 C가 최대각이므로
B는 최대각이 아니에요.

따라서 **$B = 30°$, 또는 $B = 150°$**

$A + B + C = 180°$, $A = 45°$이므로 $B = 150°$는 적합하지 않다.

따라서 **$B = 30°$**

$C = 180° - (A + B) = 180° - (45° + 30°) = 105°$

각의 확장~삼각함수~

각을 회전으로 정의할 때 회전의 양과 회전의 방향에 따라 음의 각과 360°보다 큰 각을 생각할 수 있습니다. 이와 같이 확장한 각을 '일반각'이라고 합니다. 또한 삼각비의 각 θ를 일반각으로까지 확장했을 때 얻을 수 있는 함수 sin θ, cos θ, tan θ를 θ의 **삼각함수**라고 합니다.

벡터

방향과 크기를 갖는 양

▶ 벡터란?

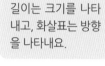

평면 위의 점 A를 시작점, 점 B를 끝점으로 하는, 방향을 붙인 선분을 **유향선분** AB 라고 합니다. 유향선분에 대해 그 위치에 관계없이 방향과 크기를 갖는 선을 '벡터'라고 합니다. 유향선분 AB가 나타내는 벡터를 $\overrightarrow{AB}$ 라고 쓰며, 유향선분 AB의 길이를 벡터 $\overrightarrow{AB}$의 크기라 하고, $|\overrightarrow{AB}|$로 나타냅니다.

벡터는 처럼 하나의 문자에 화살표를 붙여 나타내기도 합니다. $\vec{a}$의 크기는 $|\vec{a}|$로 나타냅니다.

길이는 크기를 나타 내고, 화살표는 방향 을 나타내요.

같은 벡터

두 벡터 $\overrightarrow{AB}$, $\overrightarrow{CD}$에 대해 방향이 같고, 크기가 같을 때 $\overrightarrow{AB}$와 $\overrightarrow{CD}$는 같다고 하고, $\overrightarrow{AB} = \overrightarrow{CD}$라고 나타낸다.

유향선분 AB와 CD는 평행이고, 길이가 같으므로 한쪽을 평행이동해서 다른 쪽에 겹쳐놓을 수 있다.

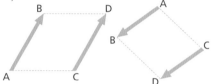

역벡터

벡터 $\vec{a}$와 크기는 같지만, 방향이 반대인 벡터를 $\vec{a}$의 **역벡터**라 하고, $-\vec{a}$로 나타낸다. $\vec{a} = \overrightarrow{AB}$ 일 때 $-\vec{a} = \overrightarrow{BA}$

벡터의 합

두 벡터 $\vec{a}$, $\vec{b}$에 대해 우선 점 A를 취하고 다음에 $\vec{a} = \overrightarrow{AB}$, $\vec{b} = \overrightarrow{BC}$가 되도록 점 B, C를 취하면 벡터 $\overrightarrow{AC}$가 결정된다. AC 를 $\vec{a}$와 $\vec{b}$의 합이라 정하고, $\vec{a} + \vec{b}$라고 쓴다. 즉,

$$\overrightarrow{AB} + \overrightarrow{BC} = \overrightarrow{AC}$$

이다.

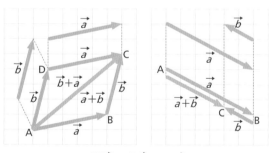

$$\overrightarrow{AB} + \overrightarrow{BC} = \overrightarrow{AC}$$

벡터의 차

두 벡터 $\vec{a} = \overrightarrow{OA}$, $\vec{b} = \overrightarrow{OB}$에 대해 $\vec{x} = \overrightarrow{BA}$라 하면

$$\overrightarrow{OB} + \overrightarrow{BA} = \overrightarrow{OA}$$

이므로 $\vec{b} + \vec{x} = \vec{a}$이다.

이 $\vec{x}$를 $\vec{x} = \vec{a} - \vec{b}$라고 나타내고, $\vec{a}$에서 $\vec{b}$를 뺀 차를 정한다. 즉,

$$\overrightarrow{OA} + \overrightarrow{OB} = \overrightarrow{BA}$$

이다.

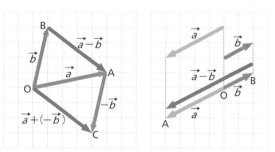

$$\overrightarrow{OA} + \overrightarrow{OB} = \overrightarrow{BA}$$

벡터의 실수배

0이 아닌 벡터 $\vec{a}$와 실수 k와의 곱 $k\vec{a}$를 다음과 같이 정의합니다.

$k > 0$일 때 ➡ $\vec{a}$와 방향이 **같고** 크기가 $|\vec{a}|$의 k배인 벡터

$k > 0$일 때 ➡ $\vec{a}$와 방향이 **반대**이고 크기가 $|\vec{a}|$의 k배인 벡터

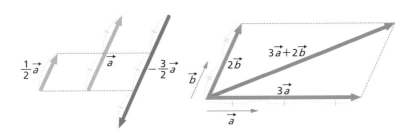

영벡터
벡터 $\overrightarrow{AA}$는 유향선분의 시작점과 끝점이 일치한 경우인데, 이것을 '영벡터'라 하고, $\vec{0}$으로 나타낸다.

실수
유리수와 무리수를 통틀어 '실수'라고 한다.

벡터와 평행과 단위 벡터

0이 아닌 두 벡터 $\vec{a}$, $\vec{b}$가 같은 방향이거나 반대 방향일 때 $\vec{a}$와 $\vec{b}$는 평행이라 하고, $\vec{a} /\!/ \vec{b}$라고 씁니다.

벡터의 평행에 대해 실수배의 정의로부터 다음과 같이 말할 수 있습니다.

$\vec{a} \neq \vec{0}$, $\vec{b} \neq \vec{0}$일 때 $\vec{a} /\!/ \vec{b}$ ⟷ $\vec{b} = k\vec{a}$ (k는 실수)

또한 평면 위의 다른 세 점에 대해 다음이 성립합니다.

다른 세 점 A, B, C가 일직선 위에 있다. ⟷ $\overrightarrow{AC} = k\overrightarrow{AB}$

크기가 1인 벡터를 '단위 벡터'라고 합니다.

오른쪽 그림에서 피타고라스 정리로부터

$$AC = \sqrt{3^2 + 4^2} = \sqrt{25} = 5 \iff |\vec{b}| = 5$$

벡터 $\vec{b}$의 크기

$\overrightarrow{AC} = \vec{b}$와 방향이 같고 크기가 1인 벡터 $\vec{d}$를 $\vec{b}$를 이용해 나타내면

$$\vec{d} = \frac{1}{|\vec{b}|}\vec{b} = \frac{1}{5}\vec{b}$$

단위 벡터

벡터의 분해

평면 위의 $\vec{0}$이 아닌 두 벡터 $\vec{a}$, $\vec{b}$가 평행이 아닐 때, 이 평면 위의 임의의 벡터를, $\vec{a}$와 $\vec{b}$를 사용해 나타내보겠습니다.

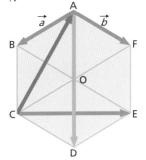

왼쪽의 정육각형 ABCDEF에서

$\overrightarrow{CE} = \overrightarrow{CD} + \overrightarrow{DE}$, 또한 $\overrightarrow{CD} = \overrightarrow{AF}$, $\overrightarrow{DE} = \overrightarrow{BA} = -\overrightarrow{AB}$이므로

$$\overrightarrow{CE} = \overrightarrow{AF} + \overrightarrow{BA} = \vec{b} - \vec{a}$$

$\overrightarrow{AB} = -\vec{a}$

정육각형의 중심을 O이라고 하면

$$\overrightarrow{CA} = \overrightarrow{CF} + \overrightarrow{FA} = -2\overrightarrow{AB} - \overrightarrow{AF} = -2\vec{a} - \vec{b}$$

$$\overrightarrow{AD} = 2\overrightarrow{AO} = 2(\overrightarrow{AB} + \overrightarrow{BO})$$

$$= 2(\overrightarrow{AB} + \overrightarrow{AF}) = 2(\vec{a} + \vec{b})$$

$\overrightarrow{CF} /\!/ \overrightarrow{BA}$, $\overrightarrow{CF} = 2\overrightarrow{BA}$
$\overrightarrow{AD} = 2\overrightarrow{AO}$, $\overrightarrow{BO} = \overrightarrow{AF}$

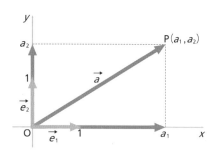

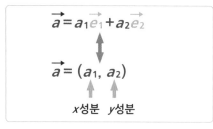

▶ 벡터의 성분과 크기

O를 원점으로 하는 좌표평면에서 x축, y축의 양의 방향과 같은 방향인 단위 벡터를 **기본 벡터**라 하고, 각각 $\vec{e_1}$, $\vec{e_2}$로 나타냅니다.

임의의 벡터 $\vec{a}$에 대해 $\vec{a} = \overrightarrow{OP}$가 되는 점 P를 취하고, 그 좌표를 $(a_1\ a_2)$라 하면 $\vec{a} = a_1\vec{e_1} + a_2\vec{e_2}$ 라 나타낼 수 있습니다. 이것을 $\vec{a}$의 기본 벡터에 의한 표시라고 합니다. 또한 이 a_1, a_2를 각각 $\vec{a}$의 x 성분, y 성분이라 하고

$$\vec{a} = (a_1,\ a_2)$$

라고 나타냅니다. 이 표현 방법을 a의 성분 표시라고 합니다.

벡터의 크기

성분이 표시된 벡터의 크기는 다음과 같습니다.

$$\vec{a} = (a_1,\ a_2)\text{일 때} \ |\vec{a}| = \sqrt{a_1{}^2 + a_2{}^2}$$

성분 표시에 의한 벡터 계산

$\vec{a} = (5,\ 1)$, $\vec{b} = (-2,\ 3)$일 때, $\vec{a}$와 $\vec{b}$의 합과 차는

$$\begin{aligned}
\vec{a} + \vec{b} &= (5,\ 1) + (-2,\ 3) \\
&= (5-2,\ 1+3) = (3,\ 4) \\
\vec{a} - \vec{b} &= (5,\ 1) - (-2,\ 3) \\
&= \{5-(-2),\ 1-3\} = (7,\ -2)
\end{aligned}$$

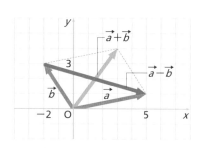

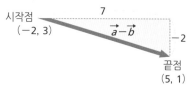

벡터 $\vec{a} - \vec{b}$의 시작점과 끝점은 오른쪽 그림처럼 돼요.

벡터 실수배의 성분 표시

$\vec{a} = (3,\ -1)$, $\vec{b} = (-1,\ 2)$일 때 $2\vec{a} + 3\vec{b}$ 의 성분을 표시하면

$$\begin{aligned}
2\vec{a} + 3\vec{b} &= 2(3,\ -1) + 3(-1,\ 2) \\
&= (6,\ -2) + (-3,\ 6) \\
&= (6-3,\ -2+6) \\
&= (3,\ 4)
\end{aligned}$$

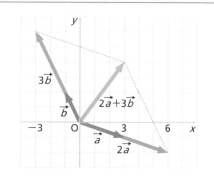

성분 표시에 의한 벡터의 계산

합 $(a_1,\ a_2) + (b_1,\ b_2) = (a_1 + b_1,\ a_2 + b_2)$

차 $(a_1,\ a_2) - (b_1,\ b_2) = (a_1 - b_1,\ a_2 - b_2)$

실수배 $k(a_1,\ a_2) = (ka_1,\ ka_2)$ (k는 실수)

x 성분끼리, y 성분끼리 합, 차, 실수배를 계산해요.

벡터의 분해와 성분

$\vec{a}=(3,\ 1)$, $\vec{b}=(-1,\ 1)$일 때, $\vec{c}=(3,\ 5)$를 $m\vec{a}+n\vec{b}$의 형태로 나타내려면 다음과 같이 합니다.

$$m\vec{a}+n\vec{b}=m(3,\ 1)+n(-1,\ 1)$$

$\underset{\quad k(a_1,\ a_2)=(ka_1,\ ka_2)}{}$

$$=(3m-n,\ m+n)$$

이것이 $\vec{c}=(3,\ 5)$와 같으므로

$$(3,\ 5)=(3m-n,\ m+n)$$

따라서 $3m-n=3,\ m+n=5$

$\underset{\quad 벡터의 상등}{}$

이 m, n의 두 식을 연립방정식으로 해서 풀면

$m=2,\ n=3$ 이므로 $\vec{c}=2\vec{a}+3\vec{b}$

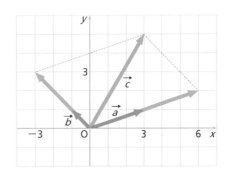

$\vec{c}=m\vec{a}+n\vec{b}$의 형태로 나타내려면 $m\vec{a}+n\vec{b}$의 각 성분을 m, n의 식으로 나타낸 다음, $\vec{c}$의 성분과 비교하고, m, n의 연립방정식을 만들어 풀어야 해요.

벡터 $\overrightarrow{AB}$의 성분과 크기

$A(1,\ 2)$, $B(6,\ 5)$일 때 $\overrightarrow{AB}$의 크기는
$\overrightarrow{OA}=(1,\ 2)$, $\overrightarrow{OB}=(6,\ 5)$이므로

$$\overrightarrow{AB}=\overrightarrow{OB}-\overrightarrow{OA}=(6,\ 5)-(1,\ 2)$$

$\underset{\quad B의 좌표 \qquad\qquad A의 좌표}{}$

$$=(6-1,\ 5-2)=(5,\ 3)$$

$\underset{B의\ y좌표-A의\ y좌표}{}$
$\underset{B의\ x좌표-A의\ x좌표}{}$

따라서 $|\overrightarrow{AB}|=\sqrt{5^2+3^2}=\sqrt{34}$

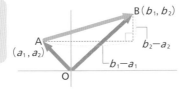

두 점 A,B의 좌표로 AB의 성분과 크기를 알 수 있어요.

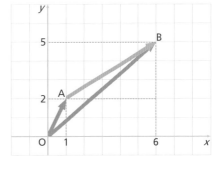

벡터의 성분과 크기

$A(a_1,\ a_2)$, $B(b_1,\ b_2)$일 때

$$\overrightarrow{AB}=(b_1-a_1,\ b_2-a_2)$$

$$|\overrightarrow{AB}|=\sqrt{(b_1-a_1)^2+(b_2-a_2)^2}$$

세 점 $A(-3,\ -3)$, $B(2,\ -1)$, $C(4,\ 5)$에 대해 사각형 ABCD가 평행사변형이 되는 점 D의 좌표를 구해보자.

사각형 ABCD가 평행사변형이 되려면 $\overrightarrow{AB}=\overrightarrow{DC}$가 돼야 하므로 $D(x,\ y)$라고 하면

$$\overrightarrow{AB}=\{2-(-3),\ -1-(-3)\}=(5,\ 2)$$

$$\overrightarrow{DC}=(4-x,\ 5-y)$$

$\overrightarrow{AB}=\overrightarrow{DC}$ 이므로 $4-x=5,\ 5-y=2$

$\underset{\quad 벡터의 상등}{}$

이 식을 풀면

$x=-1,\ y=3$이므로 $D(-1,\ 3)$

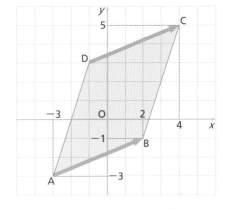

사각형 ABCD가 평행사변형 $\iff$ $\overrightarrow{AB}=\overrightarrow{DC}$ (또는 $\overrightarrow{AD}=\overrightarrow{BC}$)

도형과 수열

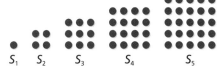

오른쪽 그림처럼 정사각형 모양으로 검은 돌을 배열해서 나타낼 수 있는 검은 돌의 총수를 **사각수**라고 합니다.

검은 돌을 정사각형 모양으로 배열했으므로 한 변에 놓인 검은 돌의 개수가 1개, 2개, 3개, 4개, 5개일 때 각각의 검은 돌의 총수 S_1, S_2, S_3, S_4, S_5는

$$S_1=1^2=1, \quad S_2=2^2=4, \quad S_3=3^2=9, \quad S_4=4^2=16, \quad S_5=5^2=25$$

입니다. 정사각형 모양으로 배열된 검은 돌의 총수는 각각(한 변에 배열된 검은 돌의 개수)^{2}로 나타낼 수 있으므로 제곱수(같은 수의 곱)라고 할 수 있습니다. 한 변에 배열된 검은 돌의 개수가 n개인 사각수 S_n은 n^2가 되므로 사각수는 제곱수임을 알 수 있습니다.

■ 홀수열의 합

1, 3, 5, 7, …처럼 홀수를 작은 순으로 배열한 수열을 **홀수열**이라고 합니다. 홀수열의 합을 작은 순으로 구하면

$$1=1^2$$
$$1+3=4=2^2$$
$$1+3+5=9=3^2$$
$$1+3+5+7=16=4^2$$
$$1+3+5+7+9=25=5^2$$
$$\vdots$$

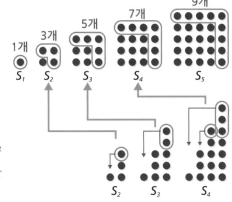

으로, 홀수열의 합은 모두 제곱수가 됩니다. 각 제곱수는 (더한 홀수의 개수)^{2}가 된다는 것을 알 수 있습니다. 또한 오른쪽의 그림처럼 검은 돌을 일부 이동하면 각각 정사각형, 즉 제곱수가 됩니다.

n개의 홀수열의 합은, n번째의 홀수는 $2n-1$로 나타낼 수 있으므로 다음과 같이 됩니다.

$$S_n=1+3+5+7+\cdots+(2n-1)=n^2$$

이것을 역으로 보면 제곱수는 홀수열의 합으로 나타낼 수 있다고 할 수 있습니다.

■ 피타고라스 정리와 수열

피타고라스 정리(삼평방의 정리) $a^2+b^2=c^2$가 성립하는 직각삼각형의 세 변의 길이에는 흔히 보는 3, 4, 5나 5, 12, 13이 있습니다.

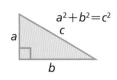

$3^2+4^2=5^2$, $5^2+12^2=13^2$의 각 왼쪽 변 제곱수를 홀수열로 나타내보겠습니다.

$$3^2+4^2=(1+3+5)+(1+3+5+7)=1+3+5+7+\underline{9}=25=5^2$$
$$5^2+12^2=(1+3+5+7+9)+(1+3+5+7+9+11+13+15+17+19+21+23)$$
$$=1+3+5+7+9+11+13+15+17+19+21+23+\underline{25}$$
$$=169=13^2$$

왼쪽 변 = 오른쪽 변이 되므로 등식이 성립한다는 것을 알 수 있습니다.

3 방정식과 함수

'방정식'이나 '함수'라 하면 왠지 어렵다는 인상이 강하지만 일상생활에서 많은 도움이 되는 것들입니다. '방정식'을 이용해 문제를 쉽게 풀 수도 있고, '함수'를 이용해 계산을 빨리 할 수도 있습니다. 이 장에서는 '방정식'이나 '함수'가 일상생활에서 어떻게 쓰이는지 알아보겠습니다.

문자식

여러 가지 수량을 문자를 써서 나타낸 식

▶ 문자식이란?

어떤 수량을 문자 a나 b, x나 y로 나타낸 식을 **문자식**이라고 합니다. 예를 들어 1개에 100g인 물건 x개의 무게는 100×x로, 100xg이 되는데, 100x를 문자식이라고 합니다. 문자식은 수와 문자의 곱과 답, 혹은 문자만의 곱이나 답으로 나타냅니다.

문자식 나타내는 법

● 1개에 a원 하는 사과 3개의 값　● 한 변이 $x$cm인 정육면체의 부피　● 1,000mL인 주스를 b 명이서 똑같이 나눌 때 한 사람의 몫

❶ 문자가 섞인 곱셈에서는 곱셈 기호 ×를 생략한다. 문자와 수의 곱에서는 수를 문자 앞에 쓴다.

❷ 같은 문자의 곱은 거듭제곱의 지수를 써서 나타낸다.

❸ 문자가 섞인 나눗셈에서는 나눗셈 기호 ÷를 쓰지 않고 분수 형태로 쓴다.

$$(a \times 3)원 \;\rightarrow\; 3a원$$

$$(x \times x \times x)cm^3 \;\rightarrow\; x^3 cm^3$$

$$(1,000 \div b)mL \;\rightarrow\; \frac{1000}{b}\,mL$$

- $b \times a \times (-5) = -5ab$
- $x \times x - 0.1 \times x \times y + 6 = x^2 - 0.1xy + 6$
- $2x \div 3 = \dfrac{2x}{3}$ 　　$x \div (-4) = -\dfrac{x}{4}$
- $(m+n) \div 2 = \dfrac{m+n}{2}$

[주의]
- $b \times a$는 ba지만, 보통 문자를 알파벳순으로 나타내 ab라고 씁니다.
- $x \div (-4) = x \times (-\frac{1}{4})$이므로, $-\frac{x}{4}$는 $-\frac{1}{4}x$라고 써도 됩니다. 또한 $\frac{2x}{3}$도 $\frac{2}{3}x$라고 써도 됩니다.

수량 나타내는 법

반지름 r인 원의 원주 ℓ와 넓이 S를 π를 써서 나타낸다

원주 = 지름 × 원주율
$$\ell = 2r \times \pi$$
$$= 2\pi r$$

넓이 = 반지름 × 반지름 × 원주율
$$S = r \times r \times \pi$$
$$= \pi r^2$$

＊π는 정수이므로 수의 뒤, 문자 앞에 쓴다.

a시간과 b분 간의 합을 나타낸다

● 시 단위로 나타낸다. ➡ $\left(a + \dfrac{b}{60}\right)$ 시간

● 분 단위로 나타낸다. ➡ $(60a + b)$ 분

$x$kg의 3%를 나타낸다

$3\% = \frac{3}{100}$이므로

$$x \times \frac{3}{100} = \frac{3}{100}x\,(kg)$$

1시간 = 60분,
1분 = $\frac{1}{60}$ 시간,
1% = 0.01
　　= $\frac{1}{100}$ 이에요.

단항식과 다항식

단항식 $2a$, $\frac{1}{4}x^2$처럼 수나 문자에 대한 곱셈만으로 돼 있는 식. x나 -5처럼 1개의 문자나 1개의 수도 단항식으로 볼 수 있습니다.

다항식 $4a + 3$, $2x^2 + 3xy + 1$처럼 단항식의 합의 형태로 된 식. 하나하나의 단항식을 **다항식의 항**이라 하고, $4a$라는 항에서 수의 부분 4를 **a의 계수**라고 합니다.

식의 차수 단항식에 포함돼 있는 문자의 개수를 그 식의 차수라고 합니다. 다항식에서는 각 항의 차수 중에서 가장 큰 것을, 그 다항식의 차수라고 합니다. 그리고 차수가 1인 식을 일차식, 차수가 2개인 식을 이차식이라고 합니다.

$5a = 5 \times a$ ➡ 차수는 **1**
　　　　1개

$-3mn = -3 \times m \times n$ ➡ 차수는 **2**
　　　　　　2개

$7x^2y = 7 \times x \times x \times y$ ➡ 차수는 **3**
　　　　　　3개

동류항 다항식 $3x + 2y$, $-x + y$에서 $3x$와 $-x$, $2y$와 y처럼 문자 부분이 같은 항을 동류항이라고 합니다.

차수가 다른 x^2와 x는 동류항이라고 하지 않아요.

관계를 나타내는 식

▶ 한 권에 a원 하는 공책 4권과 한 자루에 b원 하는 연필 6자루를 샀더니 합계가 820원이었다.

오른쪽 식처럼 등호(=)를 사용해 수량 사이의 관계를 나타낸 식을 **등식**이라고 합니다.

식으로 나타낸다 ➡ $4a + 6b = 820$
　　　　　　　　　좌변　　우변
　　　　　　　　　　　양변

등식의 변형

등식을 변형해서 어떤 문자에 대해 풀 수 있습니다.

● $\frac{1}{3}ab = 2$를 b에 대해 푼다.

$\frac{1}{3}ab = 2$　　양변에 3을 곱한다.

$ab = 6$　　양변을 a로 나눈다.

$b = \frac{6}{a}$

● $y = 2(m-n)$을 m에 대해 푼다.

$y = 2(m - n)$　　양변을 2로 나눈다.

$\frac{y}{2} = m - n$　　우변의 $-n$을 좌변으로 이항한다.

$\frac{y}{2} + n = m$

⊙ 식의 값

문자식의 문자를 숫자로 바꾸는 것을 '문자에 그 수를 대입한다'라 하고, 대입해서 계산한 결과를 식의 값이라고 합니다.

● $x = -4$, $y = 3$일 때, $5x + 2y^2$의 값을 구한다.

$5x + 2y^2 = 5 \times (-4) + 2 \times 3^2$　⬅ $x=-4$, $y=3$을 대입한다.

$= -20 + 18 = -2$　식의 값

문자식의 계산

식의 같은 문자는 같은 수를 나타내는 것이므로 동류항을 하나의 항으로 정리해 간단히 할 수 있습니다. 그리고 일차식과 수, 단항식과 다항식의 곱셈과 나눗셈은 분배법칙을 사용해 계산할 수 있습니다.

덧셈, 뺄셈

먼저 동류항을
찾아내는 것이
중요합니다.

동류항을 모은다.   분배법칙 $ab+ac=a(b+c)$를 사용한다.

$$5x+2-3x-6 = 5x-3x+2-6 = (5-3)x-4 = 2x-4$$

$$(2a+5b)+(3a-4b) = 2a+5b+3a-4b$$

항을 다시 배열하고 동류항을 모은다.

$$= 2a+3a+5b-4b$$

동류항을 정리한다.

$$= 5a+b$$

$$3x^2-4x-(2x^2-6x) = 3x^2-4x-2x^2+6x$$

항을 다시 배열하고 동류항을 모은다.

( ) 앞이 -이므로 괄호를
없애면 항의 부호가 바뀐다.

$$= 3x^2-2x^2-4x+6x$$

동류항을 정리한다.

$$= x^2+2x$$

통분해서 분모가 4인 분수 형태로 만든다.

$$\frac{x+y}{2} + \frac{x-y}{4} = \frac{2(x+y)}{4} + \frac{x-y}{4} = \frac{2(x+y)+(x-y)}{4}$$
$$= \frac{2x+2y+x-y}{4} = \frac{2x+x+2y-y}{4}$$

동류항을 정리한다.

$$= \frac{3x+y}{4}$$

곱셈, 나눗셈

일단 문자와 식을
분리해서 생각해
보세요.

분배법칙 $(a+b)\times c=ac+bc$를 사용한다.

$$(4x-3)\times(-2) = 4x\times(-2)+(-3)\times(-2) = -8x+6$$

$$(-2a)^2\times 3b = (-2a)\times(-2a)\times 3b = (-2)\times(-2)\times 3\times a\times a\times b$$
$$= (-2)^2\times 3\times a^2\times b = 12a^2b$$

$$8xy\div(-2x) = -\frac{8x\times y}{2x} = -4y$$

$\frac{8xy}{-2x}$는, $-$를 분수 앞에 놓는다.

$$\frac{1}{2}ab^2 \div \frac{3}{4}b = \frac{ab^2}{2} \div \frac{3b}{4} = \frac{ab^2}{2} \times \frac{4}{3b} = \frac{a\times b\times \overset{1}{\cancel{b}}\times \overset{2}{\cancel{4}}}{\underset{1}{\cancel{2}}\times 3\times \cancel{b}_{1}} = \frac{2ab}{3}$$

나눗셈은 곱셈으로 바꿔 계산할 수 있다. ⇨ 나누는 수의 역수를 곱한다.   약분한다.

$$(-3x)^2\times y \div \frac{3}{2}xy^2 = (-3x)^2\times y\times \frac{2}{3xy^2} = \frac{(-3x)^2\times y\times 2}{3xy^2}$$
$$= \frac{9x^2\times y\times 2}{3x\times y^2} = \frac{\overset{3}{\cancel{9}}\times \overset{1}{\cancel{x}}\times x\times \overset{1}{\cancel{y}}\times 2}{\underset{1}{\cancel{3}}\times \underset{1}{\cancel{x}}\times \underset{1}{\cancel{y}}\times y} = \frac{6x}{y}$$

▶ 식의 전개

단항식이나 다항식의 곱의 형태를, 괄호를 없애고 단항식의 합의 형태로 나타내는 것을 처음 식을 **전개한다**고 합니다.

분배법칙을 써서 괄호를 없앤다(식을 전개한다).

$$2x(3x-4) = 2x \times 3x - 2x \times 4 = 6x^2 - 8x$$

$$(x+5)(x-3) = x \times x - x \times 3 + 5 \times x - 5 \times 3$$
$$= x^2 - 3x + 5x - 15$$
$$= x^2 + 2x - 15 \quad \text{← 동류항을 정리한다.}$$

$$(x-2)(x-3) = x^2 + (-2-3)x + (-2) \times (-3)$$
공식 **1**을 사용한다. $\quad = x^2 - 5x + 6$

$$(x+6)^2 = x^2 + 2 \times 6 \times x + 6^2 = x^2 + 12x + 36$$
공식 **2**을 사용한다.

$$(x-5)^2 = x^2 - 2 \times 5 \times x + 5^2 = x^2 - 10x + 25$$
공식 **3**을 사용한다.

$$(x+4)(x-4) = x^2 - 4^2 = x^2 - 16$$
공식 **4**를 사용한다.

> **분배법칙**
>
> $$a(b+c) = ab + ac$$
>
> $$(a+b)(c+d)$$
> $$= ac + ad + bc + bd$$

> **곱셈 공식**
>
> **1** $(x+a)(x+b)$
> $\quad = x^2 + (a+b)x + ab$
>
> **2** $(x+a)^2$ → 합의 제곱
> $\quad = x^2 + 2ax + a^2$
>
> **3** $(x-a)^2$ → 차의 제곱
> $\quad = x^2 - 2ax + a^2$
>
> **4** $(x+a)(x-a)$ → 합과 차의 곱
> $\quad = x^2 - a^2$

▶ 인수분해

$$(x+2)(x+3) = x^2 + 5x + 6$$

이 등식에서 x^2+5x+6은 $x+2$와 $x+3$의 곱으로 나타냈다고 하며, $x+2$와 $x+3$을 x^2+5x+6의 **인수**라고 합니다. 다항식을 몇 개의 인수의 곱으로 나타내는 것을 **인수분해**한다고 합니다.

$$6a^2b + 9ab^2 = 3ab \times 2a + 3ab \times 3b$$
$$= 3ab(2a+3b)$$
가능하면 인수분해한다.

> 공통의 인수를 묶는다.
> $$ma + mb = m(a+b)$$

공식을 이용하는 인수분해

인수분해는 식의 전개와는 반대이므로 곱셈 공식의 좌변과 우변을 바꾸는 공식을 사용할 수 있습니다.

$x^2+7x+10$은, 공식 **1**에서 $a+b=7$, $ab=10$이므로, 2수 a, b의 곱이 10이 되는 수의 쌍 중 합이 7이 되는 수의 쌍을 찾으면 된다. 2수는 2와 5이므로,

$$x^2 + 7x + 10 = (x+2)(x+5)$$

$$x^2 - 6x + 9 = x^2 - 2 \times 3 \times x + 3^2 = (x-3)^2$$
$\quad -6 = -2 \times 3, \ 9 = 3^2$

$$x^2 - 4 = x^2 - 2^2 = (x+2)(x-2)$$
$\quad 4 = 2^2$

> $$(x+a)(x+b)$$
> 전개 ↓ ↑ 인수분해
> $$x^2 + (a+b)x + ab$$

곱이 10	합이 7
1, 10	×
−1, −10	×
2, 5	○
−2, −5	×

일차방정식

방정식은 식에 있는 특정한 문자 값에 따라 참이 되기도 하고, 거짓이 되기도 하는 등식을 말합니다.

▶ 일차방정식

이항해 정리함으로써 $ax=b$, 즉 $ax-b=0$[(일차식)$=0$]의 형태로 변형할 수 있는 방정식을 **일차방정식**이라고 합니다. 방정식을 성립시키는 값을 **해**라 하고, 방정식의 해를 구하는 것을 **방정식을 푼다**라고 합니다.

1개 x원인 귤과 130원인 사과가 있습니다. 귤과 사과를 1개씩 샀더니 값은 210원이었습니다. 이를 방정식으로 나타내면 다음과 같습니다.

$$x + 130 = 210$$

귤 가격   사과 가격   값

1개에 x원

1개 130원

방정식 x에 60, 70, 80, 90을 대입해서 등식이 성립하는지 알아본다.

$x=60$일 때, $60+130=190$ $x=70$일 때, $70+130=200$

$x=80$일 때, $80+130=210$ $x=90$일 때, $90+130=220$

따라서 $x=80$일 때 등식이 성립한다는 것을 알 수 있습니다. 따라서 방정식의 해는 80.

방정식을 풀기 위해 원래의 방식을 $x=\square$의 형태로 바꾸면 해를 구할 수 있습니다.

좌변 수의 항을 없애기 위해 양변에서 130을 빼는 거예요.

$$x+130 = 210$$
▼
양변에서 **130**을 뺀다.
$$x+130-130 = 210-130$$
▼
$$x = 80$$ ◀ 방정식의 해

$3x + 130 = 370$을 풀어보겠습니다.

$$3x+130 = 370$$
▼
양변에서 **130**을 뺀다.
$$3x+130-130 = 370-130$$
▼
$$3x = 240$$
▼
양변을 x의 계수 **3**으로 나눈다.
$$x = 80$$

등식의 성질

$A=B$라면

1 $A+C=B+C$

2 $A-C=B-C$

3 $AC=BC$

4 $\dfrac{A}{C}=\dfrac{B}{C}$ $(C \neq 0)$

5 $B=A$

이와 같이 방정식을 바꾸기 위해서는 오른쪽과 같은 등식의 성질을 이용해야 합니다. 등식은 양변에 같은 수를 더하거나 양변에서 같은 수를 빼도, 같은 수를 곱하거나 같은 수로 나누어도 등식이 성립하므로 이 성질을 이용해 방정식을 바꿀 수 있습니다.

▶ 일차방정식을 푸는 법

$$3x-7 = 8 \quad \cdots\cdots\cdots ❶$$

양변에 7을 더해

$$3x-7+7 = 8+7$$
$$3x = 8+7 \quad \cdots\cdots ❷$$
$$3x = 15$$

양변에 3으로 나눠

$$x = 5$$

왼쪽의 방정식 푸는 법에서 2개의 식 ❶과 ❷를 비교하면 ❷의 +7은 ❶의 좌변의 −7이 부호가 바뀌어 우변으로 옮긴 형태가 됩니다.

등식에서는 한쪽 변 항을 부호를 바꾸어 다른 쪽 변으로 옮길 수 있습니다. 이를 **이항**한다고 합니다.

이항

$$3x-7 = 8$$
우변에 옮긴다.

$$3x = 8+7$$
부호가 바뀐다.

방정식을 푸는 순서

$$4x = -3x+21$$
$3x$를 이항한다.
$$4x+3x = 21$$
$$7x = 21$$
x의 계수 7로 나눈다.
$$x = 3$$

① x를 포함한 항을 좌변, 상수의 항을 우변에 이항한다.

② $ax = b$의 형태로 만든다.

③ 양변을 x의 계수 a로 나눈다.

$$3x-5 = 9x+13 \quad ①$$
$$3x-9x = 13+5 \quad ②$$
$$-6x = 18 \quad ③$$
$$x = -3$$

여러 방정식과 그 푸는 법

● 괄호가 있는 방정식

$$5x-2(2x+1) = 6$$
괄호가 있는 방정식은 괄호를 없애고 난 후 푼다.
$$5x-4x-2 = 6$$
-2를 우변에 이항한다.
$$5x-4x = 6+2$$
$$x = 8$$

괄호를 없앨 때 부호에 주의해야 해요.

● 소수가 있는 방정식

$$1.4x-1.8 = 0.5x+2.7$$
계수를 정수로 만든다. 이를 위해 양변에 10을 곱한다.
$$14x-18 = 5x+27$$
$-18, 5x$를 이항한다.
$$14x-5x = 27+18$$
동류항을 정리한다.
$$9x = 45$$
양변을 x의 계수 9로 나눈다.
$$x = 5$$

등식의 성질
③ AC = BC를 써서 식을 바꿀 수 있다.

● 분수가 있는 방정식

$$\frac{3}{4}x+\frac{1}{2} = \frac{1}{3}x+1$$
계수를 정수로 만들기 위해서는 4와 2와 3의 최소공배수 12를 양변에 곱해야 한다.
$$\left(\frac{3}{4}x+\frac{1}{2}\right)\times12 = \left(\frac{1}{3}x+1\right)\times12$$
$$9x+6 = 4x+12$$
$+6, 4x$를 이항한다.
$$9x-4x = 12-6$$

이와 같이 분모의 최소공배수를 양변에 곱해 분수가 없는 형태로 바꾸는 것을 '분모를 털어버린다'라고 한다.

$$5x = 6$$
양변을 x의 계수 5로 나눈다.
$$x = \frac{6}{5}$$

연립방정식

2개 이상의 방정식을 조합한 것을 연립방정식이라고 합니다.

▶ 연립방정식

$x + y = 12$처럼 두 문자를 포함하고 있는 방정식을 **이원일차방정식**이라 하고, 이원일차방정식을 성립시키는 수 값의 쌍을 **이원일차방정식의 해**라고 합니다.

다음과 같이 2개 이상의 방정식을 조합한 것을 **연립방정식**이라 하고, 조합한 어느 방정식도 성립시키는 문자 값의 쌍을 **연립방정식의 해**라고 합니다. 해를 구하는 것을 **연립방정식을 푼다**라고 합니다.

$$\begin{cases} 3x + y = 360 \\ x + y = 220 \end{cases}$$

귤 3개 + 사과 1개 → 360원

귤 1개 + 사과 1개 → 220원

차이는 귤 2개

차이는 → 140원

문자를 하나만 포함하고 있는 방정식을 만든다

귤 1개 값을 x원, 사과 1개 값을 y원이라 해서, 위의 그림처럼 두 방정식의 좌변끼리, 우변끼리의 차를 구하면 $2x = 140$이 나오므로 $x = 70$, $y = 150$이라 풀 수 있습니다. 연립방정식에서는 식을 변형해서 문자를 1개만 포함하는 방정식을 만들어 풀 수 있습니다.

▶ 가감법으로 푼다

x, y의 어느 쪽 문자 계수의 절댓값을 모아, 좌변끼리 우변끼리 더하거나 빼서 그 문자를 없애고 푸는 방법을 가감법이라고 합니다.

$$\begin{cases} 5x + 2y = 16 & \cdots\cdots ① \\ 3x + 2y = 12 & \cdots\cdots ② \end{cases}$$

①의 양변에서 ②의 양변을 빼면

$$\begin{array}{r} 5x + 2y = 16 \\ -)\ 3x + 2y = 12 \\ \hline 2x\qquad\ = 4 \\ x = 2 \end{array}$$

y의 계수가 같으므로 두 식의 차를 구하면 x만 포함하는 방정식이 만들어진다.

$x = 2$를 ②에 대입해서

$$3 \times 2 + 2y = 12$$
$$2y = 6$$
$$y = 3$$

답 $x = 2$, $y = 3$

두 방정식에서 x 또는 y를 포함하지 않는 1개의 방정식을 만드는 것을 'x 또는 y를 소거한다'라고 합니다.

*답을 나타내는 법은 $(x, y) = (2, 3)$처럼 나타내기도 합니다.

$A = B, C = D$ 라면	$\begin{array}{r} A = B \\ +)\ C = D \\ \hline A + C = B + D \end{array}$	$\begin{array}{r} A = B \\ -)\ C = D \\ \hline A - C = B - D \end{array}$

$$\begin{cases} 3x + 2y = 1 & \cdots\cdots ① \\ 4x - 3y = -10 & \cdots\cdots ② \end{cases}$$

y 계수의 절댓값이 같도록 ①의 양변에 3을 곱하고, ②의 양변에 2를 곱한 두 식의 양변을 더하면

$$\begin{array}{r} ①×3 \quad 9x + 6y = 3 \\ ②×2\ +)\ 8x - 6y = -20 \\ \hline 17x\qquad\ = -17 \\ x = -1 \end{array}$$

$x = -1$을 ①에 대입해서

$$3 \times (-1) + 2y = 1$$
$$2y = 4$$
$$y = 2$$

답 $x = -1$, $y = 2$

▶ 대입법으로 푼다

한쪽 식을 다른 쪽 식에 대입함으로써 1개의 문자를 없애 푸는 방법을 **대입법**이라고 합니다.

$$\begin{cases} x-y = 6 & \cdots\cdots ❶ \\ x = 3y+10 & \cdots\cdots ❷ \end{cases}$$

❷를 ❶에 대입하면

$$(3y+10)-y = 6$$
$$3y+10-y = 6$$
$$3y-y = 6-10$$
$$2y = -4$$
$$y = -2$$

> ❷에서 $x=3y+10$ 이므로 ❶의 x를 $3y+10$으로 바꾸면 x가 없어져 y만의 방정식이 만들어진다.

$y=-2$를 ❷에 대입하면
$$x = 3\times(-2)+10 = 4$$
답 $x=4,\ y=-2$

[다른 풀이]

❶의 y를 이항하면
$$x = y+6 \cdots ❶'$$

❶'와 ❷의 좌변끼리, 우변끼리는 같으므로
$$y+6 = 3y+10$$
$$y-3y = 10-6$$
$$-2y = 4$$
$$y = -2$$

$y=-2$를 ❶'에 대입해서
$$x = -2+6 = 4$$
답 $x=4,\ y=-2$

▶ 여러 연립방정식

괄호가 있는 연립방정식은 괄호를 없애고 나서 푼다.
계수에 분수나 소수가 있는 연립방정식은 계수가 모두 정수가 되게 변형시키고 난 후에 푼다.

$$\begin{cases} x-y = -1 & \cdots ❶ \\ \dfrac{2}{3}x+\dfrac{1}{4}y = 3 & \cdots ❷ \end{cases}$$

❷의 양변에 12를 곱해서 분모를 없앤다.

$$\frac{2}{3}x \times 12 + \frac{1}{4}y \times 12 = 3 \times 12$$
$$8x+3y = 36 \quad \cdots ❷'$$

❷'+❶×3에서
$$11x = 33,\ \ x = 3$$

$x=3$을 ❶에 대입해서
$$3-y = -1,\ \ y = 4$$

[다른 풀이]

❶을 $x = y-1$로 변형시키고, 이를 ❷에 대입해서 풀 수 있습니다.

$A = B = C$ 형태의 연립방정식 푸는 법

$$2x+y = x-y = x+y+2$$

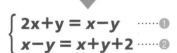

$$\begin{cases} 2x+y = x-y & \cdots\cdots ❶ \\ x-y = x+y+2 & \cdots\cdots ❷ \end{cases}$$

❶, ❷를 이항해서 정리하면

$$\begin{cases} x+2y = 0 & \cdots\cdots ❶' \\ -2y = 2 & \cdots\cdots ❷' \end{cases}$$

❷'에서 $y=-1$

$y=-1$을 ❶'에 대입해서, $x=2$

$A=B=C$ 형태의 연립방정식은

$$\begin{cases} A=B \\ A=C \end{cases} \quad \begin{cases} A=B \\ B=C \end{cases} \quad \begin{cases} A=C \\ B=C \end{cases}$$

이 가운데 어떤 조합을 만들어 풀어도 된다. 식의 조합을 궁리하면 계산이 간단해질 수도 있습니다.

$$\begin{cases} 2x+y = x-y & \cdots ❶ \\ 2x+y = x+y+2 & \cdots ❷ \end{cases}$$
를 풀어도 돼요.

이차방정식

이항해서 정리함으로써 (이차식) = 0의 형태로 바꿀 수 있는 방정식

▶ 이차방정식

방정식 $x(10 - x) = 24$를 이항해서 정리하면 $x^2 - 10x + 24 = 0$이 됩니다. 이 식은 좌변이 이차식이므로 이차방정식입니다. 이차방정식은 일반적으로 $ax^2 + bx + c = 0$이라고 나타냅니다.

이차방정식을 성립시킬 수 있는 문자 값을 그 방정식의 해라고 하며, 이차방정식의 해를 모두 구하는 것을 '이차방정식을 푼다'라고 합니다.

둘레의 길이 20cm

$x$cm

직사각형의 넓이 **24cm²**

$(10-x)$cm

왼쪽 그림에서 세로 길이를 $x$cm라고 하면, 가로＋세로＝10(cm)에서 가로 길이는 $(10-x)$cm가 되므로 $x(10-x) = 24$

이 방정식을 이항해 정리하면 $x^2 - 10x + 24 = 0$이 나온다.

이 방정식의 x에 1에서 9까지의 정수를 대입해서 식의 값이 0이 될 때의 x 값이 해다.

$x = 4$일 때 $4^2 - 10 \times 4 + 24 = 0$,

$x = 6$일 때 $6^2 - 10 \times 6 + 24 = 0$

따라서 $x = 4$, 6은 양쪽 다 $x^2 - 10x + 24 = 0$의 해다.

이차방정식을 푸는 법

(1) 제곱근의 개념을 이용해서 푸는 법

$ax^2 + c = 0$의 형태

$3x^2 - 12 = 0$

$3x^2 = 12$ ⟩ −12를 이항한다.

$x^2 = 4$ ⟩ x^2의 계수 3으로 양변을 나눈다.

$x = \pm 2$ ⟩ 제곱근을 구한다.

$(x + \triangle)^2 = \bigcirc$의 형태

$(x + 2)^2 = 25$ ← $x + 2 = x$라 하면 $x^2 = 25$, $x = \pm 5$

$x + 2 = \pm 5$

즉, $x + 2 = 5$, $x + 2 = -5$

이므로 $x = 3$, $x = -7$

$x^2 + px + q = 0$의 형태

$x^2 + 8x - 1 = 0$

$x^2 + 8x = 1$ ⟩ −1을 이항한다.

$x^2 + 8x + 4^2 = 1 + 4^2$ ⟩ 좌변을 제곱의 형태로 만들기 위해 x의 계수 8의 절반의 제곱을 양변에 더한다.

$(x + 4)^2 = 17$ ⟩ 좌변을 인수분해해서 $(x+\blacktriangle)^2 = \bullet$의 형태로 변형해서 푼다.

$x + 4 = \pm \sqrt{17}$

$x = -4 \pm \sqrt{17}$

일반적으로 $x^2 + px$ 식은 x의 계수 p의 $\frac{1}{2}$의 제곱, 즉 $(\frac{p}{2})^2$을 더해 $(x + \blacktriangle)^2$와 같은 제곱의 형태로 만들면 된다.

$$x^2 + px + \left(\frac{p}{2}\right)^2 = \left(x^2 + \frac{p}{2}\right)^2$$

이차방정식에는 해가 보통 2개 있지만, 해가 1개 있는 것도 있고, $x^2 + 1 = 0$처럼 실수의 해를 갖지 않고 다른 2개의 허수 해를 갖는 것도 있습니다.

(2) 해의 공식을 이용해 푸는 법

> 이차방정식의 해의 공식　$ax^2 + bx + c = 0$의 해는 $x = \dfrac{-b \pm \sqrt{b^2 - 4ac}}{2a}$

$2x^2 - 7x + 3 = 0$을 해의 공식으로 풀어본다.

해의 공식에 $a = 2$, $b = -7$, $c = 3$을 대입해서

$$x = \frac{-(-7) \pm \sqrt{(-7)^2 - 4 \times 2 \times 3}}{2 \times 2}$$

$$x = \frac{7 \pm \sqrt{49 - 24}}{4} = \frac{7 \pm \sqrt{25}}{4} = \frac{7 \pm 5}{4}$$

따라서 $x = 3$, $x = \dfrac{1}{2}$

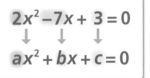

$$2x^2 - 7x + 3 = 0$$
$$\downarrow \qquad \downarrow \qquad \downarrow$$
$$ax^2 + bx + c = 0$$

a, b, c 값을 해의 공식에
대입해서 해를 구할 수도
있어요.

(3) 인수분해로 푸는 방법

$x^2 + 2x - 8 = 0$ ⟶ 인수분해 공식을 쓴다.

좌변을 인수분해하면

$(x - 2)(x + 4) = 0$ ⟩ $x{-}2$와 $x{+}4$의 곱이 0이므로

$x - 2 = 0$

또는 $x + 4 = 0$

따라서 $x = 2$, $x = -4$

> 두 개의 수를 A, B라 할 때
>
> $AB = 0$이라면
>
> $A = 0$ 또는 $B = 0$

$(x + 4)^2 = 2x + 7$ ⟩ 좌변을 전개한다.

$x^2 + 8x + 16 = 2x + 7$ 　이항해 정리한다. ⟩ (이차식) = 0의 형태로 변형한다.

$x^2 + 6x + 9 = 0$

$(x + 3)^2 = 0$ ⟩ 좌변을 인수분해한다.

$x + 3 = 0$

$x = -3$ ⟵ *이 해는 2개의 실수 해가 겹친 것이라 생각할 수 있으므로 중해(중근)라고 합니다.

이차방정식 푸는 방법

이차방정식 $x^2 - 4x - 21 = 0$을 다음 (1)~(3)의 어느 방법으로 풀 것인지 생각한다.

(1) $(x - \blacktriangle)^2 = \bullet$의 형태로 푼다 ⟨·········⟩ $x^2 - 4x + 4 = 25 \Rightarrow (x - 2)^2 = 25 \Rightarrow x - 2 = \pm 5$

(2) 풀이 공식으로 푼다 ⟨·········⟩ $x = \dfrac{-(-4) \pm \sqrt{(-4)^2 - 4 \times 1 \times (-21)}}{2 \times 1} = \dfrac{4 \pm \sqrt{100}}{2} = 2 \pm 5$

(3) 인수분해를 이용해 푼다 ⟨·········⟩ $(x + 3)(x - 7) = 0 \Rightarrow x + 3 = 0$ 또는 $x - 7 = 0$

이차방정식의 해의 개수

이차방정식 $ax^2 + bx + c = 0 \, (a \neq 0)$의 $b^2 - 4ac$를 D로 하면

*$D = b^2 - 4ac$를 이차방정식의 판별식이라고 한다.

(1) $D > 0$ ······ 다른 2개의 해를 갖는다.

(2) $D = 0$ ······ 1개의 해(중해)를 갖는다.

(3) $D < 0$ ······ 실수해를 갖지 않고 다른 2개의 허수 해(복소수)를 갖는다.

함수

함수 y가 x의 함수라는 것은 x의 값을 1개로 정하면, y값이 반드시 1개로 정해지는 법칙입니다.

▶ 다양한 함수 그래프

비례

$y = ax$로 나타내는 함수를 말합니다.

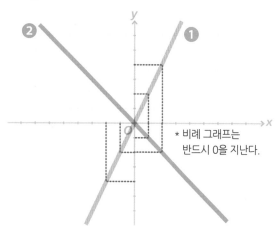

* 비례 그래프는
반드시 0을 지난다.

① $y = 2x$

x	...	-2	-1	0	1	2	3	...
y	...	-4	-2	0	2	4	6	...

$x=0$일 때 $y=0$

* x의 값이 2배가 되면 y값도 2배, x의 값이 3배가
되면 y값도 3배가 된다.

② $y = -x$

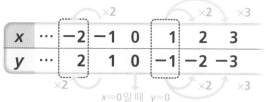

x	...	-2	-1	0	1	2	3
y	...	2	1	0	-1	-2	-3

$x=0$일 때 $y=0$

반비례

$y = \dfrac{a}{x}$로 나타내는 함수를 말합니다.

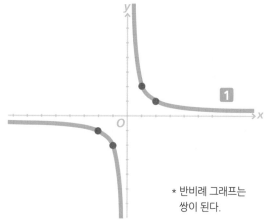

1

* 반비례 그래프는
쌍이 된다.

1 $y = \dfrac{2}{x}$

x	0	1	2	3	4
y	$-$	2	1	$\dfrac{2}{3}$	$\dfrac{1}{2}$

$x=0$일 때 값이 없음

x	-4	-3	-2	-1	0
y	$-\dfrac{1}{2}$	$-\dfrac{2}{3}$	-1	-2	$-$

* x의 값이 2배가 되면 y값은 $\dfrac{1}{2}$배, x의 값이 4배가
되면 y값은 $\dfrac{1}{4}$배가 된다.

일차함수

$y = ax + b$

로 나타내는 함수를
말합니다.

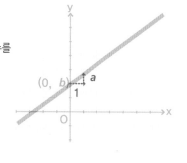

이차함수

$y = ax^2 + b$

로 나타내는 함수를
말합니다.

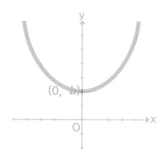

일상생활 속 함수의 개념

x의 값이 1개로 정해지면, y값이 정해진다.

↑ 1개의 버튼   ↑ 상품

상품(y) {

버튼(x) {

자동판매기

👁 의 버튼을 누르면

반드시 ⭐⋯ 의 상품이 나온다.

전철 자동 매표기도 그렇죠.

▶ 좌표가 뭐지?

x 방향과 y 방향이 있는 평면에서 어떤 점의 위치를 x값과 y값을 사용해 나타낸 것입니다.

당신이 살고 있는 집을 중심으로 해서 생각했을 경우, 다음 장소를 어떻게 설명하겠습니까?

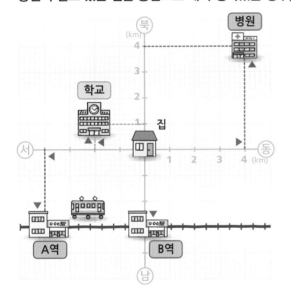

좌표의 개념을 이용한 지도

지도에서 장소를 찾고 싶을 때 색인을 찾으면 [38 C2N] 등으로 나옵니다. 이것은 지도에서 동서 방향과 남북 방향을 각각 몇 개로 나눠 나타낸 것입니다. 동서 방향을 x, 남북 방향을 y로 나타낸 좌표의 개념이 이용됐음을 알 수 있습니다.

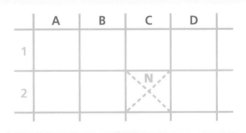

	A	B	C	D
1				
2			N	

➔ 답 하는 법

1 동서 방향으로 몇 km인가?
2 남북 방향으로 몇 km인가?

[답] 병원 동쪽으로 4km, 북쪽으로 4km | 학교 서쪽으로 2km, 북쪽으로 1km
A역 서쪽으로 4km, 남쪽으로 3km | B역 –, 남쪽으로 3km

➔ A (3, 2): x축 방향으로 3, y축 방향으로 2
B (−4, −5): x축 방향으로 −4, y축 방향으로 −5

그럼 C의 점은 어떤 식으로 나타낼 수 있습니까?

x축 방향은 2, y축 방향은 −3

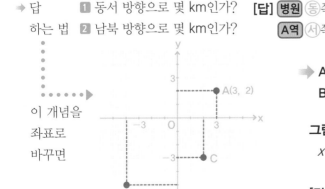

이 개념을 좌표로 바꾸면

[답]   C (2, −3)

1 x축 방향(동서)   **2** y축 방향(남북)

일차함수와 그래프

함수 중에서 y가 x에 관한 일차식으로 나타날 때, 이 함수를 일차함수라 합니다.

▶ **일차함수**

$$y = ax + b \Rightarrow$$

↑ 기울기   ↑ 절편

절편에서, $x = 0$일 때 $y = b$를 지나는 직선 ($(0, b)$를 지난다)
기울기에서 x의 값이 1 늘어날 때마다 y값이 a 만큼 늘어난다.
($(0+1, b+a)$를 지난다).

$y = 2x + 3$의 그래프에서 살펴보자

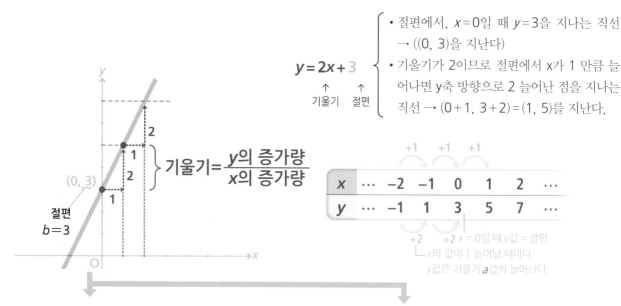

$$y = 2x + 3$$

↑ 기울기   ↑ 절편

• 절편에서, $x = 0$일 때 $y = 3$을 지나는 직선
  → ($(0, 3)$을 지난다)
• 기울기가 2이므로 절편에서 x가 1 만큼 늘
  어나면 y축 방향으로 2 늘어난 점을 지나는
  직선 → $(0+1, 3+2) = (1, 5)$를 지난다.

$$\text{기울기} = \frac{y\text{의 증가량}}{x\text{의 증가량}}$$

절편 $b = 3$

x	$\cdots$	-2	-1	0	1	2	$\cdots$
y	$\cdots$	-1	1	3	5	7	$\cdots$

$+1$ $+1$ $+1$

$+2$ $+2$ $x = 0$일 때 y값 = 절편
└ x의 값이 1 늘어날 때마다
    y값은 기울기 a값씩 늘어난다.

기울기를 바꿔본다

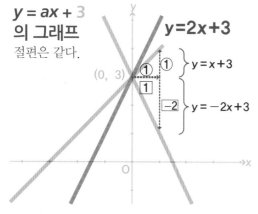

$y = ax + 3$
의 그래프
절편은 같다.

$y = 2x + 3$

$(0, 3)$

$y = x + 3$

$y = -2x + 3$

• **기울기가 +의 수(양의 정수)**이면 오른쪽 위로
  올라가는 직선
• **기울기가 −의 수(음의 정수)**이면 오른쪽 아래
  로 내려가는 직선

절편이 같고 기울기가 다른 일차함수는 절편을
중심으로 방사상으로 확산되는 직선이 됩니다.

절편을 바꿔본다

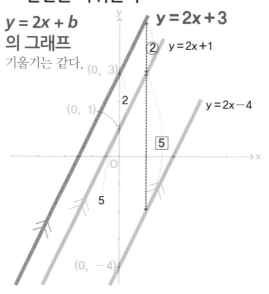

$y = 2x + b$
의 그래프
기울기는 같다.

$y = 2x + 3$

② $y = 2x + 1$

$(0, 3)$

$(0, 1)$

$y = 2x - 4$

$(0, -4)$

기울기가 같고 절편이 다른 일차함수는 y축과
만나는 점이 다른, **평행하는 직선**이 됩니다.

그래프에서 일차식을 파악한다

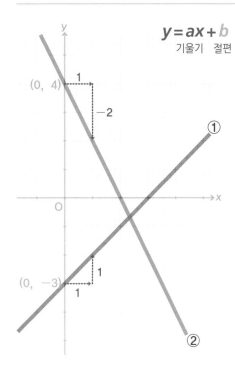

$y = ax + b$
기울기 절편

1 그래프의 절편을 찾는다

절편 b는 $x = 0$일 때의 y값, 즉 y축 위$(0, b)$에 나타낼 수 있는 점이므로

①의 절편 b는 -3
②의 절편 b는 4

2 기울기를 계산한다

절편 b는 $x = 0$일 때의 y값, 즉 y축 위$(0, b)$에 나타낼 수 있는 점이므로

기울기 $= \dfrac{y의\ 증가량}{x의\ 증가량}$ 이므로

①의 기울기 $= \dfrac{1}{1} = 1$

②의 기울기 $= \dfrac{-2}{1} = -2$

기울기가 1일 때
1은 쓰지 않아요.

1 2 로부터

①의 그래프: $y = x - 3$
②의 그래프: $y = -2x + 4$

일차식을 그래프로 나타낸다

● $y = 3x + 1$을 그래프로 나타내보자.

1 1. 절편을 취한다

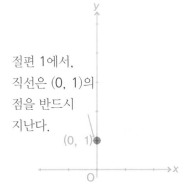

절편 1에서,
직선은 $(0, 1)$의
점을 반드시
지난다.

2. 기울기를 취한다

기울기 3에서, 절편
$(0, 1)$의 점으로부터
x축 방향으로 1, y축
방향으로 3을 지난
점$(1, 4)$를 취한다.

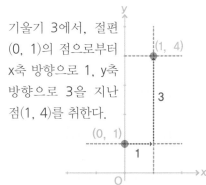

3. 선을 잇는다

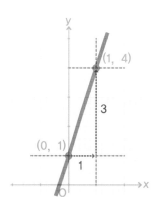

2 x와 y의 값을 취한다 x와 y에 각각 값을 대입해 계산합니다.

$y = 3x + 1$

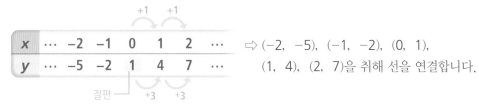

x	$\cdots$	-2	-1	0	1	2	$\cdots$
y	$\cdots$	-5	-2	1	4	7	$\cdots$

⇨ $(-2, -5)$, $(-1, -2)$, $(0, 1)$,
　 $(1, 4)$, $(2, 7)$을 취해 선을 연결합니다.

▶ 2직선의 교점

y가 x의 일차식으로 나타나는 함수 $y = ax + b$, $y = mx + n$이 평면 위에서 교차할 때, 그 교점의 x 좌표와 y 좌표는 연립방정식 $\begin{cases} y = ax + b \\ y = mx + n \end{cases}$ 해입니다.

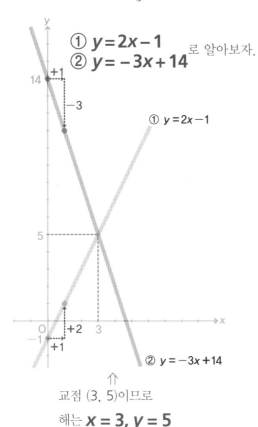

① $y = 2x - 1$
② $y = -3x + 14$ 로 알아보자.

교점 (3, 5)이므로
해는 $x = 3, y = 5$

① 그래프를 그려 교점을 구한다

① $y = 2x - 1$의 그래프

절편 y축 위(0, −1)를 지난다.

기울기 절편에서 x축 방향으로 1, y축 방향으로 2 움직인 점을 지난다.
(0+1, −1+2) = (1, 1)

② $y = -3x + 14$의 그래프

절편 y축 위(0, 14)를 지난다.

기울기 절편에서 x축 방향으로 1, y축 방향으로 −3 움직인 점을 지난다.
(0+1, 14−3) = (1, 11)

그래프로 보면 **(3, 5)**에서 만난다.

이 두 연립방정식의 해는 $x = 3, y = 5$

② 값을 넣어 확인해보자

① $y = 2x - 1$

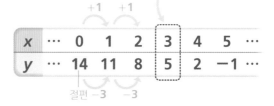

x	⋯	0	1	2	3	4	5	⋯
y	⋯	−1	1	3	5	7	9	⋯

절편 +2 +2

② $y = -3x + 14$ 양쪽 다 **(3, 5)**를 지난다.

x	⋯	0	1	2	3	4	5	⋯
y	⋯	14	11	8	5	2	−1	⋯

절편 −3 −3

식을 그래프로 나타낼 수 있도록 변형한다

$\begin{cases} -2x + y = -1 \\ 3x + y = 14 \end{cases}$

⇩ 변형시키면⋯.

$\begin{cases} y = 2x - 1 \\ y = -3x + 14 \end{cases}$

'$y =$'의 형태가 된다.

예를 들면

$-2x + y = -1$

우변에 이항하면 $+2x$가 된다.

교차하지 않는 직선

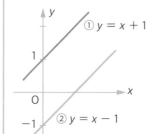

① $y = x + 1$
② $y = x - 1$

의 두 직선은 둘다 기울기가 1이다.
기울기가 같은 직선은 평행이다.
교차하지 않는다 = 해가 없다.

▶ 그래프와 도형

x축과 y축, 직선이 만드는 삼각형의 넓이는 좌표로 구할 수 있습니다.

1 직선과 y축, x축의 교점이 만드는 삼각형의 넓이

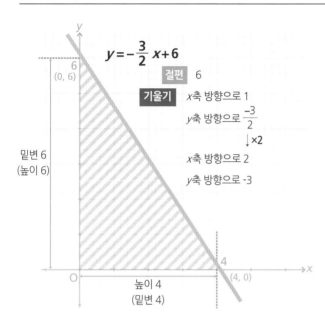

$y = -\dfrac{3}{2}x + 6$이 만드는 삼각형

① 직선과 y축의 교점

절편 6이므로 **(0, 6)** ← 밑변

② 직선과 x축의 교점

x축의 교점 $\Rightarrow y = 0$이므로

$$0 = -\frac{3}{2}x + 6$$

$\frac{3}{2}x = 6$ ← x를 좌변으로

$3x = 12$ ← 양변을 ×2

$x = 4$이므로 **(4, 0)** ← 높이

$\Downarrow$

$6 \times 4 \div 2 = 12$ **넓이 12**

y축과의 교점 x축과의 교점

2 y축과 두 직선이 만드는 삼각형의 넓이

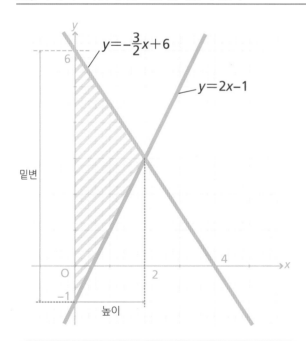

① 각 직선의 x축과의 교점을 구한다.
  $y = 0$으로 계산
② 두 직선의 교점을 구한다.
  교점 x 또는 y 값이 높이
③ 밑변 × 높이 ÷ 2로 구한다.

$y = -\dfrac{3}{2}x + 6$과 $y = 2x - 1$이 만드는 삼각형

① $y = -\dfrac{3}{2}x + 6 \rightarrow$ (0, 6)을 지난다.
② $y = 2x - 1 \rightarrow$ (0, -1)을 지난다.
    밑변은 길이 |절댓값|이므로
  $6 + 1 = 7$에서 밑변 7

> **넓이를 생각할 때는 절댓값으로!**
> • 양의 정수, 음의 정수
>   차의 절댓값을 그대로 더한다.
> • 양의 정수끼리, 음의 정수끼리
>   절댓값이 큰 쪽부터 작은 쪽을 뺀다.

③ 교점을 찾는다 $\rightarrow \left(\underset{x}{2}, \underset{y}{3} \right)$

밑변은 y축 → 높이는 x값 = 2
$\Downarrow$

$7 \times 2 \div 2 = 7$ **넓이 7**

그래프를 보고 밑변을 정해요.
밑변이 y축 → 교점인 x 값이 높이
밑변이 x축 → 교점인 y 값이 높이

이차함수와 그래프

함수 중에서 y가 x에 관한 2차식 $y = ax^2 + bx + c$로 나타날 때, 이 함수를 x에 대한 이차함수라고 합니다.

▶ 이차함수와 그래프

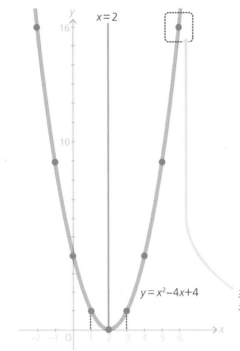

$y = x^2 - 4x + 4$

$y = ax^2 + bx + c$의 그래프

$y = x^2 - 4x + 4$의 그래프

❶ x에 정수를 넣고 y값을 계산한다.

x	$\cdots$	-2	-1	0	1	2	3	4	5	6	$\cdots$
y	$\cdots$	16	9	4	1	0	1	4	9	16	$\cdots$

* y값이 가장 작은(큰) 곳을 꼭짓점으로 한 포물선이 된다.
* $x = 2$를 축으로 한 선대칭 그래프가 된다.

❷ 계산해서 구한 점을 그려 연결한다.

포인트: 점과 점을 매끄럽게 연결해 점으로 선을 끊지 않도록 한다.

눈금의 폭을 생각하세요.

그래프를 비교해 본다

a의 값에 따라 포물선이 벌어지는 정도 a의 값이 커질수록 포물선이 좁아집니다.

$y = \dfrac{1}{4}x^2 - x + 1$ $a = \dfrac{1}{4}$

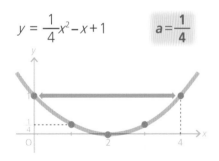

$y = x^2 - 2x + 1$ $a = 1$

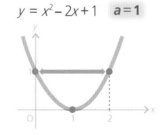

$y = 4x^2 - 4x + 1$ $a = 4$

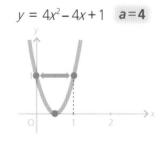

a의 값에 따른 포물선의 방향

$y = x^2 - 2x + 1$ $a = 1$

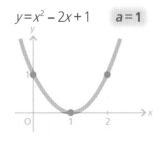

a가 양의 정수일 때
그래프는 골짜기 모양
➡ 위가 벌어진다.

$y = -x^2 + 2x - 1$ $a = -1$

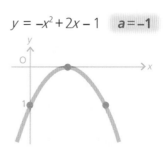

a가 음의 정수일 때
그래프는 산 모양
➡ 아래가 벌어진다.

▶ 이차함수의 성질

이차함수의 식을 변형해 그래프의 위치를 확인해보겠습니다.

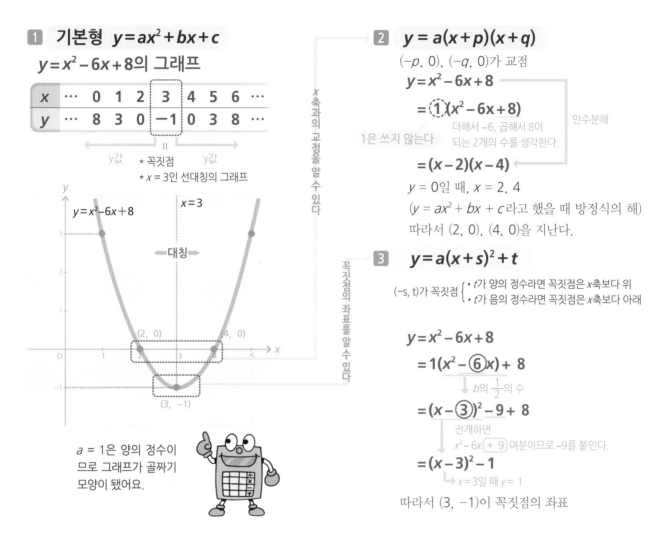

1 기본형 $y = ax^2 + bx + c$

$y = x^2 - 6x + 8$의 그래프

x	$\cdots$	0	1	2	3	4	5	6	$\cdots$
y	$\cdots$	8	3	0	-1	0	3	8	$\cdots$

y값　＊꼭짓점　y값
＊$x = 3$인 선대칭의 그래프

$y = x^2 - 6x + 8$
$x = 3$
◀대칭▶
(2, 0)　(4, 0)
(3, −1)

x축과의 교점을 알 수 있다

꼭짓점의 좌표를 알 수 있다

$a = 1$은 양의 정수이
므로 그래프가 골짜기
모양이 됐어요.

2 $y = a(x + p)(x + q)$

$(-p, 0)$, $(-q, 0)$가 교점

$y = x^2 - 6x + 8$

$= \textcircled{1}(x^2 - 6x + 8)$

1은 쓰지 않는다

더해서 −6, 곱해서 8이
되는 2개의 수를 생각한다.　인수분해

$= (x - 2)(x - 4)$

$y = 0$일 때, $x = 2$, 4
($y = ax^2 + bx + c$라고 했을 때 방정식의 해)
따라서 (2, 0), (4, 0)을 지난다.

3 $y = a(x + s)^2 + t$

$(-s, t)$가 꼭짓점 ⎰ ・t가 양의 정수라면 꼭짓점은 x축보다 위
　　　　　　 ⎱ ・t가 음의 정수라면 꼭짓점은 x축보다 아래

$y = x^2 - 6x + 8$

$= 1(x^2 - \textcircled{6}x) + 8$

b의 $\frac{1}{2}$의 수

$= (x - \textcircled{3})^2 - 9 + 8$

전개하면
$x^2 - 6x \boxed{+\ 9}$ 여분이므로 −9를 붙인다.

$= (x - 3)^2 - 1$

$x = 3$일 때 $y = 1$

따라서 (3, −1)이 꼭짓점의 좌표

▶ 이차함수와 x축의 교점

이차함수 $y = ax^2 + bx + c$를 방정식으로 해서 생각하면 x축과의 위치 관계를 알 수 있습니다.
$ax^2 + bx + c = 0$의 판별식 D로 하면, 해의 수와 x축과의 교점 수는 같습니다($D = b^2 - 4ac$).

판별식의 종류	$D = b^2 - 4ac > 0$	$D = b^2 - 4ac = 0$	$D = b^2 - 4ac < 0$
해의 수	2개	1개	해 없음
그래프 ⎛산 모양⎞ ⎝골짜기 모양⎠			
x축과의 교점	2개	1개	교차하지 않는다.

▶ 일차함수와의 교점

$y = x^2 - 2x - 3$과 $y = x + 15$의 교점을 구합니다.

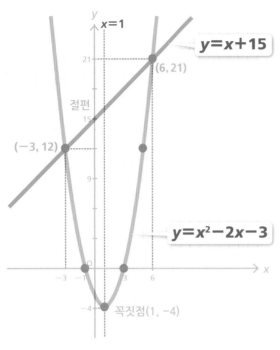

$y = x + 15$

(6, 21)

절편

(−3, 12)

$y = x^2 - 2x - 3$

꼭짓점(1, −4)

● $y = x^2 - 2x - 3$의 그래프의 값

x	⋯	−3	⋯	−1	⋯	1	⋯	3	⋯	5	⋯
y	⋯	12	⋯	0	⋯	−4	⋯	0	⋯	12	⋯

1 $y = x^2 - 2x - 3$을 바꾼다

2 인수분해 $y = (x + p)(x + q)$

$= (x - 3)(x + 1)$

$x = 3, \ -1$일 때 $y = 0$

3 $y = (x + s)^2 + t$(꼭짓점을 알아본다.)

$= (x - 1)^2 - 4$

$x = 1$일 때 $y = -4$

→ 꼭짓점(1, −4)

149쪽을 다시 보세요.

함수의 식을 알고 있을 때 교점을 구하는 법

일차함수, 이차함수의 식을 알고 있을 때

교점을 구하려면 $\begin{cases} ❶ \ y = x^2 - 2x - 3 \\ ❷ \ y = x + 15 \end{cases}$ 의 연립방정식을 푼다.

❶ $y = x^2 - 2x - 3$에 ❷ $y = x + 15$를 대입한다.

$x + 15 = x^2 - 2x - 3$ $x+15$를 우변에 이항

$0 = x^2 - 2x - 3 - x - 15$

$= x^2 - 3x - 18$

$= (x - 6)(x + 3)$

결국 $x = 6, \ -3$일 때 교차한다.   ❷에 대입

$x = 6$일 때 $y = 6 + 15 = 21$

$x = -3$일 때 $y = -3 + 15 = 12$

↓

교점은 $(6, \ 21) \ (-3, \ 12)$

교차하지 않는 함수와 직선

(이차함수의 식) − (일차함수의 식)을

$ax^2 + bx + c = 0$으로 한다.

판별식 $D = b^2 - 4ac$

❶ $D > 0$ ❷ $D = 0$ ❸ $D < 0$

교점에서 '변화의 비율'을 구한다

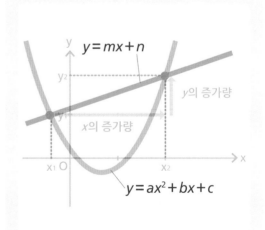

$y = mx + n$

y_2

y의 증가량

x의 증가량

x_1 x_2

$y = ax^2 + bx + c$

● **교점**

$\begin{cases} y = ax^2 + bx + c \\ y = mx + n \end{cases}$ 의 연립방정식을 푼다.

● **변화의 비율**

$= \dfrac{y\text{의 증가량}}{x\text{의 증가량}} = \dfrac{y_2 - y_1}{x_2 - x_1}$

$= m$

▶ 그래프와 도형①

이차함수의 꼭짓점과 일차함수와의 교점 (3개의 ★)이 만드는 삼각형의 넓이를 구합니다.

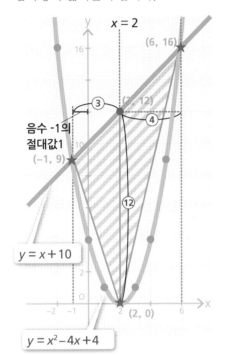

밑변을 ⑫로 해서 각각 왼쪽과 오른쪽 삼각형의 넓이를 구한다.

$$⑫ × ③ × \frac{1}{2} = 18$$

$$⑫ × ④ × \frac{1}{2} = 24$$

$$18 + 24 = 42$$

넓이　42

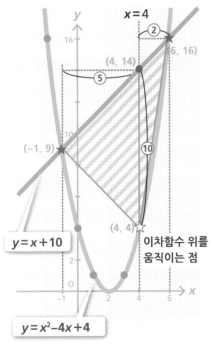

밑변을 ⑩으로 해서 각각 왼쪽과 오른쪽 삼각형의 넓이를 구한다.

$$⑩ × ⑤ × \frac{1}{2} = 25$$

$$⑩ × ② × \frac{1}{2} = 10$$

넓이　35

일차함수와 이차함수의 교점을 취한다

먼저 각각 교점 사이의 이차함수에 한 점을 취한다. 그리고 2개의 교점 ★와 이차함수 위의 점 ☆를 직선으로 연결하면 삼각형이 만들어진다. 이 삼각형을 2개로 나누려면 밑변이 되는 y축과 평행인 점 ☆를 지나는 직선을 생각하면 된다.

삼각형을 2개로 나누는 개념

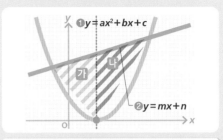

가와 **나**의 삼각형으로 나눠 생각한다

⬇

넓이를 구하는 데 필요한 좌표

1️⃣ 이차함수 ❶ $y=ax^2+bx+c$의 꼭짓점

2️⃣ ❶ $y=ax^2+bx+c$와 ❷ $y=mx+n$의
3️⃣ 교점 2개

4️⃣ 1️⃣의 점을 지나는 y축과 평행인 직선과 ❷의 교점

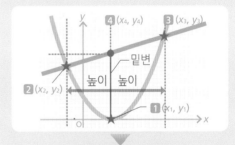

가의 넓이를 구한다

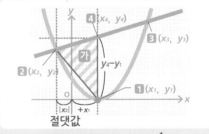

가 $(y_4 \ y_1) × (x_2 + x_1) × \frac{1}{2}$

⬇

나의 넓이를 구한다

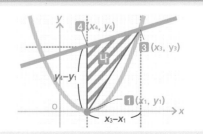

나 $(y_4 - y_1) × (x_3 - x_1) × \frac{1}{2}$

▶ 이차함수끼리의 교점

포물선 $y = ax^2 + bx + c$의 교점을 구해보겠습니다.

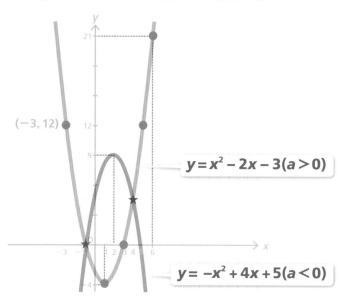

y = x² - 2x - 3(a > 0)

y = -x² + 4x + 5(a < 0)

> **1** 기본형 $y = ax^2 + bx + c$
> **2** x축과의 교점을 알 수 있다.
> $y = a(x + p)(x + q)$
> **3** 꼭짓점을 알 수 있다.
> $y = a(x + s)^2 + t$

> **1** $y = x^2 - 2x - 3$
> **2** $y = (x - 3)(x + 1)$
> x축과 3, −1에서 만난다.
> **3** $y = (x - 1)^2 - 4$
> $x = 1$일 때 $y = -4$가 꼭짓점인 이차함수

> **1** $y = -x^2 + 4x + 5$
> **2** $y = -(x + 1)(x - 5)$
> x축과 −1, 5에서 만난다.
> **3** $y = -(x - 2)^2 + 9$
> $x = 2$일 때 $y = 9$가 꼭짓점인 이차함수

교점을 구하려면 2개의 방정식을 연립방정식으로 해서 풉니다.

$$\begin{cases} y = x^2 - 2x - 3 \cdots \text{❶} \\ y = x^2 + 4x + 5 \cdots \text{❷} \end{cases}$$

❶을 ❷에 대입

$$x^2 - 2x - 3 = -x^2 + 4x + 5$$

모두를 좌변에 이항

$$2x^2 - 6x - 8 = 0$$
$$x^2 - 3x - 4 = 0 \quad \text{양변÷2}$$
$$(x + 1)(x - 4) = 0$$

따라서 **$x = -1, 4$**일 때 두 함수가 만난다.

이 x값을 ❶에 대입해서
$x = -1$일 때
$$y = 1 + 2 - 3 = 0$$
$x = 4$일 때
$$y = 16 - 8 - 3 = 5$$
따라서 교점은
$$(-1, 0), (4, 5)$$

● 일차함수와 일차함수
● 일차함수와 이차함수
● 이차함수와 이차함수
모두 교점을 구할 때는 $y =$ 의 식을 한쪽에 대입하는 거예요.

이차함수끼리의 교점의 수

$y = ax^2 + bx + c$를 $ax^2 + bx + c = 0$으로 하고, 판별식 $D = b^2 - 4ac$로 합니다. 두 이차방정식 Ⓐ－Ⓑ, 또는 Ⓐ－Ⓒ를 한 후의 이차방정식(위에 기재된 ▨▨▨▨▨)을 판별식에 넣습니다(Ⓐ$a \neq$ Ⓑa로 한다).

판별식 D	D > 0	D = 0	D < 0
두 그래프의 위치 관계 Ⓐ 가 골짜기 모양인 경우			
교점의 수	2개	1개	0

▶ 이차함수의 이동과 그래프 − 판별식과의 관계

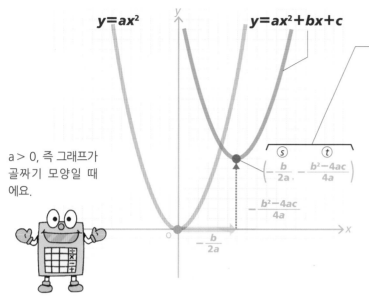

$y=ax^2$　　$y=ax^2+bx+c$

a > 0, 즉 그래프가
골짜기 모양일 때
에요.

$y=ax^2+bx+c$를 변형한다.
꼭짓점을 (s, t)라고 한 경우

3 $y=a(x+s)^2+t$

　(꼭짓점을 알 수 있는 형태 ➡ (꼭짓점$(-s, t)$))

$$y=a\left(x^2+\frac{b}{a}x+\frac{c}{a}\right)$$
$$=a\left(x+\frac{b}{2a}\right)^2-\frac{b^2}{4a}+\frac{c}{a}$$
$$=a\left(x+\frac{b}{2a}\right)^2-\frac{b^2-4ac}{4a}$$

이므로 $x=-\dfrac{b}{2a}$일 때 $y=-\dfrac{b^2-4ac}{4a}$

$y=ax^2+bx+c$의 꼭짓점은
$y=ax^2$의 그래프로부터

x축 방향에 $-\dfrac{b}{2a}$,

y축 방향에 $-\dfrac{b^2-4ac}{4a}$

$y=a(x+s)^2+t$에서　$t=\dfrac{b^2-4ac}{4a}$로 한다

$t < 0$일 경우

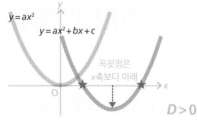

$y=ax^2$
$y=ax^2+bx+c$

꼭짓점은
x축보다 아래

$D > 0$

$$t=-\frac{b^2-4ac}{4a}<0$$
$$-\frac{b^2-4ac}{4a}<0 \quad\text{−1을 곱해 부등호를 반대로}$$
$$\frac{b^2-4ac}{4a}>0 \quad a>0$$이므로
$$\underset{D}{b^2-4ac}>0$$

$b^2-4ac>0$일 때 꼭짓점은 x축보다
아래에 있으므로 x축과의 **교점은 2개.**
그러므로 $D=b^2-4ac>0$

$t = 0$일 경우

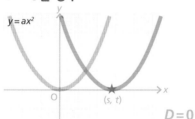

$y=ax^2$

(s, t)

$D = 0$

$$t=-\frac{b^2-4ac}{4a}=0$$
$a \neq 0$이므로
$$\underset{D}{b^2-4ac=0}$$

$D = 0$일 때
x축과의 **교점은 1개**

$t > 0$일 경우

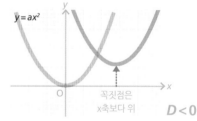

$y=ax^2$

꼭짓점은
x축보다 위

$D < 0$

$$t=-\frac{b^2-4ac}{4a}>0$$
$$\frac{b^2-4ac}{4a}<0$$
$$\frac{b^2-4ac}{4a}>0 \quad a<0$$이므로
$$\underset{D}{b^2-4ac<0}$$

$b^2-4ac<0$일 때 꼭짓점은 x축보다
위에 있으므로 x축과의 **교점은 0개.**
그러므로 $D=b^2-4ac<0$

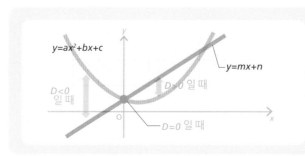

$y=ax^2+bx+c$

$D<0$ 일 때

$D>0$ 일 때

$y=mx+n$

$D=0$ 일 때

일차함수와 판별식

❶ $ax^2+bx+c=0$
❷ $mx+n=0$

$ax^2+(b-m)x+(c-n)=0$에서
이 식이 두 식의 차 ▮ 를 나타냅니다.

$D=(b-m)^2-4a(c-n)$

* 이차함수끼리라도 '차'를 나타내는 것은 같습니다.

부등식

두 수 또는 두 식의 관계를 부등호로 나타낸 것으로, 우변과 좌변의 크고 작음을 나타냅니다.

▶ 부등식이란?

어떤 수 x가 일정한 범위가 될 때, 그 수의 대소를 나타내는 식을 **부등식**이라고 합니다. **등식**이란, 등호(=)로 연결한 식에서 x가 정해진 수치를 나타내는 식입니다.

등식: $x = 0$

부등식: $x < 0$, $x > 0$, $x \leqq 0$, $x \geqq 0$

수직선을 사용해 x의 범위를 나타낸다

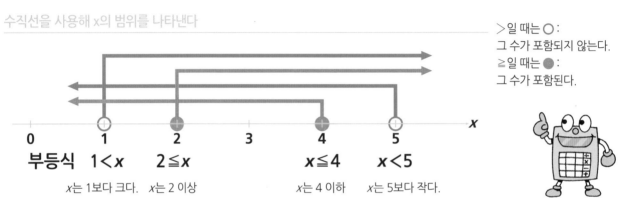

$>$일 때는 ○ :
그 수가 포함되지 않는다.
$\geqq$일 때는 ● :
그 수가 포함된다.

부등식 $1 < x$ $2 \leqq x$ $x \leqq 4$ $x < 5$

x는 1보다 크다. x는 2 이상 x는 4 이하 x는 5보다 작다.

다음 ①, ②일 때 x의 범위를 구한다.

① x가 1보다 크고 4 이하일 때

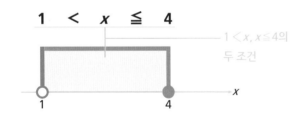

$1 < x$, $x \leqq 4$의
두 조건

② x가 2 이상이고 5보다 작을 때

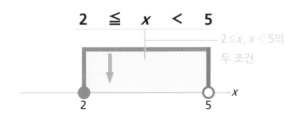

$2 \leqq x$, $x < 5$의
두 조건

'x는 정수'라는 조건을 더하면

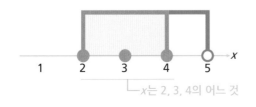

x는 2, 3, 4의 어느 것

부등식을 읽는 법

표기	읽는 법	숫자와의 관계
$0 < x$	0은 x보다 작다.	$x \neq 0$
$0 \leqq x$	0은 x보다 작거나 같다. $x = 0$도 있다.	$x = 0$도 있다.
$0 > x$	0은 x보다 크다.	$x \neq 0$
$0 \geqq x$	0은 x보다 크거나 같다. $x = 0$도 있다.	$x = 0$도 있다.

* x의, 0과의 대소 관계를 나타내는 부등식 읽는 법입니다.

▶ 부등식 계산 방법

기본적인 계산 방법은 방정식과 같습니다. 방정식을 푸는 법을 생각해보겠습니다.

x의 계수가 양의 정수일 때

$\star\ 5x - 8 > 2$

    -8을 우변에 이항

$5x > 2 + 8$

$5x > 10$

    양변을 5로 나눈다.

$x > 2$

x의 계수가 음의 정수일 때

$\star\ -3x + 4 < 7$

    +4를 우변에 이항

$-3x < 7 - 4$

$-3x < 3$

    양변을 -3으로 나눈다.
음의 정수로 나누기 때문에 **부등호의 방향이 바뀐다.**

$x > 1$

연립방정식을 푼다

$\star\ -4 < 2x + 6 \leqq 20$

    2개의 식으로 해서 생각한다.

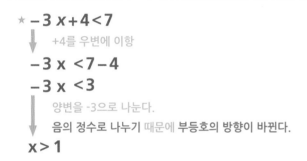

$\begin{cases} ① & -4 > 2x + 6 \\ ② & 2x + 6 \leqq 20 \end{cases}$

① $-4 < 2x + 6$

         x의 항을 좌변, 수의 항을
우변에 이항

$-2x < 6 + 4$

$-2x < 10$

    -2로 나눈다. **음의 정수로 나누므로
부등호의 방향이 바뀐다.**

$x > -5$

② $2x + 6 \leqq 20$

        $2x \leqq 20 - 6$

          $x \leqq 7$

음의 정수일 때는
방향이 바뀌는 것
이 포인트에요.

①과 ②를 합쳐 $-5 < x \leqq 7$

절댓값

  절댓값이란, 수직선 위에서 0으로부터의 거리를 말한다. 실수 a의 절댓값을 $|a|$라고 나타낸다.

양의 정수일 때 :

$a > 0$일 때, $|a| = a$

오른쪽으로 가면 갈수록 절댓값은 크다.

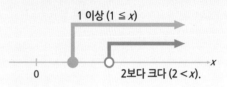

음의 정수일 때 :

$a < 0$일 때, $|a| = -a$

왼쪽으로 가면 갈수록 절댓값은 크다.

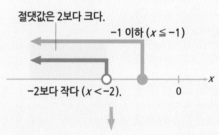

x가 -2보다 작다는 것은 x는 절댓값이 2보다 큰 음의 정수

부등호 방향

  x 등 어떤 수가 음의 정수일 때, 음의 정수로 양변을 '나누'거나 '곱'하면 부등호의 방향이 바뀐다.

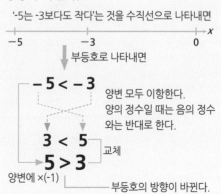

▶ 부등식과 그래프 ①

이차함수에서 x의 범위가 정해졌을 때, y값의 최대·최소를 구해보겠습니다.

$y=x^2-8x+7$의 이차함수에서 x가 $2 \leq x \leq 8$일 때 y의 최댓값과 최솟값은?

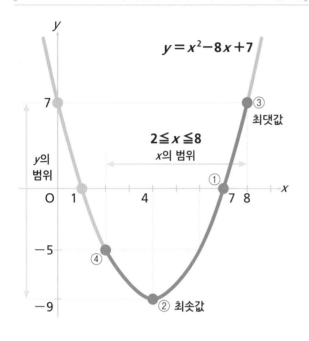

$$y = x^2 - 8x + 7$$
$$= (x-1)(x-7)$$

x축과 $x=1$, 7일 때 만난다.

$2 \leq x \leq 8$이므로, $x=7$일 때   ① $(7, 0)$

$$= (x-4)^2 - 9$$

$x=4$일 때 $y=-9$가 꼭짓점   ② $(4, -9)$

$2 \leq x \leq 8$이므로

└─ $x=8$일 때

$$y = 64 - 64 + 7 = 7$$ ③ $(8, 7)$

└─ $x=2$일 때

$$y = 4 - 16 + 7 = -5$$ ④ $(2, -5)$

①~④의 점을 y좌표로 보면

y의 범위

② < y < ③

     ┌─ 최솟값: $y = -9$
     └─ 최댓값: $y = 7$

이차함수 $y = x^2 - 8x + 7$로

x가 $2 \leq x \leq 8$일 때

y의 범위는 $-9 \leq y \leq 7$

부등호가 >이고
=가 없을 때,
y의 범위도 같은
부등호로

◀

① $(7, \boxed{0})$
② $(4, \boxed{-9})$
③ $(8, \boxed{7})$
④ $(2, \boxed{-5})$

늘어놓았을 때의
최댓값 7
최솟값 -9

$y = -x^2 + 8x - 7$에서 $2 < x \leq 8$일 때 y의 최댓값과 최솟값은?

등호가 들어 있는지, 들어 있지 않은지에 주의해서 풀어보세요.

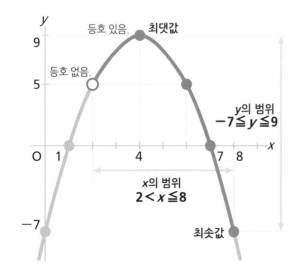

등호 있음.　최댓값

등호 없음.

y의 범위
$-7 \leq y \leq 9$

x의 범위
$2 < x \leq 8$

최솟값

그래프를 읽는 법

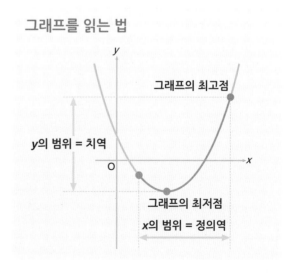

그래프의 최고점

y의 범위 = 치역

그래프의 최저점

x의 범위 = 정의역

▶ 부등식과 그래프 ②

x축(수직선)에 y축을 더한다는 생각으로 부등식을 풀어보겠습니다.

$x^2 - 6x + 5 > 0$을 푼다

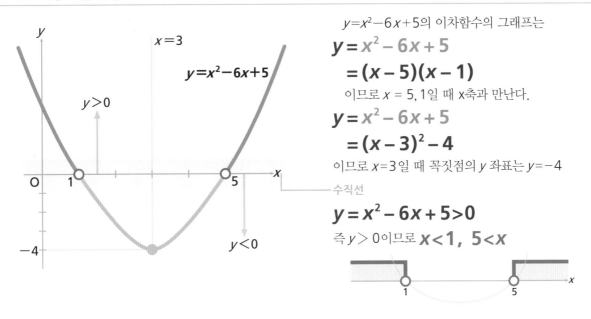

$y=x^2-6x+5$의 이차함수의 그래프는

$$y = x^2 - 6x + 5$$
$$= (x-5)(x-1)$$

이므로 $x = 5, 1$일 때 x축과 만난다.

$$y = x^2 - 6x + 5$$
$$= (x-3)^2 - 4$$

이므로 $x=3$일 때 꼭짓점의 y 좌표는 $y=-4$

—수직선

$$y = x^2 - 6x + 5 > 0$$

즉 $y>0$이므로 $x<1,\ 5<x$

이차함수 $y=ax^2+bx+c(a>0)$의 그래프와 부등식의 해의 관계

$$y = ax^2 + bx + c$$
$$= a(x-p)(x-q) \text{로 한다.}$$

· 판별식 $D=b^2-4ac$

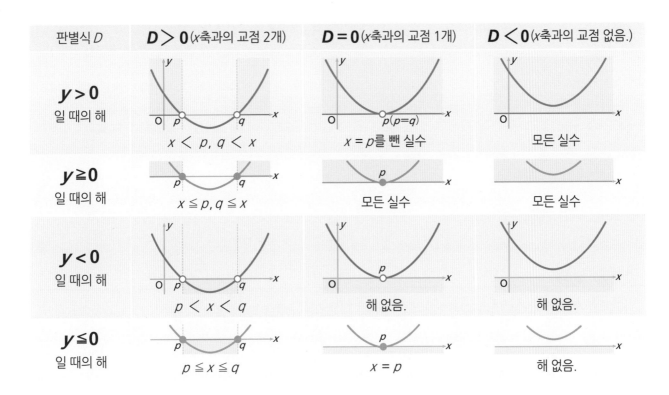

복소수와 복소수 평면

제곱해서 −1이 되는 새로운 수를 생각해, 이것을 문자로 i로 표시하고 $a+bi$(a, b는 실수)의 형태로 나타내는 수를 복소수라고 합니다. 그리고 복소수를 좌표평면 위의 점으로 나타냈을 때, 이 평면을 복소수 평면이라고 합니다.

▶ 복소수란?

$$i^2 = -1$$

복소수

실수a ($b=0$)	허수 $a+bi$ ($b\neq0$)

제곱하면 −1이 되는 새로운 수는 지금까지의 수(유리수와 무리수)와는 다르므로 특별한 기호 i로 나타냅니다. 이 i를 허수 단위라고 합니다. 그리고 $2i$, $4+3i$, $3-\sqrt{2}i$처럼 실수 a, b와 허수 단위 i를 이용해서 다음과 같이 나타내는 수를 복소수라고 합니다.

$$\alpha = a + bi$$

a를 복소수 α의 실수부
b를 복소수 α의 허수부라고 한다.

복소수 $\alpha=a+bi$는, $b=0$일 때 $\alpha=a$가 돼 실수이고, $b\neq0$일 때, 즉 α가 실수가 아닐 때, α를 **허수**라고 합니다. 특히 $a=0$ 또는 $b\neq0$일 때, α를 순허수($\alpha=bi$)라고 합니다.

i를 포함하는 수를 간단히 한다

i를 포함하는 수 계산은 i를 문자로 하는 식처럼 취급해 $i^2=-1$의 관계를 이용해 간단하게 합니다.

- $3i \times (-2i) = -6i^2 = -6 \cdot (-1) = 6$
- $\dfrac{1}{i} = \dfrac{i}{i^2} = \dfrac{i}{-1} = -i$ 　 $i^4 = (i^2)^2 = (-1)^2 = 1$
  └ 분모와 분자에 i를 곱한다.

$i^2=-1$을 사용해 간단히 하는 거죠.

복소수의 상등

$(5x-y)+(3x+1)i=3+4i$가 되는 실수 x, y를 구하면
좌변의 실수부와 우변의 허수부는 같으므로
$5x - y = 3 \cdots ①$
좌변의 허수부와 우변의 허수부는 같으므로
$3x + 1 = 4 \cdots ②$

①, ②를 연립방정식으로 해서 풀면

$x = 1$, $y = 2$

a, b, c, d가 실수일 때
$$a + bi = c + di$$
$\updownarrow$
$a = c$ 또는 $b = d$
특히 $a+bi = 0$
$\updownarrow$
$a = 0$ 또는 $b = 0$

▶ 복소수의 계산

복소수의 가감승제는 $a+bi$를 x의 정식 $a+bx$와 같이 취급해서 계산하고, i^2가 나왔을 때는 i^2를 −1로 바꿔놓습니다.

덧셈과 뺄셈

- $(2+3i) + (-5+i) = (2-5) + (3i+i) = -3+4i$ ← 실수부끼리 허수부끼리의 합
  └ 2+(−5) 실수부의 합 └ 허수부의 합
- $(3+2i) - (1-5i) = (3-1) + (2i+5i) = 2+7i$ ← 실수부끼리, 허수부끼리의 차
  └ 실수부의 차 └ 허수부의 차 2i−(−5i)

곱셈

- $(3+2i)(2-5i)=6+(-15+4)i-10i^2=6-11i-10\cdot(-1)$
  $$=16-11i$$
- $(3+2i)(3-2i)=9-4i^2=9-4\cdot(-1)=13$

2개의 복소수 $a+bi$, $a-bi$ 를 서로에게 **켤레복소수**라고 합니다. 켤레복소수의 합과 곱은 실수가 됩니다.

덧셈, 곱셈에 대해 교환법칙, 결합법칙, 분배법칙이 성립한다.

$$(a+bi)+(a-bi)=2a$$
$$(a+bi)(a-bi)=a^2+b^2$$

나눗셈

- $\dfrac{4-3i}{1+3i}=\dfrac{(4-3i)(1-3i)}{(1+3i)(1-3i)}=\dfrac{-5-15i}{10}=-\dfrac{1}{2}-\dfrac{3}{2}i$

  └ 분모와 켤레복소수 $1-3i$ 를 분모와 분자에 곱한다.

- $\dfrac{2+i}{2-i}=\dfrac{(2+i)(2+i)}{(2-i)(2+i)}=\dfrac{3+4i}{5}=\dfrac{3}{5}=\dfrac{4}{5}i$

나눗셈에 대해서는 켤레복소수를 이용해 분모를 실수로 하고 나서 계산한다.

복소수의 사칙연산

$$(a+bi)+(c+di)=(a+c)+(b+d)i$$
$$(a+bi)-(c+di)=(a-c)+(b-d)i$$
$$(a+bi)(c+di)=(ac-bd)+(ad+bc)i$$
$$\frac{a+bi}{c+di}=\frac{ac+bd}{c^2+d^2}=\frac{bc-ad}{c^2+d^2}i \quad (\text{단, } c+di\neq 0)$$

복소수

$a=a+bi$ 에 켤레복소수
$a-bi$ 를 $\overline{\alpha}$ 로 표시합니다.
$$\overline{\alpha}=a-bi$$

▶ $x^2=d$ 의 해

수의 범위를 복소수까지 확장하면 $x^2=a$ 형태의 방정식은 $a<0$ 의 경우에도 풀 수 있습니다.

$x^2=-3 \Rightarrow x=\pm\sqrt{-3}=\pm\sqrt{3}i \Rightarrow$ $x^2=(\pm\sqrt{3}i)^2$
$=(\pm\sqrt{3})^2i^2=3$

따라서 $x^2=-3$ 의 해는 $x=\sqrt{3}i$ 과 $x=-\sqrt{3}i$

$k>0$ 일 때
$$x^2=-k\text{의 해는}$$
$$x=\pm\sqrt{k}i$$

▶ 음의 실수의 제곱근과 그 계산

$k>0$ 일 때 $\pm\sqrt{k}i$ 는 $-k$ 의 제곱근입니다. 음의 실수 $-k$ 의 제곱근 $\sqrt{-k}$ 가 포함돼 있는 계산에서는 $\sqrt{-k}=\sqrt{k}i$ 의 형태로 바꿔 계산합니다.

- $\sqrt{-2}+\sqrt{-5}=\sqrt{2}i\cdot\sqrt{5}i=(\sqrt{2}+\sqrt{5})i$
- $\sqrt{-2}\cdot\sqrt{-3}=\sqrt{2}i\cdot\sqrt{3}i=\sqrt{2}\cdot\sqrt{3}\cdot i^2=-\sqrt{6}$
- $\sqrt{-3}\cdot\sqrt{-12}=\sqrt{3}i\cdot\sqrt{12}i=\sqrt{3}\cdot\sqrt{12}\cdot i^2=-6$
- $\dfrac{\sqrt{18}}{\sqrt{-2}}=\dfrac{3\sqrt{2}}{\sqrt{2}i}=\dfrac{3}{i}=\dfrac{3i}{i^2}=-3i$

*$\sqrt{(-3)\cdot(-12)}=\sqrt{36}=6$ 이므로 $\sqrt{-3}\cdot\sqrt{-12}\neq\sqrt{(-3)\cdot(-12)}$

$\sqrt{\dfrac{18}{-2}}=\sqrt{-9}=\sqrt{9}i=3i$ 이므로 $\dfrac{\sqrt{18}}{\sqrt{-2}}\neq\sqrt{\dfrac{18}{-2}}$ 이다.

음의 실수의 제곱근
$k>0$ 일 때
$$\sqrt{-k}=\sqrt{k}i$$
특히 $\sqrt{-1}=i$

근호 속이 음의 실수일 때는 그것을 i 를 이용한 형태로 바꾸고 나서 계산해요.

▶ 복소수 평면

평면 위에 좌표축을 정하고 복소수 $z=x+yi$에 점 (x, y)를 대응시키면 모든 복소수는 각각 평면 위의 점으로 표시됩니다. 그리고 모든 점은 각각 하나의 복소수로 표시됩니다.

오른쪽의 그림에서 점 A(2, 3), B(0, 3), C(−3, −2), D(3, −1)은 각각 $2+3i$, $3i$, $-3-2i$, $3-i$를 나타냅니다. 이와 같이 각 점 (x, y)가 복소수 $z=x+yi$를 나타내는 평면을 **복소수 평면**(또는 가우스평면)이라고 합니다. 복소수 평면에서는 x축을 **실수축**, y축을 **허수축**이라고 합니다.

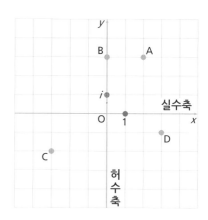

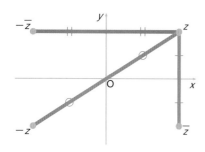

복소수 평면 위에서, 복소수 $z=x+yi$는 점 (x, y)으로 표시되고, 켤레복소수 $\bar{z}=x-yi$는 점 $(x, -y)$으로 표시되므로 두 복소수 z와 $\bar{z}$는 실수축에 대한 대칭입니다. 그리고 두 복소수 z와 $-z$는 원점 O에 대해 대칭이고, 두 복소수 z와 $-\bar{z}$는 허수축에 대하여 대칭입니다.

복소수의 절댓값

점 z와 원점 O와의 거리는 복소수 z의 절댓값이라 하고, $|z|$로 나타냅니다. $z=x+yi$의 절댓값은 다음과 같습니다.

$$|z| = |x + yi| = \sqrt{x^2 + y^2}$$
$$|z| = 0$$
$$\text{특히 } |z| = 0 \iff z = 0$$
$$|z| = |\bar{z}| \qquad |z|^2 = z\bar{z}$$

복소수 z에 대응하는 점 P를 P(z)라고 나타내요. 그냥 점 z라고도 하고요.

▶ 복소수의 합과 차

두 복소수 $z_1=a+bi$, $z_2=c+di$의 합을 z_3라고 하면 다음과 같이 됩니다.

$$z_3 = z_1 + z_2 = (a + c) + (b + d)i$$

복소수 z_1, z_2, z_3를 나타내는 점을 각각 P_1, P_2, P_3이라고 하면 $\overline{OP_3} = \overline{OP_1} + \overline{OP_2}$이다. 세 점 O, P_1, P_2가 일직선상에 없을 경우는 P_3는 $\overline{OP_1}$, $\overline{OP_2}$를 두 변으로 하는 평행사변형의 제4 꼭짓점임을 알 수 있다.

두 복소수 $z_1 = a + bi$, $z_2 = c + di$의 차 z_4는

$$z_4 = z_1 - z_2 = (a - c) + (b - d)i$$

라고 표시된다. 복소수 z_1, z_2, z_4를 나타내는 점을 각각 P_1, P_2, P_4라고 하면 $\overrightarrow{OP_4} = \overrightarrow{OP_1} - \overrightarrow{OP_2} = \overrightarrow{P_2P_1}$ 따라서 복소수의 차 z_1-z_2에는 벡터 $\overrightarrow{P_2P_1}$이 대응한다.

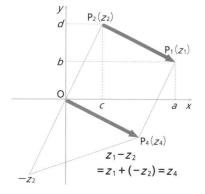

* 복소수 평면 위의 두 점 P_1 (z_1), P_2 (z_2) 사이의 거리는
$$P_1P_2 = \sqrt{(c-a)^2 + (d-b)^2} = |z_2 - z_1| \text{ 이다.}$$

▶ 극형식

복소수 평면 위에서 0이 아닌 복소수 $z=a+bi$ 가 나타내는 점을 P라고 했을 때 P와 원점 O와의 거리를 r, 동경 OP가 x축의 양의 부분이 되는 각을 θ라고 하면

$a = r\cos\theta,\ b = r\sin\theta$

이므로 $\boldsymbol{z = r(\cos\theta + i\sin\theta)}$라고 나타냅니다.

이것을 복소수 z의 극형식이라고 합니다.

여기서 $\boldsymbol{r = |z| = \sqrt{a_2 + b_2}}$ $(r > 0)$입니다.

그리고 θ를 복소수 z의 편각이라 하고, 기호 $\boldsymbol{\theta = \arg z}$라고 표시합니다. 보통 θ는 $0° \leq \theta \leq 360°$의 범위로 생각하지만, 정수 n을 이용해

$$\arg z = \theta + 360° \times n\ (n=0,\ \pm1,\ \pm2,\ \cdots)$$

라고 일반각으로 나타냅니다.

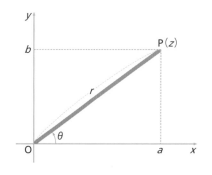

z의 편각 $\theta = \arg z$

argz는 'z의 알규먼트'라고 읽는다. arg는 argument(편각을 의미한다) 약자이다.

복소수 $z = 1 + \sqrt{3}i$의 극형식은

$$r = \sqrt{1^2 + (\sqrt{3})^2} = 2$$

> $z = a + bi$ 에서
> $a = 1,\ b = \sqrt{3}$ 이므로
> $r = \sqrt{a^2 + b^2} = \sqrt{1^2 + (\sqrt{3})^2}$

$$\cos\theta = \frac{1}{2},\ \sin\theta = \frac{\sqrt{3}}{2}$$

> $\cos\theta = \dfrac{a}{r} = \dfrac{1}{2},$
> $\sin\theta = \dfrac{b}{r} = \dfrac{\sqrt{3}}{2}$

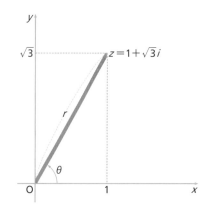

따라서 $\boldsymbol{\theta = 60°}$에 의해서

$$z = 2(\cos60° + i\sin60°)$$

▶ 복소수의 곱과 몫

0이 아닌 두 복소수를 극형식으로 나타냈을 때 z_1, z_2의 곱과 몫에 대해 다음 같은 식이 성립합니다.

$z_1 = r_1(\cos\theta_1 + i\sin\theta_1)$, $z_2 = r_2(\cos\theta_2 + i\sin\theta_2)$일 때

곱 $z_1 z_2 = r_1 r_2 \{\cos(\theta_1 + \theta_2) + i\sin(\theta_1 + \theta_2)\}$

$|z_1 z_2| = |z_1| \cdot |z_2|,\ \arg(z_1 z_2) = \arg z_1 + \arg z_2$

몫 $\dfrac{z_1}{z_2} = \dfrac{r_1}{r_2} \{\cos(\theta_1 - \theta_2) + i\sin(\theta_1 - \theta_2)\}$

$\left|\dfrac{z_1}{z_2}\right| = \dfrac{|z_1|}{|z_2|},\ \arg\left(\dfrac{z_1}{z_2}\right) = \arg z_1 - \arg z_2$

0이 아닌 두 복소수

$z = r(\cos\theta + i\sin\theta)$, $\alpha = \sqrt{3} + i = 2(\cos30° + i\sin30°)$

에 대해 점 αz는 오른쪽 그림처럼 나타낼 수 있습니다.

곱의 극형식에서

$$\alpha z = 2r\{\cos(\theta + 30°) + i\sin(\theta + 30°)\}$$

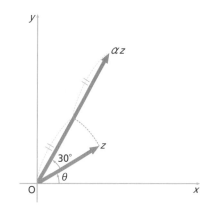

그러므로 점 αz는 점 z를 원점의 O 주위에 30°만 회전하고, 원점 O와의 거리가 2배인 점입니다.

미분

미분은 순간의 속도나 곡선 위의 점에서 접선의 기울기를 구할 때 이용할 수 있습니다.

▶ 미분이란?

자동차의 속도

고속도로를 달리는 자동차가 있습니다. 140km를 2시간 걸려 달렸을 때 평균 속도는 시속 70km입니다. 이때 평균 속도는

$$평균 속도 = \frac{주행거리}{시간}$$ 로 구할 수 있습니다.

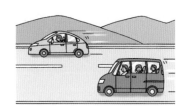

자동차의 순간 속도

실제로 자동차는 속도를 바꾸면서 달립니다. 요금소를 거치고 언덕길이나 커브를 지나며, 다른 자동차를 추월하기도 하면서 속도를 바꿉니다. 그때마다 순간 속도는 스피드미터로 확인할 수 있습니다.

$평균 속도 = \frac{주행거리}{시간}$로 구하는 속도는 시간이 10초간보다 1초간, 1초간보다 0.1초간, 0.1초간보다 0.01초간 식으로 한없이 0에 가까운 값 쪽이 순간의 속도에 가깝습니다. 미분이란, 자동차의 이 순간 속도를 구하는 것과 같습니다.

▶ 평균변화율

경사진 곳에서 공을 굴렸을 때 속도는 시간과 함께 변화합니다. 어느 정도 경사가 있는 곳에서, 공이 구르기 시작한 후 시간 x초와 구른 거리 ym 사이에 $y=x^2$ 관계가 성립한다고 하면 공이 구르기 시작한 후 평균 속도는 다음과 같습니다.

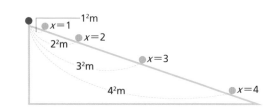

1초 후부터 2초 후까지의 $\frac{2^2-1^2}{2-1}=3\,(m/s)$
평균 속도는

2초 후부터 3초 후까지의 $\frac{3^2-2^2}{3-2}=5\,(m/s)$
평균 속도는

3초 후부터 4초 후까지의 $\frac{4^2-3^2}{4-3}=7\,(m/s)$
평균 속도는

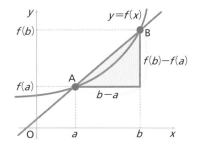

> **함수를 나타내는 법**
> $y=x^2$처럼 y가 x의 함수라는 것을 $y=f(x)$로 나타내고, $f(x)$의 식에 $x=a$를 대입해서 얻은 값을 $f(a)$로 나타냅니다.

일반적으로 함수 $y=f(x)$에서 x값이 a에서 b로 변화했을 때 $\frac{y의\ 변화량}{x의\ 변화량}$ $=\frac{f(b)-f(a)}{b-a}$를 x값이 a에서 b로 변화했을 때의 함수 $f(x)$의 **평균변화율**이라고 합니다.

$$평균변화율 = \frac{y의\ 변화량}{x의\ 변화량} = \frac{f(b)-f(a)}{b-a}$$

이 값은 곡선 $y=f(x)$ 위의 점 A(a, $f(a)$), B(b, $f(b)$)를 지나는 곡선의 기울기와 같다.

▶ 미분계수

함수 $y=f(x)$에서 x값이 a에서 $a+h$까지 변화했을 때의 평균변화율은 다음과 같습니다.

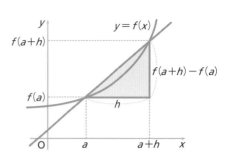

$$\text{평균변화율} = \frac{f(a+h)-f(a)}{h}$$

— y의 변화량 $f(a+h)-f(a)$
— x의 변화량 $(a+h)-a=h$

이 식에서 h를 한없이 0에 가까워지게 했을 때, 일정한 값에 한없이 가까워진다. 이 값을 **극한값**이라고 합니다.

앞 페이지의 경사진 곳에서 공을 굴린 예에서 구르기 시작한 후의 시간 x초와 구른 거리 ym 사이에 $y=x^2$ 관계가 성립할 때 x값이 1에서 $1+h$까지 변화할 때, 평균변화율과 극한값을 구해보자.

$$\text{평균변화} = \frac{f(1+h)-f(1)}{h} = \frac{(1+h)^2-1^2}{h} = \frac{1+2h+h^2-1}{h} = \frac{2h+h^2}{h}$$

$$= \frac{h(2+h)}{h} = 2+h$$

h가 한없이 0에 가까워지면 $2+h$는 한없이 2에 가까워지므로 $2+h$의 극한값은 2입니다.

이것을 다음과 같이 나타냅니다. 기호 lim 은 limit(극한)의 약자입니다.

$$\lim_{h \to 0}(2+h) = 2$$

> h값을 0에 가까워지게 해서 $\lim(2+h)=2$라는 것을 확인하면
> $h=0.1$일 때 $2+h=2.1$
> $h=0.01$일 때 $2+h=2.01$
> $h=0.001$일 때 $2+h=2.001$
> $h=0.0001$일 때 $2+h=2.0001$
> 처럼 2에 한없이 가까워져 간다는 것을 알 수 있습니다.

함수 $y=f(x)$에서 x값이 a에서 $a+h$까지 변화했을 때의 평균변화율 식 $\frac{f(a+h)-f(a)}{h}$ 에서 h를 한없이 0에 가깝게 했을 때의 극한값 $\lim_{h \to 0}\frac{f(a+h)-f(a)}{h}$ 를 $x=a$일 때 함수 $y=f(x)$의 **미분계수**라 하고 $f'(a)$로 나타냅니다.

이 예에서 극한값 2는 공이 굴러가기 시작하고 나서 1초 후에 공의 속도가 2m/s임을 나타내는 거예요.

> **미분계수**
> $$f'(a) = \lim_{h \to 0}\frac{f(a+h)-f(a)}{h}$$

미분계수와 접선의 기울기

함수 $y=f(x)$의 그래프 위의 점 A, B의 x 좌표를 각각 a, $a+h$라고 하면 함수 a에서 $a+h$까지의 평균변화율

$\frac{f(a+h)-f(a)}{h}$ 은 직선 AB의 기울기를 나타냅니다.

이 h를 한없이 0에 가까워지게 하면 점 B는 한없이 점 A에 가까워지고, 직선 AB는 점 A에서 곡선 $y=f(x)$의 접선에 가까워져갑니다. 이때 미분계수

$f'(a) = \lim_{h \to 0}\frac{f(a+h)-f(a)}{h}$ 는 접선의 기울기와 같아집니다.

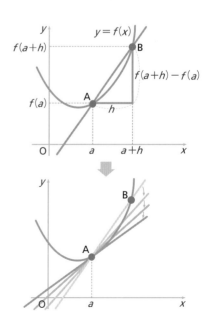

> **미분계수와 접선의 기울기**
> 곡선 $y=f(x)$ 위의 점$(a, f(a))$에서 접선의 기울기는 미분계수 $f'(a)$와 같다.

▶ 도함수

함수 $y=f(x)$의 $x=a$에서 미분계수 $f'(a)$는 다음 식으로 나타낼 수 있고, a값에 대해 $f'(a)$ 값이 정해지므로 $f'(a)$는 a의 함수가 됩니다.

미분계수 $\quad f'(a) = \lim\limits_{h \to 0} \dfrac{f(a+h)-f(a)}{h}$

이때 문자 a를 x로 바꿔 얻을 수 있는 함수 $f'(x)$를 함수 $f(x)$의 **도함수**라고 합니다. 함수 $f(x)$에서 그 도함수 $f'(x)$를 구하는 것을 $f(x)$를 **미분한다**고 합니다.

도함수 $\quad f'(x) = \lim\limits_{h \to 0} \dfrac{f(x+h)-f(x)}{h}$

함수 $f(x)=x^3$를 미분해보면

$$f(x+h) - f(x) = h(3x^2 + 3xh + h^2) \quad \Longleftarrow \quad (x+h)^3 - x^3$$

$$= (x^3 + 3x^2h + 3xh^2 + h^3) - x^3$$

이므로 $f'(x) = \lim\limits_{h \to 0} \dfrac{f(x+h)-f(x)}{h}$

$$= 3x^2h + 3xh^2 + h^3$$

$$= \lim\limits_{h \to 0} \dfrac{h(3x^2 + 3xh + h^2)}{h}$$

$$= h(3x^2 + 3xh + h^2)$$

$$= \lim\limits_{h \to 0}(3x^2 + 3xh + h^2) = 3x^2$$

함수 $y = f(x)$의 도함수를 나타내는 기호는 $f'(x)$ 외에 y', $\{f(x)\}'$ 등을 사용합니다.

도함수의 공식(1)

$f(x) = x$, $f(x) = x^2$, $f(x) = x^3$의 도함수를 구하면 가 $(x)' = 1$, $(x^2)' = 2x$, $(x^3)' = 3x^2$이 돼 오른쪽 도함수의 공식 ①이 성립합니다.

또한 정수의 도함수는 0이 됩니다. [공식 ②]

① x^n의 도함수

$\quad n$이 양의 정수일 때 $(x^n)' = nx^{n-1}$

② 함수 $f(x) = c$의 도함수

$\quad c$가 정수일 때 $f'(x) = (c)' = 0$

도함수의 공식(2)

x의 함수 $kf(x)$ (k는 정수), $f(x)+g(x)$, $f(x)-g(x)$의 도함수는 오른쪽의 공식 ③~⑤가 성립합니다.

③ $\{kf(x)\}' = k\{f(x)\}'$ (k는 정수)

④ $\{f(x) + g(x)\}' = f'(x) + g'(x)$

⑤ $\{f(x) - g(x)\}' = f'(x) - g'(x)$

함수 $f(x)$를 미분해서 $x=a$의 미분계수 $f'(a)$를 구한다!

함수 $f(x) = 2x^3 + 4x^2 - 6x + 5$를 미분해 $x=-1$, $x=3$의 미분계수 $f(-1)'$, $f(3)'$을 구한다.

$f(x)' = (2x^3 + 4x^2 - 6x + 5)'$

$\quad = (2x^3)' + (4x^2)' - (6x)' + (5)'$ ── 공식 ④·⑤

$\quad = 2(x^3)' + 4(x^2)' - 6(x)' + (5)'$ ── 공식 ③

$\quad = 2 \times 3x^2 + 4 \times 2x - 6 \times 1 + 0$ ── 공식 ①·②

$\quad = 6x^2 + 8x - 6$

$f(-1)' = 6 \times (-1)^2 + 8 \times (-1) - 6$

$\quad = 6 - 8 - 6$

$\quad = -8$

$f(3)' = 6 \times 3^2 + 8 \times 3 - 6$

$\quad = 54 + 24 - 6$

$\quad = 72$

▶ 함수 f(x)의 증가, 감소

함수의 증가와 감소는 도함수 $f'(x)$를 이용해 알아볼 수 있습니다.
곡선 $y = f(x)$ 위의 점 $(a, f(a))$에서 접선의 기울기는 미분계수 $f'(a)$와 같아집니다.

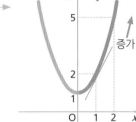

함수 $f(x)=x^2+1$의 그래프로 알아보면 오른쪽 그림과 같이 $x < 0$일 때 $f'(x) < 0$
으로, **접선의 기울기는 음**이 돼 그래프가 오른쪽 아래로 내려갑니다. 이때 x 값이 증
가하면 $f(x)$의 값은 감소합니다.

그리고 $x > 0$일 때 $f'(x) > 0$으로, **접선의 기울기는 양**이 돼 그래프가 오른쪽 위로
올라갑니다. 이때 x 값이 증가하면 $f(x)$의 값도 증가합니다.

이것을 오른쪽 같은 표를 이용해 알아보
면 확인할 수 있습니다.

$f'(x) = 2x$이므로

x	-3	-2	-1	0	1	2	3
$f'(x)$	-6	-4	-2	0	2	4	6
$f(x)$	10	5	2	1	2	5	10

함수의 증가, 감소는 함
수의 증감을 나타내는 다
음과 같은 표로 알아봅니
다. 이와 같은 표를 **증감
표**라고 합니다.

x	$\cdots$	0	$\cdots$
$f'(x)$		0	+
$f(x)$	↘	1	↗

함수 f(x)의 증가, 감소

일반적으로 함수 f(x)의 증감은 f'(x)의 부호로 판단할 수 있습니다.
$f'(x) > 0$이 되는 x의 범위에서 $f(x)$는 증가한다.
$f'(x) < 0$이 되는 x의 범위에서 $f(x)$는 감소한다.

함수 f(x)의 증가, 감소

(예) 함수 $f(x)=x^2+1$

① **$f'(x)$를 구한다.** → $f'(x) = 2x$
② **$f'(x)=0$을 푼다.** → $f'(x) = 0$의 해 $x = 0$을 경계로 해서 증감표를 만든다.
③ **증감표에 화살표(↗, ↘)를 기입한다.**
  → $f'(x) > 0$의 범위에서 ↗(증가), $f'(x) < 0$의 범위에서 ↘(감소)

▶ 함수의 극대 · 극소

함수 $y = f(x)$가 이차함수나 삼차함수 등 차수가 2 이상일 때, 함수의 값이 증가에서 감소로 바뀌는 점이나 감소에
서 증가로 바뀌는 점이 있습니다.

함수 $f(x) = x^3 - 6x^2 + 9x - 1$의 증감을 알아보면
$$f'(x) = 3x^2 - 12x + 9 = 3(x^2 - 4x + 3)$$
$$= 3(x-1)(x-3)$$

이므로 $f'(x)=0$의 해는 $x=1$, 3이
되기 때문에

$f(x)$의 증감표와 그래프는 오른쪽
과 같습니다.

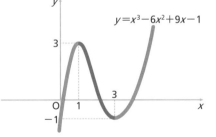

x	$\cdots$	1	$\cdots$	3	$\cdots$
$f'(x)$	+	0	-	0	+
$f(x)$	↗	극대 3	↘	극소 -1	↗

함수 $f(x)$는 $x=1$을 경계로 해서 증가에서 감소
로 바뀌고, $x=3$을 경계로 해서 감소에서 증가로
바뀐다.

이때 $f(x)$는 $x=1$에서 **극대**가 된다고 하고,
$f(1)=3$을 **극댓값**이라고 합니다.

그리고 $f(x)$는 $x=3$에서 **극소**가 된다고 하고,
$f(3)=-1$을 **극솟값**이라고 합니다.

함수 f(x)의 극댓값, 극솟값

$f'(x) = 0$이 되는 $x = a$를 경계로 해서
$f'(x)$가 양의 정수에서 음의 정수로 바뀌면 $f(a)$는 극댓값
$f'(x)$가 음의 정수에서 양의 정수로 바뀌면 $f(a)$는 극솟값
극댓값과 극솟값을 통틀어 극값이라고 한다.

적분

적분은 곡선이나 직선으로 둘러싸인 넓이를 구할 때 이용할 수 있습니다.

▶ 적분이란?

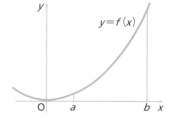

[그림 1]　　[그림 2]

적분은 넓이를 구하기 위해 생각해낸 것입니다. 예를 들면, 오른쪽 [그림 1]과 같은 곡선과 직선으로 둘러싸인 도형의 넓이는 삼각형이나 직사각형이나 원형의 넓이 공식을 이용해 구할 수 없습니다. 그럼 어떻게 해야 이 도형의 넓이를 구할 수 있을까요?

이 도형을 [그림 2]처럼 4개로 분할해보면, 도형의 넓이는 **파란 사각(　) 넓이보다 크고, 파란 사각(　)과 빨간 사각(■)을 합친 넓이보다 작다**는 것을 알 수 있습니다. 이것을 다시 2분할하고, 또 다시 2분할해 분할한 부분의 넓이를 작게 만들면 점점 빨간 사각(■)의 넓이가 작아져 도형의 넓이에 가까워집니다.

분할해 넓이를 구한다!

적분은 좌표평면 위의 곡선 $y=f(x)$와 직선 $x=a$, $x=b$와 x축으로 둘러싸인 도형의 넓이를 구하기 위해 생각한 방법이라고 할 수 있습니다.

간단한 곡선으로 생각해보겠습니다. 곡선이 오른쪽 그림처럼 포물선일 때 곡선 $y=f(x)$와 직선 $x=a$, $x=b$와 x축으로 둘러싸인 도형의 넓이 구하는 법을 생각해보겠습니다.

곡선과 직선으로 둘러싸인 도형을 2분할, 8분할하면 아래 ①～③과 같은 그림이 됩니다. 분할을 많이 할수록 빨간 사각(■)의 넓이는 감소하고, 파란 사각(　)의 넓이가 증가해서 구하는 도형의 넓이에 가까워지는 것을 알 수 있습니다.

분할을 계속해 무한으로 분할하면 ④와 같은 빨간 사각(■)이 없어지고, 파란 사각(　)의 넓이가 구하는 도형의 넓이에 한없이 가까워집니다.

이때 구할 수 있는 넓이를 $\int_a^b f(x)dx$라고 나타냅니다. $\int$은 '인티그럴'이라고 읽습니다.

① 2분할

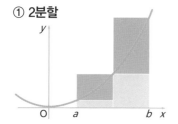

② 4분할

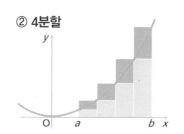

③ 8분할

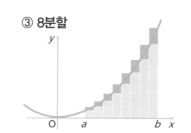

분할을 많이 할수록 빨간 사각(■) 넓이가 감소하고, 파란 사각(　) 넓이가 증가한다.

④ 무한분할

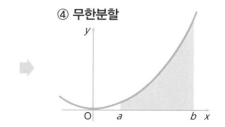

빨간 사각(■)이 없어지고, 파란 사각(　)이 구하는 도형의 넓이에 한없이 가까워진다.
곡선 $y=f(x)$와
직선 $x=a$, $x=b$와
x축으로 둘러싸인 도형의 넓이는

$$\int_b^a f(x)dx$$

▶ 부정적분

x^3, x^3+5, x^3-3은, 미분하면 아래와 같이 모두 $3x^2$가 됩니다.

$(x^3)' = 3x^2$

$(x^3+5)' = (x^3)' + (5)' = 3x^2$

$(x^3-3)' = (x^3)' - (3)' = 3x^2$

미분하면 $3x^2$이 되는 함수는 무수히 많으며, 모두 x^3+C (C는 정수)의 형태입니다.

x^3+C를 $3x^2$의 **부정적분**이라 하고,

$\int 3x^2 dx = x^3 + C$라고 씁니다.

일반적으로 $F'(x) = f(x)$가 성립할 때 $f(x)$의 부정적분은 오른쪽과 같습니다.

$f(x)$의 부정적분을 구하는 것을 $f(x)$를 **적분한다**고 합니다. 적분은 미분을 역으로 계산하는 것입니다.

$F'(x) = f(x)$가 성립할 때의 $f(x)$부정적분

$$\int f(x)dx = F(x) + C$$

(C는 정수)

정수 C를 **적분정수**라고 한다.

x^n의 부정적분

오른쪽 ①의 x^n의 부정적분 공식은 흔히 이용되는 기본적인 공식입니다.

이 공식은 x, $\dfrac{x^2}{2}$, $\dfrac{x^3}{3}$ 등 x^n의 함수를 미분한 결과를 이용해 부정적분으로 나타냄으로써 도출합니다.

$(x)' = 1$ 이므로 $\int 1 dx = x + C$

$\left(\dfrac{x^2}{2}\right)' = x$ 이므로 $\int x\,dx = \dfrac{x^2}{2} + C$

$\left(\dfrac{x^3}{3}\right)' = x^2$ 이므로 $\int x^2 dx = \dfrac{x^3}{3} + C$

부정적분의 공식

부정적분을 구할 때 오른쪽 부정적분 공식을 이용해 계산합니다.

k가 상수일 때 ②의 공식을 이용할 수 있고, 함수의 합과 차의 적분에서는 ③과 ④의 공식을 이용할 수 있습니다.

① x^n의 부정적분
n이 0 또는 양의 정수일 때

$$\int x^n dx = \frac{x^{n+1}}{n+1} + C$$

② $\int k f(x)dx = k \int f(x)dx$

(k는 상수)

③ $\int \{f(x) + g(x)\}dx$
$$= \int f(x)dx + \int g(x)dx$$

④ $\int \{f(x) - g(x)\}dx$
$$= \int f(x)dx - \int g(x)dx$$

부정적분 공식을 이용해 부정적분을 구한다!

(1) $\int (3x + 4)dx$의 부정적분을 구한다.

$\int (3x+4)dx = \int 3x\,dx + \int 4\,dx$ 공식 ③

$= 3\int x\,dx + 4\int dx$ 공식 ②

$= 3 \times \dfrac{x^2}{2} + 4 \times x + C$ 공식 ①

$= \dfrac{3}{2}x^2 + 4x + C$

(2) $\int (6x^2 - 5x - 7)dx$의 부정적분을 구한다.

$\int (6x^2 - 5x - 7)dx = \int 6x^2 dx - \int 5x\,dx - \int 7\,dx$ 공식 ④

$= 6\int x^2 dx - 5\int x\,dx - 7\int dx$ 공식 ②

$= 6 \times \dfrac{x^3}{3} - 5 \times \dfrac{x^2}{2} - 7 \times x + C$ 공식 ①

$= 2x^3 - \dfrac{5}{2}x^2 - 7x + C$

▶ 정적분

일반적으로 함수 $f(x)$의 부정적분을 $F(x)$라고 할 때, 오른쪽의 예처럼 $F(b)-F(a)$의 값은 적분정수 C와 관계가 없음을 알 수 있습니다.

이 $F(b)-F(a)$를 f(x)의 a에서 b까지의 **정적분**이라 하고, $\int_a^b f(x)dx$라고 나타냅니다.

그리고 $F(b)-F(a)$를 $[f(x)]_a^b$ 라고도 씁니다.

함수 $f(x)=2x$의 부정적분 $F(x)$는

$$F(x)=\int 2xdx=x^2+C$$

여기서 $F(2)-F(1)$을 구하면

$$F(2)-F(1)$$
$$=(2^2+C)-(1^2+C)=3$$

정적분 구하는 법

정적분을 구하는 법을 정리하면 오른쪽과 같은 공식이 됩니다. 이때 a를 **아랫값**이라 하고, b를 **윗값**이라고 합니다. ➡

$\int_1^3 x^2dx$의 정적분을 구해보자.

$$\int_1^3 x^2dx=\left[\frac{x^3}{3}\right]_1^3=\frac{3^3}{3}-\frac{1^3}{3}$$

$$=\frac{27}{3}-\frac{1}{3}=\frac{26}{3}$$

$\left[\frac{x^3}{3}\right]_1^3$은 $\left[\frac{x^3}{3}\right]_1^3=\frac{1}{3}[x^3]_1^3=\frac{1}{3}(3^3-1^3)$
$$=\frac{1}{3}(27-1)$$
이라고 계산할 수도 있습니다.

정적분 구하는 법 $F'(x)=f(x)$일 때

① $\int_a^b f(x)dx=[F(x)]_a^b$
$$=F(b)-F(a)$$

② $\int_a^b kf(x)dx=k\int_a^b f(x)dx$
(k는 정수)

③ $\int_a^b \{f(x)+g(x)\}dx$
$$=\int_a^b f(x)dx+\int_a^b g(x)dx$$

④ $\int_a^b \{f(x)-g(x)\}dx$
$$=\int_a^b f(x)dx-\int_a^b g(x)dx$$

정적분의 공식

정적분을 구할 때는 부정적분과 같이, 오른쪽의 정적분 공식을 이용해 계산합니다. k가 상수일 때 ②의 공식을 이용할 수 있고, 정적분의 합이나 차에서는 ③과 ④의 공식을 이용할 수 있습니다.

②~④의 공식은 부정적분과 같은 공식이에요.

정적분의 공식을 써서 정적분을 구한다!

$\int_1^4(3x^2-7x+5)dx$의 정적분을 구한다.

$\int_2^4(3x^2-7x+5)dx=\int_2^4 3x^2dx-\int_2^4 7xdx+\int_2^4 5dx$ 공식 ③④

$7\left[\frac{x^2}{2}\right]_2^4$은

[ ] 안의 분모 부분을 밖으로 꺼내

$\frac{7}{2}[x^2]_2^4$로 해서 계산할 수 있다.

$$=3\int_2^4 x^2dx-7\int_2^4 xdx+5\int_2^4 dx \text{ 공식 ②}$$

$$=3\left[\frac{x^3}{3}\right]_2^4-7\left[\frac{x^2}{3}\right]_2^4+5[x]_2^4 \text{ 공식 ①}$$

$$=[x^3]_2^4-\frac{7}{2}[x^2]_2^4+5[x]_2^4$$

$$=(4^3-2^3)-\frac{7}{2}(4^2-2^2)+5(4-2) \text{ 공식 ①}$$

$$=(64-8)-\frac{7}{2}(16-4)+5\times 2$$

$$=56-42+10=24$$

$[x^3-\frac{7}{2}x^2+5x]_2^4$로 해도 된다.

정적분은 이 형태로 해서 계산하는 일이 많다.

이것을 계산하면

$(4^3-\frac{7}{2}\times 4^2+5\times 4)$
$\qquad -(2^3-\frac{7}{2}\times 2^2+5\times 2)$

$=(64-56+20)-(8-14+10)$

$=28-4=24$

▶ 도형의 넓이와 정적분

곡선이나 직선으로 둘러싸인 도형의 넓이는 정적분을 써서 구할 수 있습니다.

$f(x) \geq 0$일 때의 넓이

일반적으로 $a \leq x \leq b$에서 $f(x) \geq 0$일 때, 곡선 $y=f(x)$와 x축 및 두 직선 $x=a$, $x=b$로 둘러싼 도형의 넓이 S는 $f(x)$의 a에서 b까지의 정적분과 같아집니다(166쪽).

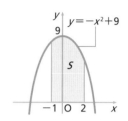

정적분과 넓이 (1)

$a \leq x \leq b$이고 $f(x) \geq 0$일 때

$$S = \int_a^b f(x)dx$$

곡선 $y=-x^2+9$와 x축 및 두 직선 $x=-1$, $x=2$로 둘러싸인 도형의 넓이 S는 $-1 \leq x \leq 2$이고, $-x^2+9 \geq 0$이므로

$\cdot\ S = \int_{-1}^{2}(-x^2+9)dx = \left[-\dfrac{x^3}{3}+9x\right]_{-1}^{2}$

$\quad = \left(-\dfrac{2^3}{3}+9 \times 2\right) - \left\{-\dfrac{(-1)^3}{3}+9 \times (-1)\right\}$

$\quad = -\dfrac{8}{3}+18-\dfrac{1}{3}+9 = 24$

$f(x) \leq 0$일 때의 넓이

$a \leq x \leq b$이고, $f(x) \geq 0$일 때 곡선 $f(x) \geq 0$와 x축 및 두 직선 $x=a$, $x=b$로 둘러싸인 도형의 넓이 S 구하는 법을 생각해보겠습니다.

곡선 $y=f(x)$와 곡선 $y=-f(x)$는 오른쪽 그림처럼 x축에 대칭이므로 넓이 S는 곡선 $y=-f(x)$와 x축 및 두 직선 $x=a$, $x=b$으로 둘러싸인 도형의 넓이 S'와 같습니다.

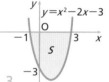

정적분과 넓이 (2)

$a \leq x \leq b$이고 $f(x) \leq 0$일 때

$$S = \int_a^b \{-f(x)\}dx$$

곡선 $y=x^2-2x-3$과 x축으로 둘러싸인 도형의 넓이 S를 구해보자.
곡선 $y=x^2-2x-3$과 y축의 교점 x 좌표는 $x^2-2x-3=(x+1)(x-3)=0$이므로 $x=-1$, 3
그리고 $-1 \leq x \leq 3$의 범위에서 $x^2-2x-3 \leq 0$이므로

$\cdot\ S = \int_{-1}^{3}\{-(x^2-2x-3)\}dx = \int_{-1}^{3}(-x^2+2x+3)dx = \left[-\dfrac{x^3}{3}+x^2+3x\right]_{-1}^{3}$

$\quad = \left(-\dfrac{3^3}{3}+3^2+3 \times 3\right) - \left\{-\dfrac{(-1)^3}{3}+(-1)^2+3 \times (-1)\right\} = 9-\left(\dfrac{1}{3}-2\right) = \dfrac{32}{3}$

두 곡선 사이의 넓이

$a \leq x \leq b$이고, $f(x) \geq g(x)$일 때 두 곡선 $y=f(x)$, $y=g(x)$와 두 직선 $x=a$, $x=b$로 둘러싸인 도형의 넓이 S는 오른쪽과 같이 구할 수 있습니다.

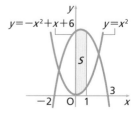

정적분과 넓이 (3)

$a \leq x \leq b$이고, $f(x) \geq g(x)$일 때
$S =$
$$\int_a^b \{f(x)-g(x)\}dx$$

두 곡선 $y=-x^2+x+6$, $y=x^2$와 두 직선 $x=0$, $x=1$로 둘러싸인 도형의 넓이 S를 구해보자.
$0 \leq x \leq 1$의 범위이고, $-x^2+x+6 \geq x^2$이므로

$\cdot\ S = \int_0^1\{(-x^2+x+6)-x^2\}dx = \int_0^1(-2x^2+x+6)dx$

$\quad = \left[-\dfrac{2}{3}x^3+\dfrac{x^2}{2}+6x\right]_0^1 = \left(-\dfrac{2}{3} \times 1^3+\dfrac{1^2}{2}+6 \times 1\right)-0$

$\quad = -\dfrac{2}{3}+\dfrac{1}{2}+6 = -\dfrac{4}{6}+\dfrac{3}{6}+6 = \dfrac{35}{6}$

오일러의 공식

■ 네이피어 수 e

오른쪽 그림에서 $y=\frac{1}{x}$인 그래프와 $x=1$, $x=e$ ($e>1$)와 x축으로 둘러싸인 부분의 넓이가 1이 되는 정수 e를 **네이피어 수**라고 합니다. 17세기 초에 로그를 발명한 존 네이피어(1550~1617년)의 이름을 따서 **네이피어 수**라고 부르게 됐습니다. e라는 기호는 레온하르트 오일러(Leonhard Euler, 1707~1783년)의 이름 Euler의 머리글자를 딴 것입니다.

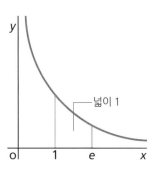

로그함수 $f(x)=\log_a x$를 미분하면

$$f'(x)=\lim_{t\to 0}\frac{\log_a(x+h)-\log_a x}{h}=\lim_{t\to 0}\frac{1}{h}\log_a\left(1+\frac{h}{x}\right)$$

$\frac{h}{x}=t$라 하면 $h\to 0$일 때 $t\to 0$이므로

$$f'(x)=\lim_{t\to 0}\frac{1}{tx}\log_a(1+t)=\frac{1}{x}\lim_{t\to 0}\log_a(1+t)^{\frac{1}{t}}$$

$t\to 0$일 때 $\lim(1+t)^{\frac{1}{t}}$는 극한값을 갖는다는 것을 알 수 있으므로 이 극한값을 e로 나타내면

$$e=\lim_{t\to 0}(1+t)^{\frac{1}{t}}$$ 이므로 $$(\log_a x)'=\frac{1}{x}\log_a e$$

특히 $a=e$일 때 $\log_e e=1$이므로 $(\log_e x)'=\frac{1}{x}$　로그함수의 도함수 $\log_e x$를 자연로그라 하고, e를 자연로그의 밑이라 정했습니다.

오일러는 e가 다음과 같은 무한급수로 나타낼 수 있음을 보였습니다.

$$e^x=1+x+\frac{x^2}{2!}+\frac{x^3}{3!}+\frac{x^4}{4!}+\cdots+\frac{x^k}{K!}+\cdots$$

$x=1$일 때는 e는 다음 식으로 표시된다.

$$e=1+\frac{1}{1!}+\frac{1}{2!}+\frac{1}{3!}+\frac{1}{4!}+\cdots$$

$$=1+1+0.5+0.1666\cdots+0.04166\cdots+\cdots$$

첫 항에서 제10항까지의 합을 구하면 e의 근삿값 2.71828을 얻을 수 있습니다. 이 네이피어 수 e는 무리수이며, π와 함께 초월수라는 것이 증명됐습니다.

■ 오일러의 공식

실수 θ에 대해 $e^{i\theta}=\cos\theta+i\sin\theta$가 성립한다는 이 식은 **오일러의 공식**(또는 오일러의 항등식)이라고 불립니다. 오일러의 공식에서 $\theta=\pi$라 하면 $\cos\pi=-1$, $\sin\pi=0$이므로

$$e^{\pi i}=-1 \ \ \text{즉} \ \ e^{\pi i}+1=0$$

가 나옵니다.

이 공식은 네이피어 수 **e**와 원주율 **π**, 허수 i의 관계를 나타내고 있어, '가장 아름다운 공식'으로 불리고 있습니다.

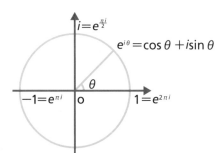

4 확률·자료의 활용

'확률'이라고 하면 복권이나 도박을 연상하는 사람이 적지 않을 것입니다. 실제로 확률론은 주사위 눈을 맞추는 게임 연구에서 비롯됐습니다. 하지만 '확률'이나 '통계'는 우리의 일상생활에서도 응용할 수 있는 것이 많습니다. 이 장에서 확률이나 통계를 어떻게 활용할지 생각해보겠습니다.

확률

한 사건이 일어날 수 있는 가능성을 수로 나타낸 것이 확률입니다.

▶ 확률이 뭐지?

주사위 눈이 나올 확률을 알아보겠습니다. 오른쪽 표는 주사위 던지는 횟수를 50, 100, 200, …, 2,000으로 늘려 1의 눈이 나온 횟수를 조사한 어느 실험 결과입니다. 어떤 사건이 일어나기 쉬운지 판단할 때 오른쪽 표처럼 상대도수를 많이 씁니다.

던진 횟수	1의 눈이 나온 횟수	1의 눈이 나올 상대도수
50	6	0.120
100	18	0.180
200	31	0.155
400	65	0.163
600	104	0.173
800	136	0.170
1,000	165	0.165
1,200	201	0.168
1,400	231	0.165
1,600	267	0.167
1,800	302	0.168
2,000	333	0.167

$$상대도수 = \frac{어떤\ 일이\ 일어난\ 횟수}{전체의\ 횟수}$$

오른쪽 그림은 위의 표의 '던진 횟수'와 '1의 눈이 나올 상대도수'의 관계를 꺾은선그래프로 나타낸 것입니다.

던진 횟수가 많아짐에 따라 1의 눈이 나올 상대도수는 일정한 값에 가까워집니다.

이와 같이 **어떤 사건이 일어나는 상대도수가 어느 일정한 값에 가까워질 때**, 이 값으로 그 사건이 일어날 가능성을 나타낼 수 있습니다. **이 값을 그 사건이 일어날 확률이라고 합니다.**

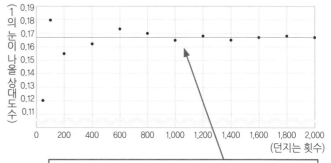

주사위 1의 눈이 나올 확률은 대개 0.167이라 생각된다.

실험이나 관찰, 조사로 구하는 확률

위 주사위 1의 눈이 나올 확률을 실험으로 구했습니다. 확률도 실험이나 관찰 혹은 조사로 구할 수 있습니다.

❶ 〈실험으로 구하는 확률〉 압정을 던졌을 때, 압정 핀이 위를 향할 확률

오른쪽 표는 어떤 압정을 던져서 압정 핀이 위를 향할 횟수와 그 상대도수를 나타낸 것입니다. 핀이 위를 향할 상대도수는 다음과 같이 구할 수 있습니다.

던진 횟수	핀이 위를 향한 횟수	핀이 위를 향할 상대도수
100	34	0.340
200	72	0.360
400	163	0.408
600	215	0.358
800	317	0.396
1,000	371	0.371
1,200	459	0.383
1,400	564	0.403
1,600	621	0.388
1,800	702	0.390
2,000	781	0.391

$$핀이\ 위를\ 향할\ 상대도수 = \frac{핀이\ 위를\ 향한\ 횟수}{던진\ 횟수}$$

던진 횟수가 많을수록 상대도수는 0.39에 가까워집니다. 따라서 압정 핀이 위를 향할 확률은 대략 0.39라고 생각할 수 있습니다.

❷ 〈관찰이나 조사로 구하는 확률〉 11월 3일이 맑을 확률

과거 30년간 기록에 의하면 11월 3일 맑았던 날은 19번 있었습니다. 11월 3일에 맑았던 상대도수는 30회 관찰해 19일 맑았으므로 다음과 같이 구할 수 있습니다.

$$맑았던\ 날의\ 상대도수 = \frac{맑은\ 날의\ 횟수}{관찰한\ 횟수} = \frac{19}{30} = 0.6333\cdots$$

따라서 11월 3일 맑을 확률은 대략 0.63이라고 생각할 수 있습니다.

이와 같이 실험을 무수히 반복할 수 없는 사건에서는 실제로 행한 여러 번의 관찰 결과나 조사를 토대로 그 일의 확률을 생각할 수 있습니다.

어떤 사건도 비슷하게 일어나는 경우의 확률

❶ 주사위 1의 눈부터 6의 눈이 나올 확률

주사위를 던졌을 때 잘 나오는 눈이 있을까요? 주사위가 제대로 만들어졌다면 1에서 6의, 어느 눈이 나오는 일도 비슷할 것입니다. 이와 같을 때 어떤 **결과도 비슷하게 일어난다고** 할 수 있습니다.

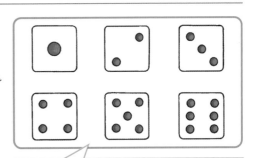

제대로 만들어진 주사위를 던졌을 때 일어날 수 있는 모든 경우는 1, 2, 3, 4, 5, 6의 눈이 나오는 6가지이며, 어느 눈이 나올 확률도 $\frac{1}{6}$이라고 생각할 수 있습니다.

주사위 1에서 6의, 어느 눈이 나오는 일도 거의 같다.

이 값은 $\frac{1}{6}$=0.1666…이므로 앞의 실험 결과로 구한 **확률 0.167**에 아주 가까운 수임을 알 수 있습니다.

이와 같이 확률이 *p*라는 것은 같은 실험이나 관찰을 여러 번 반복했을 때 그 사건이 일어날 상대도수가 *p*에 가까워진다는 것을 의미합니다.

어느 눈이 나올 확률도 $\frac{1}{6}$ 이에요.

확률이 같다면 실험을 하지 않아도 확률을 구할 수 있다.

❷ 100원짜리 동전을 던졌을 때 앞면과 뒷면이 나올 확률

100원짜리 동전을 던질 경우, 앞면이 나오는 일과 뒷면이 나오는 **일은 거의 같다**고 할 수 있습니다. 이때 일어날 수 있는 모든 경우는 '앞면이 나오는 것'과 '뒷면이 나오는 것' 2가지이므로 앞면이 나올 확률과 뒷면이 나올 확률은 각각 $\frac{1}{2}$입니다.

100원짜리 동전을 던질 때 **앞면이 나올 확률**이 $\frac{1}{2}$이라면,

→100원짜리 동전을 몇 번 던졌을 때, **앞면이 나올 상대도수**는 $\frac{1}{2}$(0.5)에 가깝습니다.

(100원짜리 동전을 던졌을 때, 2회 던지면 그중 한 번은 반드시 앞면이 나온다는 것은 아니다.)

앞면   뒷면

압정을 던졌을 때 핀이 위를 향하는 것과 아래를 향하는 것이 같다고 말할 수 있을까?

압정을 던졌을 때 일어날 수 있는 경우는 '핀이 위를 향하는 것'과 '핀이 아래를 향하는 것' 두 가지입니다.

일어날 수 있는 모든 경우가 두 가지일 때 어떤 결과가 일어나는 일도 같다는 것은 어떤 결과가 일어날 확률도 $\frac{1}{2}$(0.5)이라는 것입니다. 그렇다고 앞 페이지 실험 결과처럼 핀이 위를 향할 확률이 약 0.39일 때, 핀이 위를 향하는 것과 아래를 향하는 것이 같다고는 할 수 없습니다.

핀이 위   핀이 아래

▶ 확률 구하는 법

일어날 수 있는 모든 경우가 같을 때 실험이나 관찰을 하지 않고 확률을 계산으로 구할 수 있습니다.

계산으로 확률을 구하는 법

❶ 주사위 눈이 나올 확률

주사위를 던졌을 때 짝수 눈이 나올 확률을 계산으로 구할 수 있는 방법을 생각해보겠습니다.

주사위를 던졌을 때 눈은 오른쪽 그림처럼 전부 **6가지**이며, 어느 눈이 **나오는 일도 거의 같습니다.**

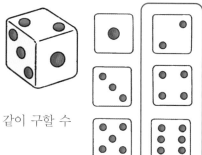

이 중 짝수 눈이 나오는 경우는 **3가지**이므로 짝수 눈이 나올 확률은 다음과 같이 구할 수 있습니다.

$$\text{짝수 눈이 나올 확률} = \frac{\text{짝수 눈이 나오는 경우의 수}}{\text{일어날 수 있는 모든 경우의 수}} = \frac{3}{6} = \frac{1}{2}$$

> **확률 구하는 법**
>
> 일어날 수 있는 모든 경우가 n가지이고, 그 어느 것이 일어나는 일도 같다고 할 때,
> A가 일어나는 경우가 a가지라 하면 A가 일어날 확률 p는 오른쪽과 같습니다.

$$p = \frac{a}{n}$$

❷ 트럼프의 카드를 뽑을 확률

트럼프 게임을 할 때 원하는 카드가 나왔으면 좋겠다고 생각하고 뽑겠지요. 이번에는 트럼프 카드를 뽑을 확률에 대해 생각해보겠습니다.

● 조커를 제외한 52장의 트럼프에서 한 장을 뽑을 때 그 카드가 다이아몬드일 확률 구하는 법을 생각해보겠습니다.

트럼프는 하트(♥), 스페이드(♠), 다이아몬드(♦), 클로버(♣) 4종류이고, 각각 13장씩 있습니다.

① 일어날 수 있는 모든 경우는 52장 안에서 1장을 뽑으므로 **52가지**입니다. 어느 카드가 뽑히는 **일도 거의 같다**고 할 수 있습니다.

② 다이아몬드(♦) 카드는 13장이므로 다이아몬드(♦) 카드를 뽑는 방법은 **13가지**입니다.

③ 따라서 다이아몬드(♦) 카드를 뽑을 확률은

$$\text{다이아몬드(♦) 카드를 뽑을 확률} = \frac{\text{다이아몬드(♦) 카드를 뽑는 경우의 수}}{\text{일어날 수 있는 모든 경우 수}} = \frac{13}{52} = \frac{1}{4}$$

● 또한 52장의 트럼프에서 1장을 뽑을 때 그 카드가 2일 확률은,

① 일어날 수 있는 모든 경우는 다이아몬드(♦) 카드를 뽑을 때와 마찬가지로 **52가지**입니다.

② 2의 카드는 하트(♥), 스페이드(♠), 다이아몬드(♦), 클로버(♣)의 4종류이므로 2의 카드를 뽑는 법은 **4가지**입니다.

③ 따라서 2의 카드를 뽑을 확률은

$$\text{2의 카드를 뽑을 확률} = \frac{\text{2의 카드를 뽑는 경우의 수}}{\text{일어날 수 있는 모든 경우 수}} = \frac{4}{52} = \frac{1}{13}$$

1장의 카드를 뽑을 때의 확률은 이와 같은 예를 기본으로 생각할 수 있습니다.

> 2의 카드를 뽑을 경우의 수가 적으므로 확률도 적겠지요.

확률 값의 범위

확률 값의 범위에 대해 알아보겠습니다.

오른쪽 그림 ①, ②, ③처럼 주머니에 구슬이 7개씩 들어 있습니다. 주머니에서 구슬을 1개 꺼낼 때 그 구슬이 **빨간 구슬**일 **확률**을 각각의 주머니에 대해 구해보겠습니다.

①에서 빨간 구슬이 나오는 경우는 4가지이므로 빨간 구슬이 나올 확률은 $\frac{4}{7}$입니다.

②에서 빨간 구슬이 나오는 경우는 7가지이므로 빨간 구슬이 나올 확률은 $\frac{7}{7} = \mathbf{1}$입니다.

③에서 빨간 구슬이 나오는 경우는 0가지이므로 빨간 구슬이 나올 확률은 $\frac{0}{7} = \mathbf{0}$입니다.

구슬을 1개 꺼냈을 때 그 구슬이 빨간 구슬일 확률은?

① 빨간 구슬 4개, 파란 구슬 3개

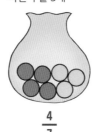

$\frac{4}{7}$

② 빨간 구슬 7개

$\frac{7}{7} = 1$

③ 파란 구슬 7개

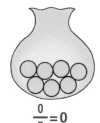

$\frac{0}{7} = 0$

> 어떤 사건이 일어날 확률을 p라 하면 언제나 $0 \le p \le 1$
> 반드시 일어날 확률은 $p = 1$
> 결코 일어나지 않을 확률은 $p = 0$

그림이나 표를 이용해 확률을 구하는 방법

일어날 수 있는 모든 경우를 생각할 때 그림이나 표를 이용하면 정리하기 쉽습니다. 100원짜리 동전 2개를 동시에 던졌을 때 1개가 앞면이고, 1개가 뒷면이 될 확률을 구해보겠습니다.

일어날 수 있는 모든 경우는 오른쪽 3가지라 생각하기 쉽지만, 그렇지 않습니다.

100원짜리 동전 2개를 동시에 던졌을 때 각각 앞면과 뒷면이 나오는 방법은 2가지입니다.

> 앞과 앞, 앞과 뒤, 뒤와 뒤 3가지 아닌가?

표로 생각한다

100원짜리 동전 2개를 각각 동전 A, 동전 B로, 오른쪽처럼 표를 그려 생각해보겠습니다.

동전 A가 앞면, 동전 B가 뒷면이 되는 경우를 (앞 , 뒤)라고 표기하면 일어날 수 있는 모든 경우는

(앞, 앞), (앞 뒤), (뒤 앞), (뒤, 뒤) → 4가지

일어날 수 있는 **가능성이 거의 같으며**, 이 중 1개가 앞면, 1개가 뒷면이 될 경우는 2가지입니다.

따라서 구하는 확률은 $\frac{2}{4} = \frac{1}{2}$

동전 A	동전 B
앞	앞
앞	뒤
뒤	앞
뒤	뒤

A   B

동전 A \ 동전 B	앞	뒤
앞	(앞, 앞)	(앞, 뒤)
뒤	(뒤, 앞)	(뒤, 뒤)

> 이런 식으로 정리해도 좋아요.

그림으로 생각한다

오른쪽 그림과 같이 일어날 수 있는 모든 경우를 정리할 수 있습니다. 이와 같은 그림을 **수형도**라고 하는데, 일어날 수 있는 모든 경우를 정리할 때 이용합니다.

이 그림에서 일어날 수 있는 모든 경우는 **4가지**이며, 그중 1개가 앞면이고, 1개가 뒷면이 되는 경우는 **2가지**임을 알 수 있습니다.

따라서 구하는 확률은 $\frac{2}{4} = \frac{1}{2}$

일어날 수 있는 모든 가능성이 거의 같을 때 수형도나 표를 이용해 확률을 구할 수 있습니다.

수형도

동전 A   동전 B

▶ 여러 확률

두 가지 사건이 동시에 일어났을 때의 확률이나 복권이 당첨될 확률 구하는 법을 생각해보겠습니다.

주사위 2개를 동시에 던졌을 때의 확률

주사위 2개를 동시에 던졌을 때 나오는 눈의 수 합이 7이 될 확률과 4의 배수가 될 확률을 각각 표를 이용해 구해보겠습니다.

2개의 주사위를 A, B로 해서 일어날 수 있는 모든 경우를 표로 정리하면 다음과 같습니다. 이 표에서는 A 주사위 눈이 a, B의 주사위 눈이 b가 되는 경우를 (a, b)로 나타냈습니다.

눈 수의 합이 7이 되는 확률

일어날 수 있는 모든 경우는 36가지이고, 어느 눈이 나오는 가능성도 같습니다. 이 중 눈 수의 합이 7이 되는 것은,

(1, 6), (2, 5), (3, 4), (4, 3),
(5, 2), (6, 1)

즉, 오른쪽 표의 ☐ 부분인 6가지이므로, 구하는

확률은 $\dfrac{6}{36} = \dfrac{1}{6}$

A＼B	1	2	3	4	5	6
1	(1, 1)	(1, 2)	(1, 3)	(1, 4)	(1, 5)	(1, 6)
2	(2, 1)	(2, 2)	(2, 3)	(2, 4)	(2, 5)	(2, 6)
3	(3, 1)	(3, 2)	(3, 3)	(3, 4)	(3, 5)	(3, 6)
4	(4, 1)	(4, 2)	(4, 3)	(4, 4)	(4, 5)	(4, 6)
5	(5, 1)	(5, 2)	(5, 3)	(5, 4)	(5, 5)	(5, 6)
6	(6, 1)	(6, 2)	(6, 3)	(6, 4)	(6, 5)	(6, 6)

눈 수의 합이 4가 되는 확률

눈 수의 합이 7이 되는 확률과 마찬가지로 오른쪽 위의 표를 이용해 구할 수 있습니다.

일어날 수 있는 모든 경우는 36가지이고, 그 어느 것도 일어날 가능성이 같습니다.

이 중 눈 수의 합이 4의 배수가 되는 것은 눈 수의 합이 4, 8, 12일 때이므로

(1, 3), (2, 2), (3, 1), (2, 6), (3, 5),
(4, 4), (5, 3), (6, 2), (6, 6)

즉, 위 표의 ◯ 부분의 9가지이므로 구하는 확률은 $= \dfrac{9}{36} = \dfrac{1}{4}$

어떤 일이 일어나지 않을 확률

어떤 일이 일어나지 않을 확률에 대해 알아보겠습니다.

위에서는 주사위 2개를 동시에 던졌을 때 나오는 눈 수의 합이 7이 될 확률을 구했습니다. 이번에는 눈 수의 합이 7이 되지 않는 확률은 어떻게 되는지 생각해보겠습니다.

눈 수의 합이 7이 되지 않을 확률

일어날 수 있는 모든 경우는 36가지이고, 어느 눈이 나올 가능성도 같습니다. 이 중 눈 수의 합이 7이 되는 것은 위의 예에서 알아본 대로 6가지입니다.

눈 수의 합이 7이 되거나 7이 되지 않는, 어느 한쪽이므로 눈 수의 합이 **7이 되지 않는 경우의 수는**

(모든 경우의 수) − (7이 되는 경우의 수)이므로,

36 − 6 = 30(가지)입니다. 따라서
눈 수의 합이 **7이 되지 않는 확률**은 $\dfrac{30}{36} = \dfrac{5}{6}$

이상으로부터 눈의 수의 합은
(7이 되는 확률)+(7이 되지 않는 확률) $= \dfrac{1}{6} + \dfrac{5}{6} = 1$

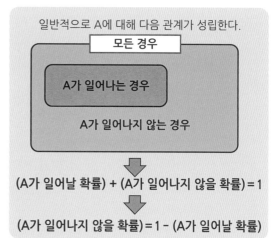

일반적으로 A에 대해 다음 관계가 성립한다.

모든 경우

A가 일어나는 경우

A가 일어나지 않는 경우

⬇

(A가 일어날 확률) + (A가 일어나지 않을 확률) = 1

⬇

(A가 일어나지 않을 확률) = 1 − (A가 일어날 확률)

복권에 당첨될 확률

A, B 두 사람이 5개 중 2개의 복권이 들어 있는 제비를 뽑습니다. A, B순으로 1개씩 뽑을 때, 어느 쪽이 당첨될 확률이 큰지 생각해보겠습니다.

일어날 수 있는 모든 경우의 수

당첨 복권에 ❶, ❷, 당첨되지 않은 복권에 ③, ④, ⑤ 번호를 붙이고 A, B의 제비 뽑는 방법을 수형도에 써서 나타내면 다음과 같습니다.

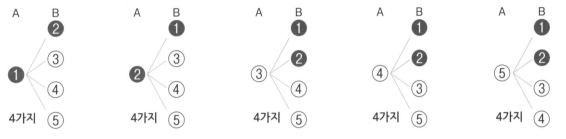

A가 ❶을 뽑았을 때, B가 뽑는 방법은 ❷, ③, ④, ⑤ 네 가지입니다. A가 ❷, ③, ④, ⑤ 중 어느 하나를 뽑았을 때도 B가 뽑는 방법은 4가지입니다. 따라서 일어날 수 있는 모든 경우는 20가지입니다.

당첨되는 경우의 수

'A가 당첨'되는 경우는 ❶이나 ❷를 뽑았을 때인 4+4=8(가지)이고, 'B가 당첨'되는 경우는 ❶이나 ❷를 뽑았을 때의 8가지입니다.

따라서 A와 B가 당첨될 확률은 양쪽 다 $\dfrac{8}{20}=\dfrac{2}{5}$로 같습니다.

→ 복권에 당첨될 확률은 먼저 뽑든, 나중에 뽑든 같습니다.

'적어도 ~가 될' 확률

빨간 구슬이 3개, 노란 구슬이 2개 들어 있는 주머니에서 동시에 2개의 구슬을 꺼냈을 때 적어도 1개는 빨간 구슬일 확률을 구하는 법을 생각해보겠습니다.

빨간 구슬을 A, B, C, 노란 구슬을 D, E라 한 다음, 구슬 꺼내는 법을 수형도에 써서 알아보았더니 다음과 같았습니다.

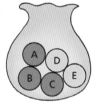

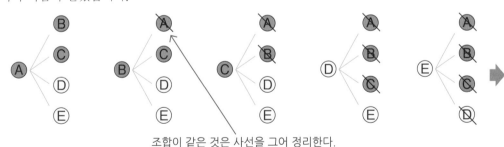

조합이 같은 것은 사선을 그어 정리한다.

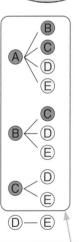

정리한 오른쪽 그림처럼 일어날 수 있는 모든 경우는 10가지이고, 그 어느 것이 일어날 가능성도 거의 같습니다.

2개 다 노란 구슬이 나올 확률은 **1가지**이기 때문에 그 확률은 $\dfrac{1}{10}$

'적어도 1개는 빨간 구슬이 되는 경우'는 '2개 다 노란 구슬이 아닌 경우'입니다.

따라서 적어도 1개는 빨간 구슬이 나올 확률은

$$1-(\text{2개 다 노란 구슬이 나올 확률})=1-\dfrac{1}{10}=\dfrac{9}{10}$$

'적어도 1개는 빨간 구슬'일 경우는 '2개 다 노란 구슬'이 아닌 경우다.

자료의 활용

자료를 목적에 맞게 정리하고, 그 경향과 특징을 조사해 활용합니다.

▶ 여러 가지 대푯값

　자료 값 전체를 하나의 값으로 대표하고, 이를 기준으로 자료를 비교하고 그 특징을 살피거나 판단할 수 있습니다. 이와 같이 자료 전체를 대표하는 값을 **대푯값**이라고 합니다. 대푯값에는 흔히 사용되는 **평균값** 외에 **중앙값**(메디안)이나 **최빈값**(모드)이 있습니다.

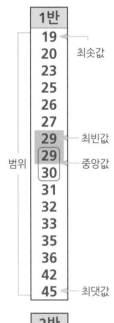

　왼쪽 표는 어느 초등학교 6학년 두 반 남자 어린이들의 소프트볼 던지기 기록(거리, 단위는 m)을 크기순으로 나타낸 것입니다.

평균값　자료 전체의 특징을 나타내는 수치로서 많이 이용된다.

$$평균값 = \frac{자료의\ 각\ 값의\ 합계}{자료의\ 개수}$$

1반 남자가 던진 거리의 평균값은

（소수 두 번째 자리를 반올림）

$$(19 + 20 + 23 + \cdots\cdots + 42 + 45) \div 16 = 30.12\cdots \rightarrow 30.1(m)$$

2반 남자가 던진 거리의 평균값은

$$(22 + 24 + 25 + \cdots\cdots + 38 + 40) \div 15 = 30.4(m)$$

중앙값(median)　자료 한 가운데 값. 자료의 개수가 짝수인 경우는 중앙에 있는 2개의 값을 취해 '중앙값'이라 한다.

1반 남자의 중앙값은　$(29 + 30) \div 2 = 29.5(m)$

2반 남자의 중앙값은　$30(m)$

최빈값(mode)　자료의 값 중에서 가장 빈번하게 나타나는 값

1반 남자의 최빈값은 $29(m)$, 2반 남자의 최빈값은 $30(m)$

범위(range)　자료의 최댓값과 최솟값의 차

1반 남자의 범위는　$45 - 19 = 26(m)$

2반 남자의 범위는　$40 - 22 = 18(m)$

분산 정도는 1반 쪽이 크네요.

▶ 도수분포표

　오른쪽 표는 왼쪽 자료를 토대로 거리를 5m마다 구간을 나눠 그 구간에 들어가는 자료의 개수를 정리한 것입니다.

　이와 같이 정리한 하나하나의 구간을 **계급**이라고 하고 그 폭을 **계급의 폭**이라고 합니다. 또한 각 계급에 들어가는 자료의 개수를 그 계급의 **도수**라 하고, 각 계급에 대응하는 도수를 오른쪽처럼 정리한 표를 **도수분포표**라고 합니다.

거리의 계급(m)		1반의 도수(명)	2반의 도수(명)
15 이상 20 미만		1	0
20	25	2	2
25	30	5	4
30	35	4	6
35	40	2	2
40	45	1	1
45	50	1	0
계		16	15

▶ 히스토그램과 도수꺾은선

알기 쉽게 도수의 분포를 그래프로 나타낼 수 있습니다. 오른쪽처럼 계급의 폭을 가로로 하고, 도수를 세로로 하는 직사각형 그래프를 **히스토그램**(또는 기둥그래프)이라고 합니다.

히스토그램에서 하나하나의 직사각형 윗변의 중앙 점을 순서대로 선분으로 연결합니다. 양끝에서는 도수가 0인 계급이 있을 것으로 생각해 선분을 가로축까지 늘립니다. 이렇게 해서 만든 꺾은선 그래프를 **도수꺾은선**(또는 도수분포다각형)이라고 합니다.

도수분포표와 히스토그램에서는

도수의 가장 많은 계급의 계급값

(도수분포표에서 각 계급의 가운데 값)을

최빈값이라고 합니다. 따라서
1반 남자의 최빈값은 27.5(m)
2반 남자의 최빈값은 32.5(m)

가 됩니다.

▼ 두 히스토그램을 비교하면

2반은 좌우 중앙이 높은 산 모양이고, 평균값보다 최빈값이 큽니다. 1반은 최빈값이 왼쪽으로 기울어 있고, 평균값보다 작습니다.

오른쪽 [그림 2]는 [그림 1]을 토대로 해서 1반 남자와 2반 남자의 도수꺾은선을 겹쳐 나타낸 것입니다.

▶ 상대도수

각 계급 도수의 전체에 대한 비율을 그 계급의 상대도수라고 합니다.

$$상대도수 = \frac{각\ 계급의\ 도수}{도수의\ 합계}$$

> 도수 전체를 1로 한 비율

오른쪽 [그림 3]은 아래의 상대도수를 꺾은선으로 나타낸 것입니다.

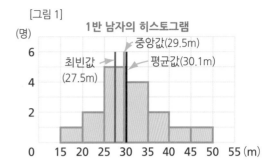

[그림 1]

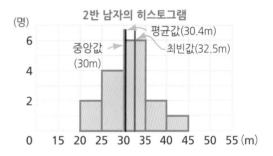

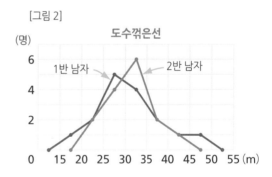

[그림 2]

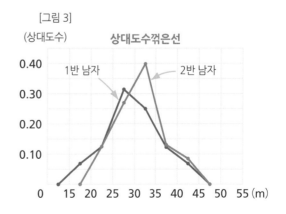

[그림 3]

거리의 계급(m)		1반의 상대도수	2반의 상대도수
15 이상	20 미만	0.06	0.00
20	25	0.13	0.13
25	30	0.31	0.27
30	35	0.25	0.40
35	40	0.13	0.13
40	45	0.06	0.07
45	50	0.06	0.00
계		1.00	1.00

> 도수가 달라도 상대도수를 이용하면 비교하기 편해요.

* 상대도수는 소수 두 번째 자리에서 반올림해 나타냈습니다.

▶ 표본조사

노란 구슬과 파란 구슬이 들어 있는 상자가 있습니다. 이 상자 안에서 적당히 구슬을 꺼낼 때 상자 안의 2종류의 구슬이 잘 섞여 있는 경우는 2종류의 구슬 비율이 전체와 거의 같은 비율이 될 것입니다. 그러나 잘 섞이지 않은 경우는 2종류의 구슬 비율이 전체와 같은 비율이라 생각할 수 없습니다.

한쪽에 치우치지 않게 집단의 일부분을 조사해 전체를 추측하는 방법을 **표본조사**라고 합니다. 한편, 국가적으로는 나라의 인구나 그 분포 등을 정확하게 알기 위해 국민 전체를 조사합니다. 이처럼 조사 대상이 되는 집단 전체를 조사하는 것을 전수조사라고 합니다.

모집단과 표본

표본조사를 할 때 경향을 알고 싶은 전체를 모집단이라고 하는데, 모집단의 일부분으로 취해 실제로 조사하는 것을 **표본**이라 하고, 추출한 자료의 개수를 **표본의 크기**라고 합니다.

표본의 추출

표본조사에서는 조사하는 것은 표본이지만, 표본의 경향에서 모집단의 경향을 추측하는 것이 목적이므로 모집단을 대표하도록 표본을 치우침 없이 취해야 합니다.

이 모집단에서 치우침 없는 표본을 추출하는 것을 **무작위로 추출한다**라고 합니다.

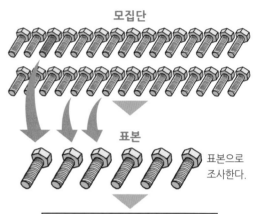

모집단

표본

표본으로 조사한다.

모집단의 경향이나 성질을 알 수 있다.

번호를 무작위로 추출하는 방법

모집단에 포함돼 있는 사람이나 사물에 하나하나 번호를 매겨 그 번호를 무작위로 추출해 표본을 만들 수 있습니다. 이 번호를 무작위로 추출하는 데는 다음 ①~③과 같은 방법이 있습니다.

① 난수표를 이용한다

난수표는 0에서 9까지의 숫자를 늘어놓은 것으로, 각 숫자가 나타날 확률이 상하, 좌우, 비스듬히 어디를 취해도 $\frac{1}{10}$이 되도록 돼 있으며, 숫자를 배열하는 방법에 규칙성이 없도록 만들어져 있다.

난수표 안의 어느 숫자에서 시작할지를 무작위로 정하고, 그로부터 상하, 좌우, 비스듬히 어느 쪽으로 진행할지를 정해 필요한 수만큼 취한다.

난수표 일부

28	89	65	87	08	13	50	63	04	23
30	29	43	65	42	78	66	28	55	80
95	74	62	60	53	51	57	32	22	27
01	85	54	96	72	66	86	65	64	60
10	91	46	96	86	19	83	52	47	53
05	33	18	08	51	51	78	57	26	17
04	43	13	37	00	79	68	96	26	60
05	85	40	25	24	73	52	93	70	50
84	90	90	65	77	63	99	25	69	02

② 난수주사위를 이용한다

난수주사위는 정이십면체 각 면에 0에서 9까지 숫자가 각각 2번씩 들어 있다. 주사위처럼 어느 눈이 나올 확률도 같게 돼 있다. 난수주사위를 2개 던지거나 1개를 2번 던지면 00~99 안에서 1개의 수를 옮길 수 있으며, 이를 필요한 숫자만큼 반복한다.

난수 주사위

출처 : 위펀 (www.weefun.co.kr) 체섹스 20 면체 주사위

③ 표 계산 소프트웨어를 이용한다

컴퓨터에서 표 계산 소프트웨어를 이용한다. 예를 들어, 1에서 100까지의 정수 안에서 하나의 수를 선택하려면 셀에

= INT(RAND()*100) + 1

이라고 입력한다.

이것을 필요한 수만큼 다른 셀에서 반복한다.

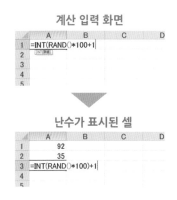

계산 입력 화면

난수가 표시된 셀

* ①~③의 어느 방법으로 해도 같은 수가 두 번 선택됐을 경우 또는 자료에 붙은 번호보다 큰 수가 선택된 경우에는 그것을 제외시킨다.

표본조사 활용

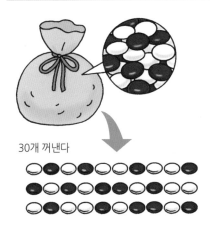

30개 꺼낸다

주머니 전체의 바둑돌이 모집단이고 꺼낸 바둑돌이 표본이라 생각하면 되겠네요.

(1) 주머니 안에 검정과 흰 바둑돌이 450개 들어 있다. 이 주머니 안에서 30개의 바둑돌을 무작위로 추출했더니 흰 바둑돌이 16개 들어 있었다. 이 주머니 안에는 흰 바둑돌이 대략 몇 개 들어 있다고 생각할 수 있을까?

주머니 안에서 무작위로 추출한 바둑돌 수는 30개로 그 안에 포함돼 있는 흰 바둑돌 16개의 비율은

꺼낸 바둑돌에 대한 흰 바둑돌의 비율 $= \dfrac{16}{30} = \dfrac{8}{15}$

무작위로 추출했기 때문에 검정과 흰 바둑돌의 수의 비율은 주머니 전체의 바둑돌이라 꺼낸 바둑돌에서는 대략 같다고 생각할 수 있다.

따라서 주머니 전체의 바둑돌 중 흰 바둑돌 총수는

$$450 \times \frac{8}{15} = 240 \;\rightarrow\; \underline{\text{대략 240개}}$$

(2) 어느 연못에 사는 총 잉어 수를 알아보기 위해 다음과 같은 방법을 취했다. 그물로 떠내자 30마리가 잡혀 그 전체에 표시를 해서 연못에 다시 놓아주었다. 3일 후 다시 같은 그물로 떠내자 20마리가 잡혔고, 그중 표시가 되어 있는 잉어는 4마리였다. 이 연못에 있는 잉어는 모두 몇 마리라고 추측할 수 있을까?

첫 번째에 잡힌 잉어 30마리에는 모두 표시를 한 다음 연못에 놓아주었으므로 연못에 있는 잉어의 총수를 x마리라 하면, x마리와 표시가 붙은 잉어 30마리의 비와 두 번째 잡힌 잉어 20마리와 표시돼 있는 4마리의 비율은 같다고 할 수 있으므로

$$x : 30 = 20 : 4 \;\rightarrow\; 4x = 600$$

비례식 $a : b = c : d \rightarrow ad = bc$

그러므로 $x = 150$

대략 150마리

첫 번째 잡힌 잉어

두 번째 잡힌 잉어

잡힌 잉어 20마리 중 표시돼 있는 잉어는 4마리이므로 비율로 표시하면 20 : 4

황금비

오른쪽 그림 같은 직사각형 ABCD에서 AB를 한 변으로 하는 정사각형 ABFE를 만들면, 나머지 직사각형 CDEF가 원래의 직사각형 ABCD와 닮음일 때 이 직사각형을 **황금직사각형**이라고 합니다. 직사각형 CDEF에서 CF를 1변으로 하는 정사각형 CGHF를 만들면, 그 나머지 직사각형 GDEH도 황금직사각형이 됩니다.

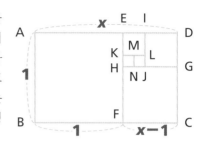

직사각형 ABCD에서 AB의 길이를 1, AD의 길이를 x라고 하면 $(x-1):1=1:x$가 되고, $x(x-1)=1$, $x^2-x-1=0$ 이것을 풀면

$$x=\frac{1\pm\sqrt{5}}{2}\quad x>0$$이므로 $x=\frac{1+\sqrt{5}}{2}$

따라서 직사각형 ABCD의 세로와 가로의 길이는 $AB:AD=1:\frac{1+\sqrt{5}}{2}$ 이 됩니다. 이 비율을 **황금비**라고 합니다. $\sqrt{5}=2.236$이라고 하면, $\frac{1+\sqrt{5}}{2}=1.618$이 되므로

$$1:\frac{1+\sqrt{5}}{2}=1:\mathbf{1.618}\rightarrow$$ 이 비율은 거의 **5:8**이라고 할 수 있습니다.

우리 주위에서 흔히 볼 수 있는 명함이나 카드의 세로와 가로 길이 비율도 이 황금비로 돼 있습니다. 루브르미술관에 소장돼 있는 밀로의 비너스 발끝부터 배꼽까지의 길이와 배꼽부터 머리끝까지의 길이 비율도 황금비이고, 파르테논 신전의 정면에서 본 높이와 가로 폭의 비율도 5:8로 황금비입니다. 또한 앵무조개 껍질의 무늬에도 피보나치 수열이 있고, 해바라기 씨앗의 배열, 솔방울의 모양 등에서도 황금비를 볼 수 있습니다.

1, 1, 2, 3, 5, 8, 13, 21, 34, 55, 89, …

이 수열을 **피보나치 수열**이라고 합니다. 피보나치 수열이란, 앞의 두 수의 합이 바로 뒤의 수가 되는 수의 배열로, 이웃해 있는 2개 항의 비율이 황금비에 한 없이 가까워집니다. 다음과 같이 이웃해 있는 2항의 비율은 1:1.618에 가깝습니다.

2:3=1:1.5
3:5
=1:1.666…
⋮
34:55
=1:1.617…
55:89
=1:1.618…
⋮

또한 이 수열의 각 항을 반지름으로 해서 정사각형의 마주 대하는 각을 지나는 원을 그리면 나선형이 됩니다.

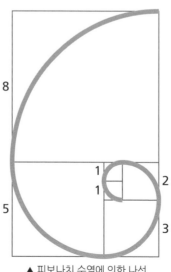

▲ 피보나치 수열에 의한 나선

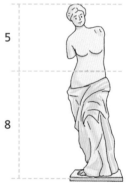

▲ 밀로의 비너스

▲ 파르테논 신전

피보나치 수열

12~13세기의 이탈리아 수학자 레오나르도 피보나치는 아라비아에서 배운 아라비아 수학을 『Liber Abaci(주판서)』에 정리해 소개했습니다. 이 책에서 '토끼의 출생 수'에 관한 문제 해답으로 사용된 수열이 후에 피보나치의 수열로서 알려지게 됐습니다. 이 수열은 인도의 수학책에도 기록됐 있었으나 유럽에서는 이 서적에서 처음으로 소개했습니다.

■'피보나치 수열'이란?

『Liber Abaci(주판서)』에는 다음과 같은 문제가 있습니다.

> 갓 태어난 한 쌍(암컷과 수컷)의 토끼가 있습니다. 토끼는 태어난 지 2주일 후부터 매월 한 쌍(암컷과 수컷)씩 새끼를 낳습니다. 어느 토끼도 죽는 일이 없다고 한다면 1년 후에 토끼는 몇 쌍이 될까요?

오른쪽과 같은 표를 이용해 계산하면, 토끼 한 쌍의 수는

1, 1, 2, 3, 5, 8, 13, 21, 34, 55, 89, ……

이렇게 늘어나 1년(12개월) 후에는 233쌍이 됩니다.

① '갓 태어난 한 쌍'의 토끼는 다음 달 '생후 1개월 쌍'이 된다.
② '생후 1개월 쌍'과 '생후 2개월 이상의 쌍'의 합은 다음 달 '생후 2개월 쌍'이 된다.
③ '갓 태어난 한 쌍'의 수는 '생후 2개월 이상의 쌍'의 수와 같아진다.

	'갓 태어난 한 쌍'	'생후 1개월의 쌍'	'생후 2개월 이상의 쌍'	쌍의 수 (합계)
0개월 후	1	0	0	1
1개월 후	0	1	0	1
2개월 후	① 1	② 0	1	2
3개월 후	③ 1	1	1	3
4개월 후	2	1	2	5
5개월 후	3	2	3	8
6개월 후	5	3	5	13
7개월 후	8	5	8	21
8개월 후	13	8	13	34
9개월 후	① 21	② 13	21	55
10개월 후	③ 34	21	34	89
11개월 후	55	34	55	144
12개월 후	89	55	89	233

└ 같은 수치가 된다. ┘

● '쌍의 수(합계)'는 어떤 수가 나열되는 수열이 될까요?

세 번째 수 1+1=2 …첫 번째와 두 번째 수의 합

1, 1, 2, 3, 5, 8, 13, 21, 34, 55, ……

네 번째 수 1+2=3 …두 번째와 세 번째 수의 합

첫 번째와 두 번째 수를 더하면 세 번째 수와 같아지고, 두 번째와 세 번째 수를 더하면 네 번째 수와 같아집니다. 이 수열에서는 다른 수에서도 이와 같이 **이웃해 있는 2개의 수를 더하면 다음 수가 됩니다.** 이와 같은 수열을 **피보나치 수열**이라고 합니다.

■피보나치 수열의 특징

피보나치 수열에는 눈에 띄는 특징이 있습니다. 이 수열의 제 n항을 F_n으로 하면 이웃하는 항의 두 수의 비 $F_n : F_{n+1}$ 및 $1 : \frac{F_{n+1}}{F_n}$ 를 조사해보면

$F_n : F_{n+1}$	1 : 1	1 : 2	2 : 3	3 : 5	5 : 8	8 : 13	13 : 21	…
$1 : \frac{F_{n+1}}{F_n}$	1 : 1	1 : 2	1 : 1.5	1 : 1.666…	1 : 1.6	1 : 1.625	1 : 1.615…	…

이처럼 계속하면 이웃하는 항의 두 수의 비가 황금비 $1 : \frac{1+\sqrt{5}}{2} = 1 : 1.6180…$에 가깝다고 하는 놀랄 만한 특징이 있음을 알 수 있습니다.

페르마의 마지막 정리

17세기 프랑스의 수학자 **피에르 페르마**는 라틴어로 번역된 고대 그리스의 수학서 『산술』(3세기 그리스 수학자 디오판토스가 저술한 책)을 즐겨 읽었습니다. 책을 읽다가 문득 떠오른 정리를 페르마는 이 책의 여백에 라틴어로 메모해두었습니다.

이렇게 남겨진 정리는 수학자들에 의해 19세기 초까지 하나를 제외하고 모두 증명되거나 틀린 것임이 밝혀졌습니다. 그러나 한 정리만은 아무도 증명하지도 그것이 성립될 수 없음을 증명할 수 있는 실례를 들지도 못했습니다. 이 때문에 **페르마의 마지막 정리**라고 불리게 됐습니다.

■페르마의 마지막 정리란?

『산술』 책 속에는 '1개의 제곱수를 두 제곱수의 합으로 나타내라'는 문제가 있고, 그 페이지 여백에는 다음과 같은 페르마의 메모가 있었습니다.

피에르 드 페르마

"1개의 세제곱수(입방수)를 두 세제곱수로 나눌 수는 없다. 또한 1개의 거듭제곱수(네제곱수)를 두 거듭제곱수(네제곱수)로 나눌 수는 없다. **일반적으로 거듭제곱이 2보다 클 때, 그 거듭제곱수를 두 거듭제곱수의 합으로 나눌 수는 없다.** 이 정리에 대해 놀랄 만한 증명을 발견했지만 그것을 쓰기에 이 여백은 너무 좁다."

페르마가 발견한, 실로 놀랄 만한 증명을 수학자들은 몇 세기에 걸쳐 증명하려고 했으나 헛수고로 끝났습니다. 그런데 1995년에 **엔드류 와일즈**가 이를 완전히 증명함으로써 무려 350년 동안 그 어떤 수학자도 풀지 못했던 수수께끼가 풀렸습니다.

이 정리는 수식을 이용해 표현하면 다음과 같이 나타낼 수 있습니다.

> **페르마의 마지막 정리** n이 3 이상의 자연수일 때,
> $$x^n + y^n = z^n$$이 되는 자연수 x, y, z의 조합은 존재하지 않는다.

●엔드류 와일즈

1953년에 태어난 영국의 수학자 엔드류 와일즈는 10살 때 읽은 책에서 페르마의 마지막 정리를 만났습니다. 이 책에는 "$x^3 + y^3 = z^3$이 되는 수 x, y, z는 결코 찾지 못할 것이다. $x^4 + y^4 = z^4$, $x^5 + y^5 = z^5$도 마찬가지다. 이 정리를 증명할 수 있는 사람은 300년 동안 한 사람도 없었다."라고 쓰여 있었습니다. 엔드류 와일즈는 이 정리를 증명하고 싶다는 생각이 계기가 돼 수학자의 길을 걷게 됐습니다.

엔드류 와일즈

엔드류 와일즈는 대학을 졸업한 후 수학 연구자가 돼 **타원 곡선과 이와사와 이론**이라 불리는 분야를 연구했습니다. 현실적으로 가능한 연구를 하기 위해 페르마의 마지막 정리를 증명한다는 꿈은 접어두고 있었습니다. 그런데 1986년 페르마의 마지막 정리를 증명하는 데 **다니야마 · 시무라 추론**을 증명하면 된다는 것을 알게 되면서 페르마의 마지막 정리를 증명하기 위한 연구에 들어갔습니다. 그리고 7년 후인 1993년 6월에 케임브리지대학 강의를 통해 페르마의 마지막 정리가 맞다는 증명을 발표했습니다. 그러나 치명적인 실수가 발견됐고, 한때 증명을 포기하는 듯했습니다.

그러나 드디어 증명을 완성시켜 1995년에 논문을 발표했고, 심사 결과 증명에 틀림이 없다는 사실이 밝혀졌습니다. 이로써 수학계 최대의 난제였던 페르마의 마지막 정리가 마침내 풀린 것입니다.

■피타고라스 정리와의 관계

삼평방의 정리라고도 하는 피타고라스 정리는 다음과 같은 관계를 가리킵니다.

> **직각삼각형의 빗변의 제곱(평방)은 다른 두 변의 제곱 합과 같다**

이를 식으로 나타내면, 다음과 같습니다.

'직각삼각형에서 빗변의 길이를 z, 빗변이 아닌 다른 두 변의 길이를 각각 x, y라고 하면 $x^2+y^2=z^2$이다.'

이 $x^2+y^2=z^2$가 성립하는 세 자연수 쌍이 있다는 것이 고대 이집트 등에는 알려져 있었습니다. 그러나 기하학상 문제로서 등장한 것은 기원전 5세기 고대 그리스에서입니다. 피타고라스가 창설한 피타고라스 교단(피타고라스학파)에 의해 자연수의 영역을 넘어 일반화됐습니다.

직각삼각형의 각 변의 제곱에 관한 '피타고라스 정리'는 2000년 후 페르마의 마지막 정리를 낳았습니다.

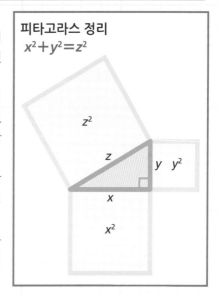

피타고라스 정리
$$x^2+y^2=z^2$$

■페르마의 마지막 정리가 증명되기까지

와일즈는 페르마의 마지막 정리를 증명하는 데 많은 수학자들의 성과를 활용했습니다. 와일즈 자신도 완성한 증명을 '20세기의 증명'이라 했듯이, 와일즈의 증명을 구성하는 무수한 요소 모두는 20세기의 수학자들, 그리고 페르마를 포함한 20세기 이전의 모든 선구적 수학자들이 달성한 성과의 결정체입니다.

- 1640년 피에르 드 페르마가 $n=4$일 때를 '무한강하법'이라는 방법으로 증명
- 1770년 레온하르트 오일러가 $n=3$일 때를 증명
- 1828년 페터 구스타프 르죈 디리클레가 $n=5$일 때를 증명
- 1830년 아드리앵 마리 르장드르가 $n=5$일 때를 디리클레와는 다른 방법으로 증명
- 1839년 가브리엘 라메가 $n=7$일 때를 증명
- 1850년대까지 에른스트 쿠머가 **이상수의 이론**을 이용해 n이 **100 이하의 모든 지수임을** 증명
- 1922년 루이스 조엘 모델은 x+y=z이 정수 답을 갖는다면, (즉 페르마의 마지막 정리가 틀린 것이라면) 그 답은 유한 개 밖에 없다는 가설을 세웠고(**모델 추측**), 1983년에 게르트 팔팅스가 모델 추측을 증명했다.

- 1955년 닛코에서 개최된 수학국제회의에서 다니야마 유타카가 제출한 문제와 예상, 그리고 시무라 고로가 명제로 규정한 '모든 타원곡선은 모듈러이다'라는 **다니야마 시무라 추론**이 후에 페르마의 마지막 정리를 증명하는 데 큰 역할을 했다.
- 1984년 게르하르트 프라이가 '다니야마 시무라 추론이 맞다면 페르마의 마지막 정리는 참이다'라고 하는 의미의 아이디어를 제시했고 장 피에르 세르가 이를 수학적으로 정식화했다. **(프라이 · 세르 추론)**
- 1995년 엔드류 와일즈가 페르마의 마지막 정리를 증명했다. 1993년 **다니야마 시무라 추론**이 맞다는 것을 증명함으로써 페르마의 마지막 정리는 참이라는 논문을 발표했으나 오류가 지적됐다. 하지만 1995년 **이와사와 이론**을 이용함으로써 증명을 수정해 완성시켰다.

부록 색인

영숫자 · 기호

−(마이너스) ⋯⋯⋯⋯⋯⋯⋯⋯⋯⋯⋯⋯ 16, 50
+(플러스) ⋯⋯⋯⋯⋯⋯⋯⋯⋯⋯⋯⋯ 14, 50
=(등호) ⋯⋯⋯⋯⋯⋯⋯⋯⋯⋯⋯⋯⋯ 14
×(곱하기) ⋯⋯⋯⋯⋯⋯⋯⋯⋯⋯⋯⋯ 18
÷(나누기) ⋯⋯⋯⋯⋯⋯⋯⋯⋯⋯⋯⋯ 22
√(루트) ⋯⋯⋯⋯⋯⋯⋯⋯⋯⋯⋯⋯⋯ 52
log(로그) ⋯⋯⋯⋯⋯⋯⋯⋯⋯⋯⋯⋯ 60
π(원주율) ⋯⋯⋯⋯⋯⋯⋯⋯⋯⋯⋯ 107

가

가감법 ⋯⋯⋯⋯⋯⋯⋯⋯⋯⋯⋯⋯⋯ 138
가분수 ⋯⋯⋯⋯⋯⋯⋯⋯⋯⋯⋯⋯⋯ 35
가우스 평면(복소수평면) ⋯⋯⋯⋯⋯ 160
가정 ⋯⋯⋯⋯⋯⋯⋯⋯⋯⋯⋯⋯⋯⋯ 100
각 ⋯⋯⋯⋯⋯⋯⋯⋯⋯⋯⋯⋯⋯ 71, 80
각기둥 ⋯⋯⋯⋯⋯⋯⋯⋯⋯⋯⋯ 69, 114
각기둥의 부피 ⋯⋯⋯⋯⋯⋯⋯⋯⋯ 116
각기둥의 겉넓이 ⋯⋯⋯⋯⋯⋯⋯⋯ 118
각도 ⋯⋯⋯⋯⋯⋯⋯⋯⋯⋯⋯⋯⋯ 71
각도기 사용법 ⋯⋯⋯⋯⋯⋯⋯⋯⋯ 75
각뿔 ⋯⋯⋯⋯⋯⋯⋯⋯⋯⋯⋯⋯⋯ 114
각뿔의 부피 ⋯⋯⋯⋯⋯⋯⋯⋯⋯ 116
각뿔의 겉넓이 ⋯⋯⋯⋯⋯⋯⋯⋯ 119
각의 이등분선 그리기 ⋯⋯⋯⋯⋯⋯ 77
같은 분수 ⋯⋯⋯⋯⋯⋯⋯⋯⋯⋯⋯ 36
거듭제곱 ⋯⋯⋯⋯⋯⋯⋯⋯⋯⋯⋯ 51
거듭제곱근 ⋯⋯⋯⋯⋯⋯⋯⋯⋯⋯ 57
거듭제곱근의 성질 ⋯⋯⋯⋯⋯⋯⋯ 57
거리 ⋯⋯⋯⋯⋯⋯⋯⋯⋯⋯⋯⋯⋯ 27
결론 ⋯⋯⋯⋯⋯⋯⋯⋯⋯⋯⋯⋯⋯ 100

계급값 ⋯⋯⋯⋯⋯⋯⋯⋯⋯⋯⋯⋯ 179
곱 ⋯⋯⋯⋯⋯⋯⋯⋯⋯⋯⋯⋯⋯⋯ 18
곱셈 ⋯⋯⋯⋯⋯⋯⋯⋯⋯⋯⋯⋯⋯ 18
곱셈을 세로 식으로 계산하기 ⋯⋯⋯ 21
공간도형 ⋯⋯⋯⋯⋯⋯⋯⋯⋯⋯⋯ 68
공배수 ⋯⋯⋯⋯⋯⋯⋯⋯⋯⋯⋯⋯ 30
공약수 ⋯⋯⋯⋯⋯⋯⋯⋯⋯⋯⋯⋯ 32
공차 ⋯⋯⋯⋯⋯⋯⋯⋯⋯⋯⋯⋯⋯ 62
공통분모 ⋯⋯⋯⋯⋯⋯⋯⋯⋯⋯⋯ 37
공통접선 ⋯⋯⋯⋯⋯⋯⋯⋯⋯⋯⋯ 110
교점 ⋯⋯⋯⋯⋯⋯⋯⋯⋯⋯⋯⋯⋯ 62
구 ⋯⋯⋯⋯⋯⋯⋯⋯⋯⋯⋯⋯⋯ 114
구구 ⋯⋯⋯⋯⋯⋯⋯⋯⋯⋯⋯⋯⋯ 19
구의 부피 ⋯⋯⋯⋯⋯⋯⋯⋯⋯⋯ 117
구의 겉넓이 ⋯⋯⋯⋯⋯⋯⋯⋯⋯ 119
그램 ⋯⋯⋯⋯⋯⋯⋯⋯⋯⋯⋯⋯⋯ 26
극값 ⋯⋯⋯⋯⋯⋯⋯⋯⋯⋯⋯⋯⋯ 165
극댓값 ⋯⋯⋯⋯⋯⋯⋯⋯⋯⋯⋯⋯ 165
극솟값 ⋯⋯⋯⋯⋯⋯⋯⋯⋯⋯⋯⋯ 165
극한값 ⋯⋯⋯⋯⋯⋯⋯⋯⋯⋯⋯⋯ 163
극형식 ⋯⋯⋯⋯⋯⋯⋯⋯⋯⋯⋯⋯ 161
근삿값 ⋯⋯⋯⋯⋯⋯⋯⋯⋯⋯⋯⋯ 52
근호 ⋯⋯⋯⋯⋯⋯⋯⋯⋯⋯⋯⋯⋯ 52
근호를 포함한 식의 계산 ⋯⋯⋯⋯⋯ 54
기수법 ⋯⋯⋯⋯⋯⋯⋯⋯⋯⋯⋯⋯ 13
기울기 ⋯⋯⋯⋯⋯⋯⋯⋯⋯⋯⋯⋯ 144
기준이 되는 양(기준량) ⋯⋯⋯⋯⋯ 49
길이 ⋯⋯⋯⋯⋯⋯⋯⋯⋯⋯⋯⋯⋯ 26
꼭지각 ⋯⋯⋯⋯⋯⋯⋯⋯⋯⋯⋯⋯ 81
꼭지각의 이등분선 ⋯⋯⋯⋯⋯⋯⋯ 99
꼭짓점 ⋯⋯⋯⋯⋯⋯⋯ 71, 80, 86, 114
끝점 ⋯⋯⋯⋯⋯⋯⋯⋯⋯⋯⋯⋯⋯ 126
끝항 ⋯⋯⋯⋯⋯⋯⋯⋯⋯⋯⋯⋯⋯ 62

나

나눗셈 ⋯⋯⋯⋯⋯⋯⋯⋯⋯⋯⋯⋯ 22
나눗셈을 세로 식으로 계산하기 ⋯⋯ 24
나눗셈의 순서 ⋯⋯⋯⋯⋯⋯⋯⋯⋯ 24
나머지가 있는 나눗셈 ⋯⋯⋯⋯⋯⋯ 23
난수주사위 ⋯⋯⋯⋯⋯⋯⋯⋯⋯⋯ 180
난수표 ⋯⋯⋯⋯⋯⋯⋯⋯⋯⋯⋯⋯ 180
내각 ⋯⋯⋯⋯⋯⋯⋯⋯⋯⋯⋯⋯ 82, 86

넓이 ··· 26
넓이의 단위 ··· 28
네이피어 수 ······································ 170

다

다각형 ······································ 80, 94
다각형의 내각의 합 ·················· 95
다각형의 변과 각 ······················ 94
다각형의 성질 ····························· 95
다각형의 외각의 합 ·················· 95
다니야마 시무라 추론 ············ 184
다면체 ···································· 114
다양한 분수 ······························· 35
다양한 입체 ····························· 114
다항식 ···································· 133
단위 벡터 ································ 127
단위원 ···································· 122
단항식 ···································· 133
닮음 도형 ································ 102
닮음비 ···································· 102
대각선 ······································· 86
대분수 ······································· 35
대입법 ···································· 139
대칭의 중심 ······························· 93
대칭의 축 ································· 92
대칭이동 ··································· 98
대푯값 ···································· 178
덧셈 ··· 14
덧셈을 세로 식으로 계산하기 ······ 15
데시 ··· 28
데시리터 ··································· 26
데카 ··· 28
도수꺾은선 ······························ 179
도수분포표 ······························ 178
도함수 ···································· 164
도형 ··· 68
동류항 ···································· 133
동위각 ······································· 82
두 현의 곱에 관한 정리 ············ 109
둔각 ··· 71
둔각삼각형 ································· 81
둘레 ··· 26
등분 ··· 34

등비수열 ··································· 64
등비수열의 일반항 ··················· 64
등비수열 합의 공식 ··················· 65
등식 ································ 133, 154
등식의 변형 ····························· 133
등식의 성질 ····························· 136
등차수열 ··································· 62
등차수열의 일반항 ··················· 62
등차수열 합의 공식 ··················· 63

라

레오나르도 피보나치 ············· 183
레온하르트 오일러 ················· 170
로그 ································· 56, 60
리터 ··· 26

마

마름모꼴 ··································· 87
마름모꼴 넓이의 공식 ··············· 91
마주보는 변 ······························· 87
맞꼭지각 ··································· 82
모델 예상 ································· 185
모선 ······································ 114
모집단 ···································· 180
몫 ··· 22
무게 ··· 26
무리수 ································ 40, 53
무한소수 ······························ 40, 53
문자식 ···································· 132
미분 ······································ 162
미분계수 ································· 163
미터 ··· 26
밀리 ··· 28
밀리리터 ··································· 26
밑 ································· 56, 60
밑각 ··· 81
밑면 ······································ 114
밑넓이 ···································· 116
밑변 ··· 84
밑의 변환공식 ··························· 61

바

반비례	47, 142
반올림	43
반지름	106
반직선	70
받아내림	16
받아올림	14
방정식	136
배	18
배수	30
백분율	48
백분율과 소수, 분수의 변환	48
백분율의 계산	49
범위	178
벡터	126
벡터의 분해	127, 129
변	71, 80, 86, 114
변수	46
보합	48
복소수	158
복소수의 계산	158
복소수의 상등	158
복소수평면	160
부등식	154
부등식 계산 방법	155
부정적분	167
부채꼴	107
부채꼴의 넓이	113
부피	26
부피의 단위	29
분	26
분모	34
분모의 유리화	54
분배법칙	135
분속	27
분수	12, 34, 53
분수의 곱셈	39
분수의 나눗셈	39
분수의 덧셈	38
분수의 뺄셈	38
분자	34
비	44

비교되는 양	49
비례	46, 142
비례상수	46, 47
비례식	45
비율	48
비의 값	44
비의 계산	45
빗변	81, 120
뺄셈	16
뺄셈을 세로 식으로 계산하기	17

사

사각기둥	69, 116
사각기둥의 부피	117
사각뿔	114
사각뿔의 부피	117
사각뿔의 겉넓이	118
사각형	69, 86
사각형 내각의 합	88
사각형 외각의 합	89
사각형의 넓이	90
사다리꼴	87
사다리꼴 넓이 공식	91
사인	120
사인정리	124
삼각기둥	69, 114
삼각기둥의 부피	116
삼각비	120
삼각비와 좌표	122
삼각비의 상호 관계	121, 123
삼각뿔	114
삼각자 사용법	73
삼각함수	125
삼각형	68, 80
삼각형의 내각의 합	83
삼각형의 닮음	102
삼각형의 넓이 공식	84
삼각형의 외각의 합	83
삼각형의 합동	98
상대도수	172
상용로그	61
선대칭	92

선분 ···································· 70
성분표시 ······························ 128
세로 식으로 계산하기 ········· 115, 17, 21, 24
세제곱근(입방근) ······················ 57
센티(c) ································ 28
센티미터(cm) ·························· 26
소수 ·························· 12, 40, 53
소수의 곱셈 ···························· 42
소수의 나눗셈 ·························· 43
소수의 덧셈 ···························· 41
소수의 뺄셈 ···························· 41
소수점 ································ 40
소수(素數) ······················ 13, 33, 53
소인수 ····························· 33, 53
소인수분해 ························· 31, 53
속도 ·································· 27
수 ··························· 10, 12, 53
수열 ·································· 62
수직 ·································· 71
수직선 ················· 30, 50, 53, 70, 78
수직선 그리기 ·························· 78
수직이등분선 ·························· 79
수직이등분선 그리기 ···················· 79
수형도 ································ 175
순허수 ································ 158
순환소수 ··························· 40, 53
순환하지 않는 소수 ······················ 53
숫자 ·································· 10
시 ···································· 26
시간 ······························ 26, 27
시속 ·································· 27
시작점 ································ 126
식의 값 ································ 133
식의 전개 ······························ 135
식의 차수 ······························ 133
실수 ····························· 127, 158
실수축 ································ 160
십진법 ································ 66

아

아라비아 숫자 ·························· 10
아르(a) ································ 28
약분 ·································· 36
약수 ·································· 32
양변 ································ 133
양의 부호 ······························ 50
양의 정수 ······················ 12, 50, 53
양의 정수와 음의 정수 ···················· 50
양의 정수와 음의 정수의 곱셈, 나눗셈 ·········· 51
양의 정수와 음의 정수의 덧셈, 뺄셈 ·········· 50
어림수 ································ 43
엇각 ·································· 82
엔드루 워즈워드 ······················ 184
여러 가지 각 ···························· 71
여러 가지 다각형 ························ 94
여러 가지 삼각형 ························ 81
역벡터 ································ 126
연립방정식 ···························· 138
영벡터 ································ 127
옆넓이 ································ 118
옆면 ································ 114
예각 ·································· 71
예각삼각형 ···························· 81
오일러의 공식 ·························· 170
외각 ······························ 86, 89
용적 ·································· 26
우변 ······························ 133, 137
원 ·······························69, 106
원기둥 ·······················69, 114
원뿔 ································ 114
원뿔의 부피 ···························· 117
원에 인접하는 사각형의 성질 ·············· 109
원의 넓이 ······························ 112
원의 접선 ······························ 110
원의 중심 ······························ 106
원주 ································ 106
원주각 ······················· 106, 108
원주각의 정리 ·························· 108
원주를 구하는 식 ························ 107
원주율 ································ 107
원주의 부피 ···························· 116

원주의 겉넓이 ···················· 118, 119
월(시간의 단위) ····················· 26
유리수 ··························· 53, 158
유리화 ······························ 55
유한소수 ························ 40, 53
유한수열 ···························· 62
유향선분 ··························· 126
음의 부호 ··························· 50
음의 실수 제곱근 ··················· 159
음의 정수 ···················· 12, 50, 53
이등변삼각형 ······················· 81
이와사와 이론 ····················· 184
이원일차방정식 ···················· 138
이진법 ····························· 66
이차방정식 ························ 140
이차함수 ························· 142
이차함수의 성질 ···················· 149
이항 ······························ 137
인수 ··························· 53, 135
인수분해 ························· 135
일반항 ····························· 62
일차방정식 ························ 136
일차방정식 푸는 법 ················· 137
일차함수 ······················ 142, 144
일차함수와 그래프 ················· 144
입면도 ··························· 115
입방(세제곱) ······················· 51
입방근(세제곱근) ·················· 57
입방미터(m^3) ···················· 26
입방센티미터(cm^3) ··············· 26
입체 ····························· 114
입체도형(공간도형) ················· 68
입체의 부피 ······················ 116
입체의 겉넓이 ····················· 118

자

자 사용법 ·························· 72
자연수 ·························· 12, 53
작도 ······························ 76
적분 ····························· 166
적분정수 ························· 167
전개도 ··························· 115
전수조사 ························· 180

절댓값 ·························· 50, 155
절편 ····························· 144
점대칭 ····························· 93
점대칭 도형의 성질 ·················· 93
접선 ·························· 106, 110
접선과 현이 만드는 각 ·············· 111
접점 ····························· 110
정다각형 ··························· 94
정다면체 ························· 114
정사각형 ························ 87, 94
정사각형 넓이의 공식 ················ 90
정사면체 ··························· 94
정삼각형 ······················· 81, 94
정수 ························ 12, 46, 53
정십각형 ··························· 94
정십이각형 ························· 94
정십이면체 ······················ 114
정십팔각형 ························· 94
정오각형 ··························· 94
정육각형 ······················· 93, 94
정육면체 ······················· 69, 114
정육면체(입방체) ·················· 114
정적분 ··························· 168
정팔각형 ······················· 93, 94
정팔면체 ························· 114
제곱 ···························· 51, 52
제곱근 ·························· 52, 57
제곱미터 ··························· 26
제곱센티미터 ······················· 26
제곱킬로미터 ······················· 26
존 네이피어 ······················ 170
좌변 ·························· 133, 137
좌표 ·························· 122, 143
중심각 ··························· 107
중앙값(메디안) ··················· 178
중점 ··························· 79, 87
증감표 ··························· 165
지름 ····························· 106
지름을 구하는 식 ·················· 107
지수 ····························· 56
지수법칙 ························ 56, 58
지수의 확장 ······················· 58
직각 ··························· 71, 81
직각삼각형 ························· 81

직각삼각형의 닮음 조건 ……………………… 103
직각삼각형의 합동 조건 ……………………… 99
직각이등변삼각형 ……………………………… 81
직사각형 ………………………………………… 87
직사각형의 넓이 공식 ………………………… 90
직선 ……………………………………………… 70
직육면체 …………………………………… 69, 114
직육면체의 부피 ……………………………… 116
진분수 …………………………………………… 35
짝수 ……………………………………………… 13

차

차 ………………………………………………… 16
첫째항 …………………………………………… 62
초 ………………………………………………… 26
초속 ……………………………………………… 27
최대공약수 ……………………………………… 33
최댓값 ………………………………………… 178
최빈값(모드) …………………………………… 178
최소공배수 ……………………………………… 31
최솟값 ………………………………………… 178
축도 ……………………………………………… 45
측정의 단위 ……………………………………… 26

카

컴퍼스 사용법 ………………………………… 74
코사인 ………………………………………… 120
코사인정리 …………………………………… 124
큰 수의 자리 …………………………………… 13
킬로(k) ………………………………………… 28
킬로그램(kg) …………………………………… 26
킬로리터(kL) …………………………………… 26

타

타원곡선 ……………………………………… 184
타율 ……………………………………………… 48
탄젠트 ………………………………………… 120
탄젠트 정리 …………………………………… 111
톤(t) …………………………………………… 26
통분 ……………………………………………… 37
투영도 ………………………………………… 115

파

판별식 …………………………………… 149, 157
퍼센트 …………………………………………… 48
페르마의 마지막 정리 ………………………… 184
편각 …………………………………………… 161
평균값 ………………………………………… 178
평균변화율 …………………………………… 162
평면도 ………………………………………… 115
평면도형 ………………………………………… 68
평행 ……………………………………………… 71
평행사변형 ……………………………………… 87
평행선의 성질 ………………………………… 82
평행이동 ………………………………………… 98
포물선 ………………………………………… 148
표본 …………………………………………… 180
표본조사 ……………………………………… 180
프라이 셀 예상 ………………………………… 185
피보나치 수열 ………………………………… 183
피에르 드 페르마 ……………………………… 184
피타고라스 정리 …………………… 96, 130, 185

하

함수 …………………………………………… 142
합 ………………………………………………… 14
합동 도형 ……………………………………… 98
항 ………………………………………………… 44
항수 ……………………………………………… 62
해 …………………………………… 136, 138, 140
허수 …………………………………………… 158
허수 단위 ……………………………………… 158
허수축 ………………………………………… 160
헥타르(ha) ……………………………………… 28
헥트(h) ………………………………………… 28
현 ………………………………………… 106, 107
호 ………………………………………… 106, 107
홀수 ……………………………………………… 13
확률 …………………………………………… 172
확률 구하는 법 ……………………………… 172
활꼴 …………………………………………… 107
황금비 ………………………………………… 182
회전이동 ………………………………………… 98
회전체 ………………………………………… 114
히스토그램 …………………………………… 179

그림으로 설명하는 개념 쏙쏙
수학

2017. 9. 21. 1판 1쇄 발행
2018. 10. 19. 1판 2쇄 발행
2021. 11. 3. 1판 3쇄 발행

지은이 │ (일본) 수학능력개발연구회(数学能力開発研究会)
감역 │ 박영훈
번역 │ 김선숙
펴낸이 │ 이종춘
펴낸곳 │ **BM** ㈜도서출판 **성안당**
주소 │ 04032 서울시 마포구 양화로 127 첨단빌딩 3층(출판기획 R&D 센터)
     │ 10881 경기도 파주시 문발로 112 파주 출판 문화도시(제작 및 물류)
전화 │ 02) 3142-0036
     │ 031) 950-6300
팩스 │ 031) 955-0510
등록 │ 1973. 2. 1. 제406-2005-000046호
출판사 홈페이지 │ **www.cyber.co.kr**
ISBN │ 978-89-315-8305-2 (03410)
정가 │ **17,000원**

이 책을 만든 사람들
책임 │ 최옥현
진행 │ 조혜란
교정·교열 │ 안종군
본문 디자인 │ 앤미디어
표지 디자인 │ 박원석
홍보 │ 김계향, 유미나, 서세원
국제부 │ 이선민, 조혜란, 권수경
마케팅 │ 구본철, 차정욱, 나진호, 이동후, 강호묵
마케팅 지원 │ 장상범, 박지연
제작 │ 김유석

■ 도서 A/S 안내

성안당에서 발행하는 모든 도서는 저자와 출판사, 그리고 독자가 함께 만들어 나갑니다.
좋은 책을 펴내기 위해 많은 노력을 기울이고 있습니다. 혹시라도 내용상의 오류나 오탈자 등이
발견되면 **"좋은 책은 나라의 보배"**로서 우리 모두가 함께 만들어 간다는 마음으로 연락주시기
바랍니다. 수정 보완하여 더 나은 책이 되도록 최선을 다하겠습니다.
성안당은 늘 독자 여러분들의 소중한 의견을 기다리고 있습니다. 좋은 의견을 보내주시는 분께는
성안당 쇼핑몰의 포인트(3,000포인트)를 적립해 드립니다.

잘못 만들어진 책이나 부록 등이 파손된 경우에는 교환해 드립니다.